普通高等教育创新型人才培养规划教材

高电压技术

于永进　陈尔奎　赵　彤　编著
公茂法　主审

北京航空航天大学出版社

内 容 简 介

高电压技术是电气技术领域通用性较强的学科,是电气工程及其自动化专业必修的专业课。本书重点介绍高电压技术基本的概念、理论和方法,主要内容包括:电介质的电气强度、电气绝缘与高压试验、电力系统过电压与绝缘配合、电力设备的在线监测与故障诊断。

本书可以作为普通高等学校电气工程及其自动化专业和其他电类专业的教学用书,也可以作为职业技术学院电气类专业教材,还可供电力系统相关技术人员参考。

图书在版编目(CIP)数据

高电压技术 / 于永进,陈尔奎,赵彤编著. -- 北京:
北京航空航天大学出版社,2016.4
 ISBN 978-7-5124-2107-3

Ⅰ.①高… Ⅱ.①于… ②陈… ③赵… Ⅲ.①高电压
-技术 Ⅳ.①TM8

中国版本图书馆 CIP 数据核字(2016)第 079441 号

版权所有,侵权必究。

高电压技术

于永进　陈尔奎　赵　彤　编著

公茂法　主审

责任编辑　董瑞　胡绥霞

＊

北京航空航天大学出版社出版发行

北京市海淀区学院路 37 号(邮编 100191)　http://www.buaapress.com.cn
发行部电话:(010)82317024　传真:(010)82328026
读者信箱: goodtextbook@126.com　邮购电话:(010)82316936
涿州新华印刷有限公司印装　各地书店经销

＊

开本:710×1 000　1/16　印张:15.25　字数:325 千字
2016 年 5 月第 1 版　2016 年 5 月第 1 次印刷　印数:3 000 册
ISBN 978-7-5124-2107-3　定价:30.00 元

若本书有倒页、脱页、缺页等印装质量问题,请与本社发行部联系调换。联系电话:(010)82317024

前 言

"高电压技术"是电工学科的一个重要分支,也是电气工程及其自动化专业重要的专业课。该课程是由过去高电压技术专业的三门必修课"高电压绝缘""高电压试验技术""电力系统过电压与绝缘配合"演变而来,其主要任务在于研究高电压、高场强下的各种电气物理问题。对于电气专业的学生来说,学习本课程的目的是学会正确认识和处理电力系统中绝缘与电压这一对矛盾。

在编写过程中,编者力求做到通俗易懂、精选够用、适当拓宽,编写时兼顾传统内容,将基本物理概念及物理过程解释清楚,并融进国内外新技术与发展,便于学生阅读和自学。为扩大适用面,按照教学总学时为40~50学时编写,编写时注重深入浅出,说理清楚。本书是编者多年教学经验的总结,精选内容,删繁就简,既加强基础教学,又使其具有广泛适用性,兼顾不同读者需求,满足作为教材及教学参考书两方面的要求,教师可按照不同教学学时选择教学内容。

全书围绕绝缘、试验、防护、监测等问题逐步展开阐述,分为 4 大部分共 10 章。其中,第 1 章至第 3 章介绍气体、液体、固体的放电过程、发展机理及绝缘特性,并分析影响这些特性的因素;第 4 章介绍交流、直流高电压和冲击高电压的产生方法、原理、基本装置以及测量手段和相关的绝缘试验技术;第 5 章至第 9 章介绍电磁暂态分析的理论基础、电力系统雷电过电压与内部过电压产生的物理过程及其防护措施,电力系统绝缘配合的基本概念和方法;第 10 章介绍电力设备在线监测与故障诊断技术的基本原理及其在电力设备(变压器、断路器、GIS 等)中的具体应用,该技术是当前电力行业最具活力的技术领域之一,也是对传统的离线预防性试验的重大补充和拓展。

本教材由山东科技大学于永进、陈尔奎和山东大学赵彤编著,公茂法教授主审。参与本书编写工作的还有赵兴民、李清泉、冯知海、苗全堂等,本教材在编写过程中,得到了本单位领导和老师的大力支持,在此一并表示感谢!

由于编者的水平有限,书中的疏漏或不当之处恳请广大读者批评指正。

编 者
2015 年 12 月

目 录

第1章 气体放电的基本物理过程 1

  1.1 气体中带电质点的产生和消失 1
      1.1.1 气体中带电质点的产生 1
      1.1.2 负离子的形成 4
      1.1.3 气体中带电质点的消失 4
  1.2 气体放电机理 5
      1.2.1 汤逊气体放电理论 5
      1.2.2 巴申定律 9
      1.2.3 汤逊放电理论的适用范围 11
      1.2.4 气体放电的流注理论 11
  1.3 不均匀电场的放电过程 14
      1.3.1 稍不均匀电场和极不均匀电场的放电特征 14
      1.3.2 极不均匀电场中的电晕放电 14
      1.3.3 极不均匀电场气隙的击穿和极性效应 16
      1.3.4 长气隙的击穿 17

第2章 气体介质的电气强度 18

  2.1 气隙的击穿时间和伏秒特性 18
      2.1.1 气隙的击穿时间 18
      2.1.2 气隙的伏秒特性 19
  2.2 均匀和极不均匀电场气隙的击穿特性 24
      2.2.1 均匀电场气隙的击穿特性 24
      2.2.2 极不均匀电场气隙的击穿电压 25
  2.3 大气条件对气隙击穿电压的影响 26
      2.3.1 对空气密度的校正 26
      2.3.2 对空气湿度的校正 27
      2.3.3 对海拔高度的校正 28
  2.4 提高气隙击穿电压的方法 28
      2.4.1 改善电场分布 28
      2.4.2 采用高度真空 30

2.4.3 增高气压 ··· 31
  2.4.4 采用高耐电强度气体 ·· 31
 2.5 气隙的沿面放电 ··· 32
  2.5.1 均匀和稍不均匀电场中的沿面放电 ························· 32
  2.5.2 极不均匀电场且具有强垂直分量时的沿面放电 ········ 33
  2.5.3 极不均匀电场中垂直分量很弱时的沿面放电 ··········· 34
  2.5.4 固体介质表面有水膜时的沿面放电 ························· 34
  2.5.5 绝缘子染污状态下的沿面放电 ································ 35
  2.5.6 提高气隙沿面放电电压的方法 ································ 38

第3章 液体和固体介质的电气强度 ·· 39
 3.1 液体和固体介质的极化、电导和损耗 ································· 39
  3.1.1 相对介电常数 ··· 39
  3.1.2 电介质的极化 ··· 40
  3.1.3 电介质的电导 ··· 43
  3.1.4 电介质的损耗 ··· 44
 3.2 液体介质的击穿 ··· 50
  3.2.1 纯净液体介质的击穿理论 ·· 50
  3.2.2 工程用液体介质的击穿 ··· 51
  3.2.3 影响液体介质击穿电压的因素及其提高方法 ··········· 51
 3.3 固体介质的击穿 ··· 54
  3.3.1 固体介质的击穿机理 ·· 54
  3.3.2 影响固体介质击穿电压的主要因素 ························· 56
 3.4 组合绝缘的电气强度 ·· 58
  3.4.1 组合绝缘中的电场强度配合 ···································· 58
  3.4.2 "油-屏障"式绝缘 ··· 59
  3.4.3 油纸绝缘 ·· 60

第4章 电气设备绝缘试验 ·· 61
 4.1 绝缘电阻及吸收比的测量 ··· 61
 4.2 泄漏电流的测量 ··· 64
 4.3 介质损失角正切的测量 ·· 66
  4.3.1 测量电路 ·· 67
  4.3.2 测试功效 ·· 69
  4.3.3 测试时应注意的事项 ·· 70
 4.4 局部放电的测量 ··· 71

4.4.1 局部放电基本概念 …………………………………… 71
  4.4.2 局部放电检测方法综述 ………………………………… 74
  4.4.3 脉冲电流法的测量原理 ………………………………… 75
 4.5 工频交流耐压试验 …………………………………………… 76
  4.5.1 工频高电压的产生 ……………………………………… 76
  4.5.2 绝缘的工频耐压试验 …………………………………… 79
 4.6 直流耐压试验 ………………………………………………… 81
  4.6.1 直流高电压的产生 ……………………………………… 81
  4.6.2 直流高压试验的特点和应用范围 ……………………… 83
 4.7 冲击高压试验 ………………………………………………… 85
  4.7.1 冲击电压发生器的原理 ………………………………… 85
  4.7.2 冲击高电压的测量 ……………………………………… 91
  4.7.3 绝缘的冲击耐压试验 …………………………………… 93

第5章 线路和绕组中的波过程 …………………………………… 95

 5.1 无损耗单导线中的波过程 …………………………………… 95
  5.1.1 波传播的物理概念 ……………………………………… 95
  5.1.2 波动方程及其解 ………………………………………… 95
  5.1.3 波速及波阻抗 …………………………………………… 97
 5.2 行波的折射与反射 …………………………………………… 98
  5.2.1 行波的折射、反射规律 ………………………………… 98
  5.2.2 彼德逊法则 ……………………………………………… 102
 5.3 行波通过串联电感和并联电容 ……………………………… 103
  5.3.1 无限长直角波通过串联电感 …………………………… 103
  5.3.2 无限长直角波通过并联电容 …………………………… 104
 5.4 行波的多次折、反射 ………………………………………… 105
 5.5 无损耗平行多导线中的波过程 ……………………………… 107
 5.6 冲击电晕对线路波过程的影响 ……………………………… 111
  5.6.1 对导线耦合系数的影响 ………………………………… 111
  5.6.2 对波阻抗和波速的影响 ………………………………… 111
  5.6.3 对波形的影响 …………………………………………… 112
 5.7 变压器绕组中的波过程 ……………………………………… 112
  5.7.1 单相绕组中的波过程 …………………………………… 113
  5.7.2 三相绕组中的波过程 …………………………………… 116
  5.7.3 变压器绕组之间的波过程 ……………………………… 118

第6章 雷电及防雷装置 ··· 119

6.1 雷电放电和雷电过电压 ··· 119
6.1.1 雷云的形成 ··· 119
6.1.2 雷电放电过程 ··· 120
6.1.3 雷电参数 ·· 121
6.1.4 雷电过电压的形成 ··· 125

6.2 避雷针和避雷线的保护范围 ·· 128
6.2.1 概　述 ··· 128
6.2.2 避雷针 ··· 129
6.2.3 避雷线 ··· 132

6.3 避雷器 ·· 133
6.3.1 保护间隙 ·· 133
6.3.2 管式避雷器 ·· 134
6.3.3 普通阀式避雷器 ··· 135
6.3.4 磁吹避雷器 ·· 138
6.3.5 金属氧化物避雷器(MOA) ·· 140

6.4 防雷接地装置 ··· 144
6.4.1 接地装置一般概念 ··· 144
6.4.2 防雷接地及有关计算 ··· 147

第7章 电力系统雷电过电压及其防护 ··· 149

7.1 输电线路的感应雷过电压 ··· 149
7.1.1 无避雷线时的感应过电压 ·· 149
7.1.2 有避雷线时的感应过电压 ·· 150
7.1.3 雷击线路杆塔时线路上的感应电压 ································ 150

7.2 架空输电线路的直击雷过电压和耐雷水平 ····························· 151
7.2.1 雷击塔顶时的过电压和耐雷水平 ···································· 151
7.2.2 雷击避雷线档距中央时的过电压 ··································· 154
7.2.3 绕击时的过电压和耐雷水平 ·· 155

7.3 架空输电线路的雷击跳闸率及防雷措施 ································ 156
7.3.1 建弧率 ··· 156
7.3.2 有避雷线输电线路雷击跳闸率的计算 ···························· 157
7.3.3 输电线路防雷的具体措施 ·· 157

7.4 发电厂和变电所的直击雷保护 ··· 159
7.4.1 发电厂和变电所装设避雷针的原则 ······························· 160

7.4.2 避雷针与电气设备之间防雷的最小距离的确定 …………… 160
  7.4.3 装设避雷针(线)的有关规定 …………………………………… 161
 7.5 变电所雷电侵入波过电压保护 ………………………………………… 162
 7.6 变电所进线段保护 ……………………………………………………… 165
  7.6.1 未沿全线架设避雷线的 35 kV 以上变电所的进线段保护 …… 166
  7.6.2 35 kV 小容量变电所的进线段保护 …………………………… 168
  7.6.3 土壤高电阻率地区变电所的进线段保护 ……………………… 168
  7.6.4 全线有避雷线的变电所的进线段保护接线 …………………… 169

第 8 章 内部过电压 ……………………………………………………………… 170
 8.1 工频过电压 ……………………………………………………………… 171
  8.1.1 空载长线路的电容效应 ………………………………………… 171
  8.1.2 不对称短路引起的工频电压升高 ……………………………… 173
  8.1.3 甩负荷引起的工频电压升高 …………………………………… 174
 8.2 谐振过电压 ……………………………………………………………… 175
  8.2.1 线性谐振过电压 ………………………………………………… 175
  8.2.2 铁磁谐振过电压 ………………………………………………… 175
  8.2.3 参数谐振过电压 ………………………………………………… 177
 8.3 切除空载线路过电压 …………………………………………………… 178
  8.3.1 物理过程 ………………………………………………………… 178
  8.3.2 影响因素和降压措施 …………………………………………… 180
 8.4 合空载线路过电压 ……………………………………………………… 181
  8.4.1 发展过程 ………………………………………………………… 181
  8.4.2 影响因素和限制措施 …………………………………………… 184
 8.5 切除空载变压器过电压 ………………………………………………… 185
  8.5.1 发展过程 ………………………………………………………… 185
  8.5.2 影响因素与限制措施 …………………………………………… 187
 8.6 断续电弧接地过电压 …………………………………………………… 188
  8.6.1 发展过程 ………………………………………………………… 188
  8.6.2 防护措施 ………………………………………………………… 191

第 9 章 电力系统绝缘配合 ………………………………………………………… 194
 9.1 绝缘配合的概念和原则 ………………………………………………… 194
  9.1.1 绝缘配合的概念 ………………………………………………… 194
  9.1.2 绝缘配合的原则 ………………………………………………… 194
 9.2 中性点接地方式对绝缘水平的影响 …………………………………… 196

9.3　绝缘配合惯用法 …………………………………………………… 197
9.4　架空输电线路的绝缘配合 ………………………………………… 201
　　9.4.1　绝缘子串的选择 ………………………………………… 201
　　9.4.2　空气间距的选择 ………………………………………… 204

第 10 章　电力设备的在线监测与故障诊断 ……………………………… 207

10.1　概　述 ……………………………………………………………… 207
　　10.1.1　电力设备的绝缘故障及其危害 ………………………… 207
　　10.1.2　在线监测与状态维修的必要性及意义 ………………… 208
　　10.1.3　在线监测技术的发展概况及基本技术要求 …………… 210
10.2　在线监测系统的组成和分类 ……………………………………… 212
　　10.2.1　系统的组成 ……………………………………………… 212
　　10.2.2　系统的分类 ……………………………………………… 216
　　10.2.3　专家系统在故障诊断中的应用 ………………………… 216
10.3　GIS 和高压断路器的在线监测与故障诊断 ……………………… 218
　　10.3.1　概　述 …………………………………………………… 218
　　10.3.2　高压断路器的监测内容 ………………………………… 220
　　10.3.3　GIS 绝缘故障的监测与诊断 …………………………… 222
　　10.3.4　SF_6 气体泄漏的检测 …………………………………… 223
10.4　变压器油中溶解气体的监测与诊断 ……………………………… 223
　　10.4.1　油中气体的产生 ………………………………………… 223
　　10.4.2　油中溶解气体的在线监测 ……………………………… 225
　　10.4.3　油中气体分析与故障诊断 ……………………………… 225
10.5　变压器局部放电的在线监测 ……………………………………… 227
　　10.5.1　局部放电对绝缘劣化的影响 …………………………… 227
　　10.5.2　局部放电信号的监测 …………………………………… 228
　　10.5.3　局部放电在线监测系统 ………………………………… 229

参考文献 ……………………………………………………………………… 230

第 1 章　气体放电的基本物理过程

绝大多数电气设备利用气体作为绝缘介质,其中利用最多的气体是空气和 SF_6 气体。空气是一种相当理想的气体介质,架空输电线路各相导线之间、相与地之间、变压器输出端之间的绝缘都利用了空气。在 SF_6 断路器和气体绝缘组合电器(GIS)中,则以 SF_6 气体作为绝缘介质。

纯净的气体(这里指空气)是不导电的,但实际上,由于外界电离因子(宇宙射线和地下放射性物质的高能辐射线等)的作用,地面大气层的空气中不可避免地存在一些带电质点(电子、离子等),每立方厘米体积内约有 500~1 000 对正、负带电质点,这些带电质点作定向运动形成电导电流。不过由于电流极小,空气仍是良好的绝缘介质。

当气体中的电场强度逐渐增大,气体中带电质点逐渐增多,发展成各种形式的气体放电现象。解释气体放电的理论主要有汤逊理论、流注理论、电晕理论、沿面放电理论、雷电放电理论等。

1.1　气体中带电质点的产生和消失

1.1.1　气体中带电质点的产生

电离是指电子脱离原子核的束缚而形成自由电子和正离子的过程。电离所需的能量称为电离能 W_i,单位 eV。电离方式可分为碰撞电离、光电离、热电离和表面电离。电离过程可以是一次完成,也可以是先激励再电离的分级电离方式。

1. 碰撞电离

处在电场中的带电质点,除了由于热运动不断地与其他粒子发生碰撞外,还受电场力的作用,沿电场方向不断加速并积累动能。当带电质点积累的能量足够大时,与中性气体分子碰撞,就可能使气体分子发生电离。这种由碰撞引起的电离称为碰撞电离。

电子在电场中获得加速,移过距离 x 后,其动能为

$$W = \frac{1}{2}mv^2 = q_e E x \tag{1-1}$$

式中,m——电子的质量;q_e——电子的电荷量。

如果 W 等于或大于气体分子的电离能 W_i,该电子和气体分子碰撞时,可以把自

己的动能转给后者而引起碰撞电离，使气体分子分裂成正离子和电子。由此可以得出电子引起碰撞电离的必要条件应为

$$q_e E x \geqslant W_i \qquad (1-2)$$

质点为造成碰撞电离而必须飞越的最小距离为

$$x_i = \frac{W_i}{q_e E} = \frac{U_i}{E} \qquad (1-3)$$

x_i 的大小取决于场强 E，增大气体中的场强将使 x_i 值减小，可见提高外加电压将使碰撞电离的概率和强度增大。

碰撞电离是气体中产生带电质点的最重要的方式。主要的碰撞电离均由电子完成，离子碰撞中性分子并使之电离的概率要比电子小得多。所以在电场中，造成碰撞电离的主要因素是电子。在分析气体放电发展过程时，往往只考虑电子所引起的碰撞电离。

2. 光电离

光辐射引起的气体分子的电离过程称为光电离。频率为 ν 的光子能量为

$$W = h\nu \qquad (1-4)$$

式中，h——普朗克常数，$h = 6.63 \times 10^{-34}$ J·S。

发生光电离的条件为

$$h\nu \geqslant W_i \quad 或 \quad \lambda \leqslant \frac{hc}{W_i} \qquad (1-5)$$

式中，λ——波长，m；c——光速，$c = 3 \times 10^8$ m/s；W_i——气体的电离能，eV。

3. 热电离

由气体分子的热运动状态造成的电离称为热电离。热电离实质上并不是一种独立的电离形式，而是包含着碰撞电离与光电离，只是其能量来源于气体分子本身的热能。

在常温下，气体分子热运动所具有的动能远低于气体的电离能，不足以引起电离。如室温 20 ℃时，气体分子的平均动能仅约 0.038 eV，这比任何气体的电离能都要小得多。在高温下，气体分子的平均动能增到很大，在互相碰撞时，就可能产生碰撞电离。高温气体热辐射的光子能量大、数量多，与气体分子相遇时就可能产生光电离。一般气体开始有较明显热电离的起始温度为 10^3 K 数量级。

4. 分级电离

电子在外界因素的作用下可跃迁到能级较高的外层轨道，称之为激励，其所需能量称为激励能 W_e。由于激励能比电离能小，因此原子或分子有可能在外界给予的能量小于 W_i 但大于 W_e 时发生激励。表 1-1 给出了几种气体和水蒸气的电离能和激励能的比较，可见激励能通常比电离能小很多。

表 1-1　几种气体和水蒸气的电离能和激励能

气体	电离能/eV	激励能/eV	气体	电离能/eV	激励能/eV
N_2	15.5	6.1	CO_2	13.7	10
O_2	12.5	7.9	SF_6	15.6	6.8
H_2	11.2	15.4	H_2O	12.7	7.6

原子或分子在激励态再获得能量而发生电离称为分级电离,此时所需能量为 $W_i - W_e$。通常分级电离的概率很小,因为激励态是不稳定的,一般经过约 10^{-8} s 就会回复到基态(正常状态)。某些原子具有亚稳激励态,这种激励态很难回复到基态,通常需要从外界获得能量跃迁到更高能级后才能回到基态,因此其平均寿命较长,可达 $10^{-8} \sim 10^{-4}$ s,使分级电离的概率增加。

5. 表面电离

在外界电离因素的作用下,电子可能从电极的表面释放,该过程称为表面电离。从金属电极表面逸出电子需要一定的能量,该能量通常称为逸出功。各种金属有各自不同的逸出功,且其表面状况对于逸出功的数值影响很大。表 1-2 列出了部分金属的逸出功。

表 1-2　某些金属的逸出功

eV

金属名称	铯	锌	铝	铬	铁	镍	铜	银	钨	金	铂
逸出功	1.88	3.3	4.08	4.37	4.48	5.24	4.70	4.73	4.54	4.82	6.3

比较表 1-1 和表 1-2,金属的逸出功一般要比气体的电离能小得多,这表明金属表面电离比气体空间电离更易发生。金属电极表面电离所需的能量可以通过下列途径获得。

(1) 热电子发射

加热金属电极,使金属中的电子的动能超过逸出功时,电子即能克服金属表面的势能壁垒而逸出,该过程称为热电子发射。热电子发射对某些电弧放电的过程有重要意义。

(2) 强场发射

在电极附近加上很强的外电场,从金属电极中直接拉出电子,称为强场发射或冷发射。这种发射所需的外电场极强在 10^6 V/cm 数量级。一般常态气隙的击穿场强远低于此值,所以在常态气隙的击穿过程中不会出现强场发射。强场发射对高气压下,特别是在压缩的高电气强度气体的击穿过程中起一定作用,对高真空下的气隙击穿更是起决定作用。

(3) 正离子撞击金属阴极表面

用某些具有足够能量的正离子撞击金属电极表面,也可能产生表面电离,称为二次发射。正离子的总能量由动能和势能两部分组成,其势能就是其电离能 W_i。在一般情况下，正离子的动能是比较小的，如忽略不计，则只有当正离子的势能不小于电极材料逸出功的两倍时，才能产生表面电离。因为正离子的势能只有在与电子结合时才能释放出来，欲从金属表面电离出一个自由电子，正离子必须从金属表面逸出两个电子，其中的一个与自身结合成中性质点，另一个才可能成为自由电子。

(4) 光电子发射

用高能射线照射金属表面也能产生表面电离，该过程称为光电子发射。当然，此时光子的能量必须大于金属的逸出功。

1.1.2　负离子的形成

当电子与气体分子碰撞时，不但有可能引起碰撞电离而产生出正离子和电子，而且也可能会发生电子与中性分子相结合而形成负离子的情况，这种过程称为附着。一个中性分子或原子与一个电子结合形成一价负离子时所放出的能量，称为分子或原子对电子的亲和能。亲和能值愈大，就愈容易与电子结合形成负离子。卤族元素的亲和能值比其他元素大得多，所以，它们是很容易俘获一个电子而形成负离子的；其他如 O_2，H_2O，SF_6 等气体分子也易于形成负离子，而惰性气体和氮气则不会形成负离子。易于产生负离子的气体称为电负性气体。

负离子的形成并没有使气体中的带电质点数改变，但却能使自由电子数减少，因而对气体放电的发展起抑制作用。后面将要介绍的某些特殊的电负性气体（例如 SF_6）对电子具有很强的亲和性，其电气强度远大于一般气体，因而被称为高电气强度气体。

1.1.3　气体中带电质点的消失

气体中带电质点的消失有下述几种情况：
① 带电质点在电场的驱动下作定向运动，流入电极，中和电荷；
② 带电质点因扩散现象而逸出气体放电空间；
③ 带电质点的复合。

当气体中带异号电荷的质点相遇时，有可能发生电荷的传递与中和，这种现象称为复合，它是与电离相反的一种物理过程。复合可能发生在电子和正离子之间，称为电子复合，其结果是产生了一个中性分子；复合也可能发生在正离子和负离子之间，称为离子复合，其结果是产生了两个中性分子。上述两种复合都会以光子的形式放出多余的能量，这种光辐射在一定条件下能导致其他气体分子的电离，使气体放电出现跳跃式的发展。带电质点的复合强度与正、负带电质点的浓度有关，浓度越大，则复合也进行得越激烈。

1.2 气体放电机理

1.2.1 汤逊气体放电理论

20世纪初,英国物理学家汤逊(J. S. Townsend)根据大量的实验结果,阐述了气体放电的过程,并在一系列假设的条件下,提出了气隙放电电流和击穿电压的计算公式,虽然实验表明,汤逊理论只是对较均匀电场和 δd 较小的情况下比较适用(此处 δ 为气体的相对密度,指气体密度与标准大气条件下($p_0=101.3 \text{ kPa}, T_0 = 293 \text{ K}$)的密度之比;$d$ 为气隙距离),但它所考虑和讨论的气体放电物理过程还是很基本的,具有普遍意义。下面就扼要地叙述这个理论。

1. 汤逊放电实验

各种高能辐射线(外界电离因子)会引起阴极的表面光电离和气体中的空间光电离,从而使空气中存在一定浓度的带电质点。因而在气隙的两端电极上施加电压时即可检测到微小的电流。图1-1表示实验所得的平板电极间(均匀电场)气体中的电流 I 和所加电压的 U 的关系(伏安特性)曲线。在曲线的 Oa 段,I 随 U 的提高而增大,这是由于电极空间的带电质点向电极运动的速度加快而导致复合数的减少所致。当电压接近 U_a 时,电流趋于饱和值 I_0,因

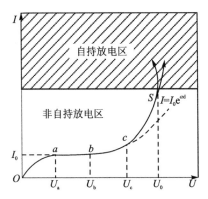

图1-1 气隙放电的伏安特性曲线

为这时由外界电离因子所产生的带电质点几乎能全部抵达电极,所以电流值仅取决于电离因子的强弱而与所加电压的大小无关。饱和电流 I_0 之值很小,电流密度的数量级仅为 10^{-19} A/cm^2,即使采用紫外线光照射阴极,其数量级也不会超过 10^{-12} A/cm^2,可见这时气体仍处于良好的绝缘状态。但当电压提高到 U_b 时,电流又开始随电压的升高而增大,这是由于气隙中出现了新的电离因素——碰撞电离,碰撞电离形成了电子崩,电流越来越大,最后到达 c 点,电压达到 U_c,此时电流急剧增大,气体间隙转入良好的导电状态。外加电压达到 U_0 以前,气体间隙中的电流很小,且要依靠外界的电离因素来维持,这种性质的放电属于非自持放电;外加电压达到 U_0 以后,气体间隙中发生了强烈的电离,带电粒子的数量激增,此时气体间隙中的放电依靠电场的作用就可维持,这种性质的放电称为自持放电,U_0 称为放电的起始电压。气体放电一旦进入自持放电,即意味着气隙已被击穿。

2. 电子崩

所谓电子崩是指电子在电场的作用下从阴极奔向阳极的过程中,当空间的电场强度足够大时,与中性分子碰撞发生电离,电离的结果产生出新的电子,初始电子和

新生电子继续向阳极运动,又会引起新的碰撞电离,产生出更多的电子。依此类推,电子数将按几何级数不断增多,像雪崩似地发展,称为电子崩。电子崩的形成和带电质点在电子崩中的分布如图 1-2 所示。

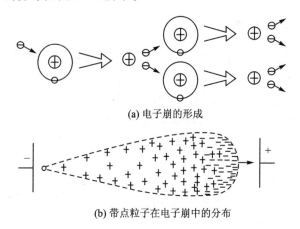

(a) 电子崩的形成

(b) 带点粒子在电子崩中的分布

图 1-2　电子崩示意图

电子崩的出现使气体间隙中的电流迅速增大,图 1-1 中 b 点后电流随电压迅速增长就是由于出现电子崩的缘故。但在电压小于某临界值 U_0 时,这种电子崩还必须有赖于外界电离因素所造成的原始电离才能持续和发展。如外界电离因素消失,则这种电子崩也随之逐渐衰减以至消亡,这种放电为非自持放电。当电压高于某临界值 U_0 时,这种电子崩已可仅由电场的作用而自行维持和发展,不必再有赖于外界电离因素了,此时的放电为自持放电。

3. 汤逊放电理论解释

汤逊放电理论主要考虑了三种因素,引用三个系数来定量地反映这三种因素的作用。

① 系数 α,表示一个电子在走向阳极的 1 cm 路程中与气体质点相碰撞所产生的自由电子数(平均值)。设每次碰撞电离产生一个电子和正离子,所以 α 也就是一个电子在单位长度行程内新电离出的电子数和正离子数。

② 系数 β,表示一个正离子在走向阴极的 1 cm 路程中与气体质点相碰撞所产生的自由电子数(平均值)。

③ 系数 γ,表示一个正离子撞击到阴极表面时从阴极逸出的自由电子数(平均值)。

系数 α 和 β 与气体的性质、密度及该处的电场强度等因素有关。

在图 1-3 所示的平板电极(均匀电场)气隙中,设外界电离因子每秒钟使阴极表面

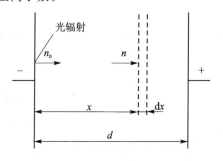

图 1-3　计算间隙中电子数增长示意图

发射出来的初始电子数为 n_0，由于碰撞电离和电子崩的结果，在它们经过距离 x 后，电子数已增加为 n，这 n 个电子在 $\mathrm{d}x$ 中又会产生出 $\mathrm{d}n$ 个新电子。根据碰撞电离系数 α 的定义，可得

$$\mathrm{d}n = \alpha\, n\, \mathrm{d}x \tag{1-6}$$

分离变数并积分之，可得

$$n = n_0 e^{\int_0^x \alpha \mathrm{d}x} \tag{1-7}$$

对于均匀电场来说，气隙中各点的电场强度相同，α 值不随 x 而变化，所以上式可写成

$$n = n_0 e^{\alpha x} \tag{1-8}$$

抵达阳极的电子数应为

$$n_a = n_0 e^{\alpha d} \tag{1-9}$$

式中，d——极间距离。

途中新增加的电子数或正离子数应为

$$\Delta n = n_0 (e^{\alpha d} - 1) \tag{1-10}$$

将式(1-9)的等号两侧乘以电子的电荷 q_e，即成电流关系式

$$I = I_0 e^{\alpha d} \tag{1-11}$$

式(1-11)表明，虽然电子崩电流按指数规律随极间距离 d 而增大，但这时放电还不能自持，因为一旦除去外界电离因子(令 $I_0 = 0$)，I 即变为零。

● **碰撞电离系数 α**

根据 α 的定义可知，α 取决于两个因素的乘积：

① 电子在单位距离内的碰撞次数，如果电子的平均自由行程长度为 λ_e，则在它运动过单位距离内将与气体分子发生 $1/\lambda_e$ 次碰撞。

② 每次碰撞产生电离的概率，这个概率与电子在电场强度 E 作用下走过自由行程 x 有关，不过并非每次碰撞都会引起电离，前面已指出，只有电子在碰撞前已在电场方向运动了 $x_i = (U_i/E)$ 的距离时，才能积累到足以引起碰撞电离的动能(它等于气体分子的电离能 W_i)，实际自由行程长度等于或大于 λ_e 的概率为 $e^{-\frac{x_i}{\lambda_e}}$，所以它也就是碰撞时能引起电离的概率。

根据碰撞电离系数 α 的定义，即可得出

$$\alpha = \frac{1}{\lambda_e} e^{-\frac{U_i}{\lambda_e E}} \tag{1-12}$$

电子的平均自由行程长度 λ_e 与气温 T 成正比与气压 p 成反比，即

$$\lambda_e \propto \frac{T}{p} \tag{1-13}$$

气温 T 不变时，

$$\frac{1}{\lambda_e} = Ap, \quad \frac{U_i}{\lambda_e} = Bp \tag{1-14}$$

式中,A,B 是两个与气体种类有关的常数。

式(1-12)即可改写为

$$\alpha = Ap e^{-\frac{Bp}{E}} \qquad (1-15)$$

由式(1-15)可见:① 电场强度 E 增大时,α 急剧增大;② p 很大(即 λ_e 很小)或 p 很小(即 λ_e 很大)时,α 值都比较小。这是因为 p 很大(高气压)则 λ_e 会很小,单位长度上的碰撞次数很多,但能引起电离的概率很小;反之,当 p 很小时(低气压或真空)则 λ_e 很大,虽然电子很易积累到足够的动能,碰撞电离概率增加,但总的碰撞次数太少,因而 α 也不大。可见在高气压和高真空的条件下,气隙都不易发生放电现象,这时气隙具有较高的电气强度。

汤逊理论认为二次电子的来源是正离子撞击阴极,使阴极表面发生电子逸出。引入的 γ 系数表示每个正离子从阴极表面平均释放的自由电子数。

● γ 过程与自持放电条件

由于阴极材料的表面逸出功比气体分子的电离能小很多,因而正离子碰撞阴极较易使阴极释放出电子。此外正负离子复合时,以及分子由激励态跃迁回正常态时,所产生的光子到达阴极表面都将引起阴极表面电离,统称为 γ 过程。为此引入表面电离系数 γ。

设外界光电离因素在阴极表面产生了一个自由电子,此电子到达阳极表面时由于发生 α 过程,电子总数增至 $e^{\alpha d}$ 个。因在对 α 系数进行讨论时已假设每次电离撞出一个正离子,故电极空间共有 $(e^{\alpha d}-1)$ 个正离子。按照系数 γ 的定义,此 $(e^{\alpha d}-1)$ 个正离子在到达阴极表面时可撞出 $\gamma(e^{\alpha d}-1)$ 个新电子,这些电子在电极空间的碰撞电离同样又能产生更多的正离子,如此循环下去,这样的重复过程见表 1-3。

表 1-3 电极空间及气体间隙碰撞电离发展示意过程

位置周期	阴极表面	气体间隙中	阳极表面
第 1 周期	一个电子逸出	形成 $(e^{\alpha d}-1)$ 个正离子	$e^{\alpha d}$ 个电子进入
第 2 周期	$\gamma(e^{\alpha d}-1)$ 个电子逸出	形成 $\gamma(e^{\alpha d}-1)$ 个正离子	$\gamma(e^{\alpha d}-1)e^{\alpha d}$ 个电子进入
第 3 周期	$\gamma^2(e^{\alpha d}-1)^2$ 个电子逸出	形成 $\gamma^2(e^{\alpha d}-1)^2$ 个正离子	$\gamma^2(e^{\alpha d}-1)^2 e^{\alpha d}$ 个电子进入
⋮	⋮	⋮	⋮

阴极表面发射一个电子,最后阳极表面将进入 Z 个电子。

$$Z = e^{\alpha d} + \gamma(e^{\alpha d}-1)e^{\alpha d} + \gamma^2(e^{\alpha d}-1)^2 e^{\alpha d} + \cdots$$

当 $\gamma(e^{\alpha d}-1) < 1$ 时,此级数收敛为

$$Z = \frac{e^{\alpha d}}{1-\gamma(e^{\alpha d}-1)}$$

如果单位时间内阴极表面单位面积有 n_0 个起始电子逸出,那么达到稳定状态后,单位时间进入阳极单位面积的电子数 n_a 就为

$$n_a = \frac{n_0 e^{\alpha d}}{1 - \gamma(e^{\alpha d} - 1)} \tag{1-16}$$

因此回路中的电流应为

$$I = \frac{I_0 e^{\alpha d}}{1 - \gamma(e^{\alpha d} - 1)} \tag{1-17}$$

式中,I_0——由外电离因素决定的饱和电流。

实际上 $e^{\alpha d} \gg 1$,故式(1-17)可简化为

$$I = \frac{I_0 e^{\alpha d}}{1 - \gamma e^{\alpha d}} \tag{1-18}$$

将式(1-18)与式(1-11)相比较可见,γ 过程使电流的增长比指数规律还快。

当 d 较小或电场较弱时 $\gamma(e^{\alpha d} - 1) \ll 1$,式(1-17)或式(1-18)恢复为式(1-11),表明此时 γ 过程可忽略不计。

γ 值同样可根据回路中的电流 I 和电极间距离 d 之间的实验曲线决定

$$\gamma = \frac{I - I_0 e^{\alpha d}}{I e^{\alpha d}} = e^{-\alpha d} - \frac{I_0}{I} \quad (1-19)$$

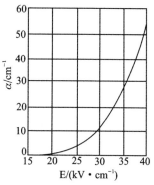

图 1-4 标准参考大气条件下空气电离系数 α 与电场强度 E 的关系

如图 1-4 所示,先从 d 较小时的直线部分决定 α,再从电流增加更快时的部分决定 γ。

在式(1-17)、式(1-18)中,当 $\gamma(e^{\alpha d} - 1) \to 1$ 或 $\gamma e^{\alpha d} \to 1$ 时,似乎电流将趋于无穷大。电流当然不会无穷大,实际上 $\gamma(e^{\alpha d} - 1) = 1$ 时,意味着间隙被击穿,电流 I 的大小将由外回路决定。这时即使 $I_0 \to 0$,I 仍能维持一定数值。即 $\gamma(e^{\alpha d} - 1) = 1$ 时,放电可不依赖外电离因素,而仅由电压即可自动维持。

因此,自持放电条件为

$$\gamma(e^{\alpha d} - 1) = 1 \quad \text{或} \quad \alpha d = \ln(1 + 1/\gamma) \tag{1-20}$$

此条件物理概念十分清楚,即一个电子在自己进入阳极后可以由 α 及 γ 过程在阴极上又产生一个新的替身,从而无须外电离因素放电即可继续进行下去。

$$\gamma e^{\alpha d} = 1 \quad \text{或} \quad \alpha d = \ln \frac{1}{\gamma} \tag{1-21}$$

铁、铜、铝在空气中的 γ 值分别为 0.02, 0.025, 0.035,因此一般 $\ln \gamma^{-1} \approx 4$。由于 γ 和电极材料的逸出功有关,因而汤逊放电显然与电极材料及其表面状态有关。

1.2.2 巴申定律

利用汤逊理论的自持放电条件 $\alpha d = \ln(1 + 1/\gamma)$,代入 $\alpha = Ap e^{-\frac{Bp}{E}}$,得

$$Adp e^{-\frac{Bp}{E}} = \ln(1 + 1/\gamma)$$

再代入均匀电场中起始放电场强 $E = U_0/d$,得

$$U_0 = \frac{Bpd}{\ln\left[\dfrac{Apd}{\ln(1+1/\gamma)}\right]} \tag{1-22}$$

气隙的击穿电压习惯上用 U_b 表示,均匀电场中气隙的击穿电压等于它的自持放电始电压 U_0,所以式(1-22)表明:U_0 或 U_b 是气压和极间距离的乘积(pd)的函数,即

$$U_b = f(pd) \tag{1-23}$$

式(1-23)表明的规律在汤逊理论提出之前就已由巴申(Paschen)从实验中总结出来,称为巴申定律。巴申定律给汤逊理论以实验支持,而汤逊理论给巴申定律以理论上的解释,两者相互印证。由巴申定律做出的 U_b 与 pd 的关系曲线称为巴申曲线,如图 1-5 所示。曲线呈 U 形,并在某个 pd 值下有最小值。

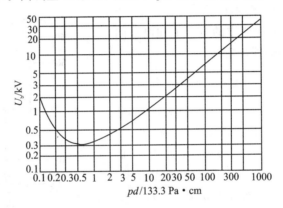

图 1-5 均匀空气中空气的巴申曲线

这一现象用汤逊理论解释如下:

设 d 不变,改变气压 p。已知,当 p 增大时,碰撞次数将增加,然而碰撞电离的概率却减小,电离仍不易进行,所以 U_b 必然增大;反之,当 p 减小,这时虽然碰撞电离的概率增大了,但碰撞的次数却减小了,因此 U_b 也会增大。因此二者之间总有一个合适的 p 值对造成碰撞电离最为有利,此时 U_b 最小。同样,如设 p 不变,改变极间距离 d。d 增大,欲得到一定的场强,电压就必须增大;当 d 减少时,电场强度增大,但电子在走完全程中发生的碰撞次数在减小,同样会使 U_b 增大,所以在这二者之间总有一个合适的 d 值对造成碰撞电离最为有利,此时 U_b 最小。因此,U_b 在某个 pd 值下有最小值。

以上分析是假定气体温度不变的情况下得到的。为了考虑温度变化的影响,巴申定律更普遍的形式是以气体的相对密度(δ)代替压力,对空气来说可表示为

$$U_b = f(\delta d) \tag{1-24}$$

$$\delta = \frac{T_0}{p_0}\frac{p}{T} = 2.9\frac{p}{T} \tag{1-25}$$

式中,δ——空气的相对密度,即实际的空气密度与标准大气条件下的密度之比;

p_0, T_0——标准大气条件下的气压和温度，$p_0 = 101 \cdot 3$ kPa，$T_0 = 293$ K；
p, T——实际大气条件下的气压和温度。

1.2.3 汤逊放电理论的适用范围

汤逊理论的核心是：
① 电离的主要因素是电子的空间碰撞电离和正离子碰撞阴极产生的表面电离；
② 自持放电是气体气隙击穿的必要条件。

汤逊放电理论是在气压较低（小于大气压）、pd 值较小的条件下，进行放电实验的基础上建立起来的。实验表明，pd 大于 26.66 kPa·cm 时，气隙击穿电压与按汤逊理论计算出的值差异较大。此外，不仅在击穿电压的数值上，而且在击穿过程的性质上也与汤逊理论不符，主要有下列几点。

① 放电形式。按汤逊理论，放电路径是分布在整个电极间的空间里的（如低气压下的辉光放电），而实际放电路径却是贯穿在两极间曲折形的细通道，有时还有明显的分支。按汤逊理论，放电应是均匀、连续发展的，而实际情况是，火花放电、雷电放电等都具有间歇、分段发展的性质，即使在直流电压情况下，放电也不是均匀连续发展的。

② 阴极材料。按汤逊理论，阴极材料的性质在击穿过程中起着重要的作用，而实验证明，在大气压力下，气隙的击穿电压与阴极材料几乎无关。在长气隙火花放电时，在雷电放电时，或在正极性电晕放电时，阴极的性质对放电毫无影响。在完全没有 γ 过程的情况下，自持放电也仍然能够实现。

③ 放电时间。按汤逊理论，气隙完成击穿，需要数次这样的循环：形成电子崩，正离子到达阴极造成二次电子，这些电子形成更多的电子崩。由电子和正离子的迁移率可以计算出完成击穿所需的时间，而实测得的击穿完成时间比计算值小得多，在较长的间隙，两者相差甚至达几十倍。

由此可见，汤逊理论只在一定的 δd 范围内反映实际情况。一般认为，在空气中当 $\delta d > 0.26$ cm 时，放电过程就不能用该理论来说明了。在不均匀电场中，汤逊理论就更不适用了。其主要原因是：①汤逊理论没有考虑电离出来的空间电荷会使电场畸变，从而对放电过程产生影响；②汤逊理论没有考虑光子在放电过程中的作用（空间光电离和阴极表面光电离）。

1.2.4 气体放电的流注理论

高电压技术所面对的往往不是前面所说的低气压、短气隙的情况，而是高气压（101.3 kPa 或更高）、长气隙的情况（$pd > 26.66$ kPa·cm，即 200 mmHg·cm）。前面介绍的汤逊理论是在气压较低（小于大气压）、气隙相对密度与极间距离的乘积 δd 较小的条件下进行放电试验的基础上建立起来的。以大自然中最宏伟的气体放电现象——雷电放电为例，它发生在两块雷云之间或雷云与大地之间，这时不存在金属阴极，因而与阴极上的 γ 过程和二次电子发射根本无关。

气体放电的流注理论也是以实验为基础的,它考虑了高气压、长气隙情况下不容忽视的若干因素对气体放电过程的影响,其中包括:电离出来的空间电荷会使电场畸变以及光子在放电过程中的作用(空间光电离和阴极表面光电离)。这个理论认为电子的撞击电离和空间电离是自持放电的主要因素,并充分注意到空间电荷对电场畸变的作用。流注理论目前主要还是对放电过程做定性描述,定量分析计算还不够成熟。下面做简要介绍。

1. 空间电荷对原有电场的影响

如图 1-2 所示,电子崩中的电子由于其迁移率远大于正离子,所以绝大多数电子都集中在电子崩的头部,而正离子则基本停留在产生时的原始位置上,因而其浓度是从尾部向头部递增的,所以在电子崩的头部集中着大部分正离子和几乎全部电子,如图 1-6(a) 所示。这些空间电荷在均匀电场中所造成的电场畸变,如图 1-6(b) 所示。可见在出现电子崩空间电荷之后,原有的均匀场强 E_0 发生了很大变化,在电子崩前方和尾部处的电场都增强了,而在这两个强场区之间出现了一个电场强度很小的区域,但此处的电子和正离子的浓度却最大,因而是一个十分有利于完成复合的区域,结果是产生强烈的复合并辐射出许多光子,成为引发新的空间光电离的辐射源。

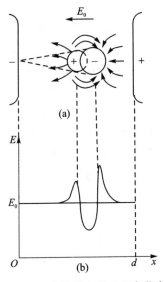

图 1-6 电子崩中的空间电荷在均匀电场中造成的畸变

2. 空间光电离的作用

汤逊理论没有考虑放电本身所引发的空间光电离现象,而这一因素在高气压、长气隙的击穿过程中起着重要的作用。前面所说的初始电子崩(简称初崩)头部成为辐射源后,就会向气隙空间各处发射光子而引起光电离,如果这时产生的光电子位于崩头前方和崩尾附近的强场区内,那么它们所造成的二次电子崩将以大得多的电离强度向阳极发展或汇入崩尾的正离子群中。这些电离强度和发展速度远大于初始电子崩的新放电区(二次电子崩)以及它们不断汇入初崩通道的过程被称为流注。

流注理论认为:在初始阶段,气体放电以碰撞电离和电子崩的形式出现,但当电子崩发展到一定程度后,某一初始电子崩的头部积聚到足够数量的空间电荷,就会引起新的强烈电离和二次电子崩,这种强烈的电离和二次电子崩是空间电荷使局部场强大大增强以及发生光电离的结果,这时放电即转入新的流注阶段。流注的特点是电离强度很大和传播速度很快(超过初崩发展速度 10 倍以上),出现流注后,放电便获得独立继续发展的能力,而不再依赖外界电离因子的作用,可见这时出现流注的条件也就是自持放电条件。

图 1-7 表示初崩头部放出的光子,在崩头前方和崩尾后方引起空间光电离并形

成二次崩及它们和初崩汇合的流注过程。二次崩的电子进入初崩通道后,便与正离子群构成了导电的等离子通道,一旦等离子通道短接了两个电极,放电即转为火花放电或电弧放电。

出现流注的条件是初崩头部的空间电荷数量必须达到某一临界值。对均匀电场来说,其自持放电条件应为

$$e^{\alpha d} = 常数$$

或

$$\alpha d = 常数 \tag{1-26}$$

实验研究得出的常数值为

$$\alpha d \approx 20$$

或

$$e^{\alpha d} \approx 10^8 \tag{1-27}$$

可见初崩头部的电子数要达到 10^8 时,放电才能转为自持(出现流注)。

如果电极间所加电压正好等于自持放电起始电压 U_0,那就意味着初崩要跑完整个气隙,其头部才能积聚到足够的电子数而引发流注,这时的放电过程如图 1-8 所示,其中图 1-8(a)表示初崩跑完整个气隙后引发流注;图 1-8(b)表示出现流注的区域从阳极向阴极方向推移;图 1-8(c)为流注放电产生的等离子通道短接了两个电极,气隙被击穿。

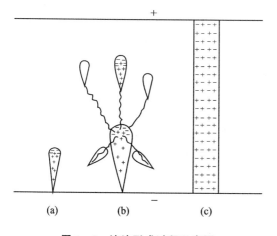

图 1-7　流注形成过程示意图

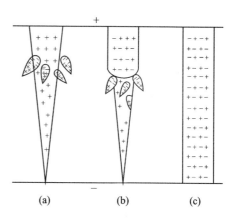

图 1-8　从电子崩到流注的转换

如果所加电压超过了自持放电起始电压 U_0,那么初崩不需要跑完整个气隙,其头部电子数就已达到足够的数量,这时流注将提前出现并以更快的速度发展,如图 1-7 所示。

流注理论能够说明汤逊理论所无法解释的一系列在高气压、长气隙情况下出现的放电现象,诸如:这时放电并不充满整个电极空间,而是形成一条细窄的放电通道;

有时放电通道呈曲折和分枝状；实际测得的放电时间远小于正离子穿越极间气隙所需的时间；击穿电压值与阴极的材料无关等。不过还应强调指出，这两种理论各适用于一定条件下的放电过程，不能用一种理论取代另一种理论。在 pd 值较小的情况下，初始电子不可能在穿越极间距离时完成足够多的碰撞电离次数，因而难以积聚到式(1-27)所要求的电子数，这样就不可能出现流注，放电的自持就只能依靠阴极上的 γ 过程了。

1.3　不均匀电场的放电过程

1.3.1　稍不均匀电场和极不均匀电场的放电特征

实际电力系统中所遇到的绝缘结构大都是不均匀电场，均匀电场是一种少有的特例。按照电场的不均匀程度，又可将其分为稍不均匀电场和极不均匀电场。前者的放电特性与均匀电场相似，气隙中任何一处出现自持放电，便一定立即导致整个气隙的击穿。所以对于稍不均匀电场，任何一处出现自持放电的条件就是整个气隙击穿的条件。测量高电压的球隙就是典型的稍不均匀电场实例。极不均匀电场的放电特性则与此大不相同，由于各处场强差异很大，气隙某处发生自持放电，有可能被稳定地局限于该处附近的局部空间，而不会导致整个气隙的击穿。高压输电线之间的空气绝缘和高电压实验室中高压发生器的输出端对墙的空气绝缘就是极不均匀电场的实例。

要将稍不均匀电场与极不均匀电场明确地加以区分是比较困难的。用不均匀系数 k_e 表示各种结构的电场不均匀程度，它等于最大电场强度 E_{max} 和平均电场强度 E_{av} 的比值，即

$$k_e = E_{max}/E_{av} \quad (1-28)$$

式中，$E_{av} = U/d$；U——电极间电压；d——极间距离。

$k_e < 2$ 时为稍不均匀电场；而 $k_e > 4$ 为极不均匀电场。

1.3.2　极不均匀电场中的电晕放电

1. 电晕放电

在极不均匀电场中，当电压升高到一定程度后，在空气间隙完全击穿之前，小曲率半径电极(高场强电极)附近会有薄薄的发光层，有点像"月晕"，在黑暗中看得较为真切，因此，这种放电现象称为电晕放电。

电晕放电现象是由电离区放电造成的，电离区中的复合过程以及从激励态恢复到正常态等过程都可能产生大量的光辐射。因为在极不均匀场中，只有小曲率半径电极附近很小的区域内场强足够高，电离系数 α 达到相当高的数值，而其余绝大部分电极空间场强太低，α 值太小，得不到发展。因此，电晕层也就限于高场强电极附近

的薄层内。

电晕放电是极不均匀电场所特有的一种自持放电形式。开始出现电晕时的电压称为电晕起始电压 U_c，而此时电极表面的场强称为电晕起始场强 E_c。

2. 电晕放电的起始场强

电晕属极不均匀电场的自持放电，原理上可由 $\gamma\exp(\int\alpha\mathrm{d}x)=1$ 来计算起始电压 U_c，但计算十分复杂且结果并不准确，所以实际上 U_c 是由实验总结出的经验公式来计算。电晕的产生主要取决于电极表面的场强，所以研究电晕起始场强 E_c 和各种因素间的关系更直接，也更单纯。

对于输电线路的导线，在标准大气压下其电晕起始场强 E_c 的经验表达式为

$$E_c = 30\left(1+\frac{0.3}{\sqrt{r}}\right) \tag{1-29}$$

式中，E_c——导线的表面场强，交流电压下用峰值表示，kV/cm；

r——导线半径，cm。

式(1-29)说明导线半径 r 越小则 E_c 值越大。因为 r 越小，则电场就越不均匀，也就是间隙中场强随着其离导线的距离的增加而下降得更快，而碰撞电离系数 α 随离导线距离的增加而减小得越快。所以输电线路起始电晕条件为

$$\int_0^{x_c}\alpha\mathrm{d}x = K \tag{1-30}$$

式中，x_c——起始电晕层的厚度，$x>x_c$ 时 $\alpha\approx 0$；K——常数。

可见电场越不均匀，要满足式(1-30)时导线表面场强应越高。式(1-29)表明，当 $r\to\infty$ 时，$E_c=30$ kV/cm。

而对于非标准大气条件，则进行气体密度修正以后的表达式为

$$E_c = 30\delta\left(1+\frac{0.3}{\sqrt{r\delta}}\right) \tag{1-31}$$

式中，δ——气体相对密度。

实际上导线表面并不光滑，所以对绞线来说要考虑导线的表面粗糙系数 m_1。此外对于雨雪等使导线表面偏离理想状态的因素（雨水的水滴使导线表面形成突起的导电物）可用系数 m_2 加以考虑。此时式(1-31)则改写为

$$E_c = 30 m_1 m_2 \delta\left(1+\frac{0.3}{\sqrt{r\delta}}\right) \tag{1-32}$$

理想光滑导线 $m_1=1$，绞线 $m_1=0.8\sim 0.9$，好天气时 $m_2=1$，坏天气时可按 0.8 估算。计算出 E_c 后就不难根据电极布置求得电晕起始电压 U_c。例如，对于离地面高度为 h 的单根导线可得

$$U_c = E_c r\ln\frac{2h}{r} \tag{1-33}$$

对于距离为 d 的两根平行导线（$d\geqslant r$）则可得

$$U_c = 2E_c r \ln \frac{d}{r} \tag{1-34}$$

1.3.3 极不均匀电场气隙的击穿和极性效应

在极不均匀电场中,电压极性对气隙的击穿电压影响很大,不同的电压极性,气隙击穿的发展过程也不同,存在明显的极性效应。决定极性要看表面电场较强的那个电极所具有的电位符号,所以在两个电极几何形状不同的场合,极性取决于曲率半径较小的那个电极的电位符号(例如"棒-板"气隙的棒极电位),而在两个电极几何形状相同的场合(例如"棒-棒"气隙),则极性取决于不接地的那个电极上的电位。

下面以棒-板气隙为例,从流注理论的概念出发,分别加以讨论。

1. 正极性

棒极带正电位时,电子崩是迎向电极发展的。棒极附近强场区内的电晕放电放出的电子将立即进入阳极(正棒端),在棒极前方空间留下许多正离子,如图1-9(a)所示。这些正离子虽朝板极移动,但速度很慢,暂留在棒极附近,如图1-9(b)所示。这些正空间电荷削弱了棒极附近的电场强度,而加强了正离子群外部空间的电场,如图1-9(c)所示。因此,棒极附近难以形成流注,使电晕起始电压提高。但正空间电荷产生的附加电场与原电场方向一致,加强了外部空间的电场,有利于流注的发展,因此击穿电压较低。

2. 负极性

棒极带负电位时,电子崩将由棒极向外发展,如图1-10(a)所示。崩头的电子在离开强场(电晕)区后,虽不能再引起新的碰撞电离,但仍继续往板极运动,而

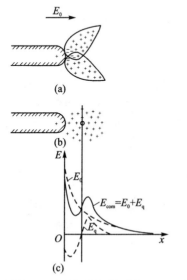

E_0—原电场;E_q—空间电荷附加电场;E_{com}—合成电场

图 1-9 正极性"棒-板"气隙中的电场畸变　　**图 1-10 负极性"棒-板"气隙中的电场畸变**

留在棒极附近的也是大批正离子,如图 1-10(b)所示。这时它们将加强棒极表面附近的电场而削弱外围空间的电场,如图 1-10(c)所示。因为这些正空间电荷加强了棒极附近的场强,使棒极附近容易形成流注,所以电晕起始电压比正极性时要低。但是正空间电荷产生的附加电场与原电场方向相反,削弱了外部空间的电场,阻碍了流注的发展,因此击穿电压较高。

输电线路和电气设备外绝缘的空气间隙大都属于极不均匀电场的情况,所以在工频高电压的作用下,击穿均发生在外加电压为正极性的那半周内;在进行外绝缘的冲击高压试验时,也往往施加正极性冲击电压,因为这时的电气强度较低。

1.3.4 长气隙的击穿

当气隙较长(例如极间距离大于 1 m)时,在放电发展过程中,流注往往不能一次就贯通整个气隙,而出现逐级推进的先导放电现象。这时在流注发展到足够长度后,会出现新的强电离过程,通道的电导大增,形成先导通道,从而加大了头部前沿区域的电场强度,引起新的流注,导致先导进一步伸展、逐级推进。当所加电压达到或超过该气隙的击穿电压时,先导将贯通整个气隙而导致主放电和最终的击穿,这时气隙接近于被短路,完全丧失了绝缘性能。在长气隙的流注通道中存在大量的电子和正离子,它们在电场中不断获得动能,但不一定都能在碰撞中性分子时引起电离,有很大一部分能量在碰撞中会转为中性分子的动能,所以此处气体温度将大大升高而可能出现热电离。热电离在先导放电和主放电阶段均有重要的作用。

本课程不详细讨论长气隙从电晕放电→先导放电→主放电,最后完成整个气隙击穿的过程细节,不过知道长气隙的放电有这样几个阶段还是必要的。

第 2 章　气体介质的电气强度

2.1　气隙的击穿时间和伏秒特性

2.1.1　气隙的击穿时间

每个气隙都有它的静态击穿电压,即长时间作用在气隙上能使气隙击穿的最低电压。如所加电压的瞬时值是变化的,或所加电压的延续时间很短,则该气隙的击穿电压就不同于(一般将高于)静态击穿电压,所以,对某一气隙,当不同波形的电压作用时,将有相应不同的击穿时间和击穿电压。

举例如图 2-1 所示。从开始加压的瞬间起到气隙完全击穿为止总的时间称为击穿时间 t_b,它由三部分组成:

① 升压时间 t_0——电压从 0 升到静态击穿电压 U_0 所需的时间;

② 统计时延 t_s——从电压达到 U_0 的瞬时起到气隙中形成第一个有效电子为止的时间;

③ 放电发展时间 t_f——从形成第一个有效电子的瞬时起到气隙完全被击穿为止的时间。

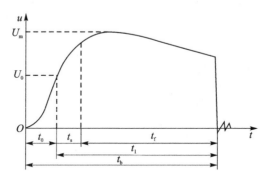

图 2-1　气隙击穿所需时间

这里说的第一个有效电子是指该电子能发展一系列的电离过程,最后导致间隙完全击穿的那个电子。气隙中出现的自由电子并不一定能成为有效电子,因为:

① 这个自由电子可能被中性质点俘获,形成负离子,失去电离的活力;

② 可能扩散到主间隙以外去,不能参加电离过程;

③ 即使已经引起电离过程,还可能由于某些随机的因素而中途停止。

击穿时间 $t_b = t_0 + t_s + t_f$，其中 $t_s + t_f = t_1$ 称为放电时延。

在短间隙中（$d<1$ cm），电场比较均匀时，$t_f \ll t_s$，这时，全部放电时延实际上就等于统计时延。统计时延的长短具有概率统计的性质，通常取其平均值，称为平均统计时延。在极不均匀电场的长间隙中，放电发展时间将占放电时延的大部分。影响平均统计时延的因素主要有以下几种：

① 电极材料。不同的电极材料，其电子逸出功不同，逸出功愈大，平均统计时延愈长。此外，电极表面状况，如电极表面被氧化或沾污，对平均统计时延也都有影响。

② 外施电压。当外施电压增大时，自由电子成为有效电子的概率增加，故 t_s 将减小。

③ 短波光照射。对阴极加以短波光照射，也能减小 t_s。

④ 电场情况。在极不均匀电场情况，电极附近存在局部很强的电场，出现有效电子的概率就增加，其 t_s 就较小。

长气隙中，决定放电时延的主要是放电发展时间 t_f。影响放电发展时间 t_f 的因素主要为：

① 间隙长度。间隙愈长，则 t_f 愈大，t_f 在总的放电时延中占的比例也愈大。

② 电场均匀度。电场愈均匀，则当电场中某处出现有效电子时，其他各处电场也都已很强，放电发展速度快，故 t_f 较小。

③ 外施电压。外施电压愈高，则放电发展愈快，t_f 也就愈小。

2.1.2 气隙的伏秒特性

1. 标准冲击电压波形

由于气隙在冲击电压下的击穿电压和放电时间都与冲击电压的波形有关，所以在求取气隙的冲击击穿特性时，必须首先将冲击电压的波形加以标准化，因为只有这样，才能使各种实验结果具有可比性和实用价值。我国所规定的标准冲击电压波形主要有下列几种。

（1）标准雷电冲击电压波

为了模拟雷电电压，国际电工委员会文件（IEC60—2—73）制定了雷电冲击标准波形，分为全波和截波两种。截波是模拟雷电冲击波被某处放电而截断的波形。我国国家标准（GB 313.3—1983）认同了上述 IEC 标准。

标准雷电过电压采用的是非周期性双指数波，可用图 2-2 所定义的（视在）波前时间 T_1 和（视在）半峰值时间 T_2 来表征（O' 为视在原点）。

雷电冲击全波冲击试验电压为图 2-3 所示的非周期冲击电压，先是很快上升到峰值，然后逐渐下降到零。

由于实验中发生的冲击电压波前起始部分及峰值部分比较平坦，在示波图上不易确定原点及峰值时间，为了对波形的主要部分有一个较准确和一致的衡量，国家标准规定了确定波形参数的方法（见图 2-3）：取波峰值为 1.0，在 0.3，0.9 和 1.0 处画

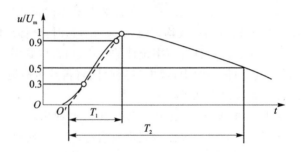

图 2-2 雷电冲击电压波形的标准化

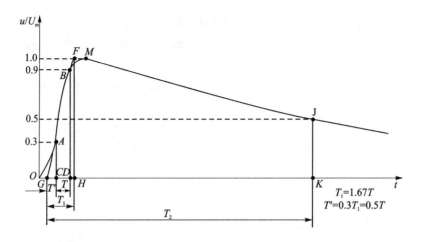

图 2-3 雷电冲击全波电压波形

三条水平线与波形曲线分别相交于 A,B 和 M 点。连接 A,B 两点作一直线,并延长使与时间轴相交于 G 点,与峰值切线相交于 F 点,相应的时间为 H 点。G 点即为视在原点,GF 即为规定的波前,GH 段即为视在波前时间 T_1,$T_1=T/0.6=1.67T$。在 0.5 波峰处画一条水平线,与波形曲线的尾部相交于 J 点,相应的时间为 K 点。从视在原点 G 到 K 点的时间 T_2 被定为视在半峰值时间。

如波形上有振荡时,应取其平均曲线为基本波形。在确定 T_1 时,0.3 及 0.9 峰值点应在基本波形上取。以基本波峰值作为试验电压值。波峰上的振荡或个别峰尖不得超过基本波形峰值的 5%。

波形参数为:视在波前时间 $T_1=1.2\times(1\pm0.3)\mu s$;视在半峰值时间 $T_2=50\times(1\pm0.2)\mu s$;峰值允差 T_1。

(2) 标准雷电截波

用来模拟雷电过电压引起气隙击穿或外绝缘闪络后所出现的标准雷电截波如图 2-4 所示。对某些绝缘来说,它的作用要比前面所说的全波更加严酷。其中,视在波前时间 $T_1=1.2\times(1\pm0.3)\mu s$;截断时间 T_c 指 GH 段时间;截波峰值 U_c 指截断前的电压峰值;截断时刻电压 U_i 指截断时刻的实际电压;截波电压骤降视在陡度指

CD 线的斜率;电压过零系数为 U_2/U_c;$T_c=2\sim 5~\mu s$。

(3) 标准操作冲击电压波

用来等效模拟电力系统中的操作过电压波,一般也采用非周期性双指数波,但它的波前和半峰值时间都要比雷电冲击电压波长得多。IEC 标准和我国标准规定的操作冲击电压波形如图 2-5 所示。波形特征参数为:波前时间 $T_{cr}=250\times(1\pm 0.2)~\mu s$;半峰值时间 $T_2=250\times(1\pm 0.6)~\mu s$;峰值允差±3%;超过 90%峰值的持续时间 T_d 未作规定;这种波可记为 250/2 500μs 冲击波。

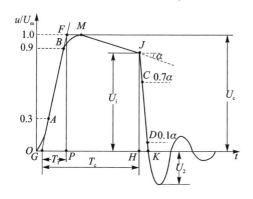

图 2-4 雷电冲击截波电压波形

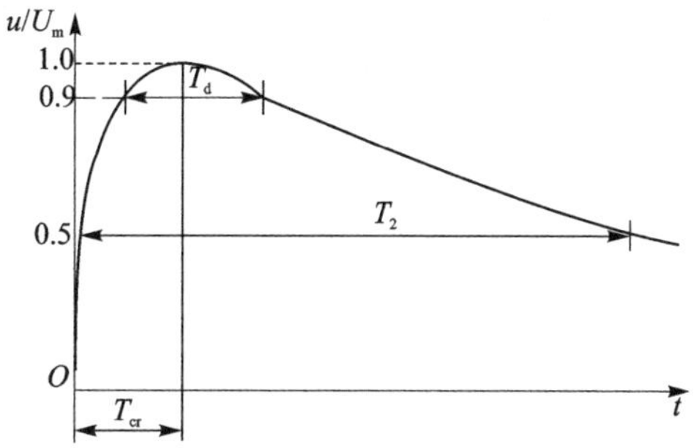

图 2-5 操作冲击电压波形

2. 伏秒特性

前已述及,气隙的击穿放电需要一定的时间才能完成。对于长时间持续作用的电压来说,气隙的击穿电压有一个确定的值;但对于脉冲性质的电压,气隙的击穿电压就与该电压的波形(即作用的时间)有很大关系。同一个气隙,在峰值较低但延续时间较长的冲击电压作用下可能被击穿,而在峰值较高但延续时间较短的冲击电压作用下可能反而不被击穿。所以,对于非持续作用的电压来说,气隙的击穿电压就不能简单地用单一的击穿电压值来表示了,对于某一定的电压波形,必须用电压峰值和延续时间两者来共同表示,这就是该气隙在该电压波形下的伏秒特性。

求取伏秒特性的方法(见图 2-6):保持一定的波形而逐级升高电压,从示波图来求取。电压较低时,击穿发生在波层,在击穿前的瞬时,电压虽已从峰值下降到一定数值,但该电压峰值仍然是气隙击穿过程中的主要因素,因此,应以该电压峰值为纵坐标,以击穿时刻为横坐标,得点 1。同样,得点 2 和 3。电压再升

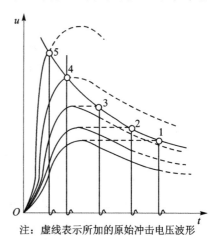

注:虚线表示所加的原始冲击电压波形

图 2-6 伏秒特性绘制方法

高时,击穿可能正好发生在波峰,得点4,该点当然也是特性曲线上的一点。电压再升高,在尚未升到峰值时,气隙可能就已经被击穿,如图中的点5,则点5也是伏秒特性上的一点。把这些相应的点连成一条曲线,就是该气隙在该电压波形下的伏秒特性曲线。

进一步看,同一气隙在同一电压(包括波形和峰值)作用下,每次击穿前时间也不完全一样,具有一定的分散性。因此,一个气隙的伏秒特性不是一条简单的曲线,而是一组曲线族,如图2-7所示。族中各曲线代表不同击穿概率下的伏秒特性。例如,$\Psi=0.7$的曲线表示有70%的击穿次数,其击穿前时间是小于该曲线所标时间的。这样,最左边的$\Psi=0$的曲线(图中未画出)就成了下包线,该曲线以左的区域,完全不发生击穿;最右边的$\Psi=1.0$的曲线(图中未画出)就成了上包线,该曲线以右的区域,每次都会击穿。这样以曲线族来表示的伏秒特性,当然很详细准确,但制作烦琐,故通常以上包线和下包线所限的一条带来表示。工程中常用的"50%击穿电压"这一术语,是指气隙被击穿的概率为50%的冲击电压峰值。该值已很接近伏秒特性带的最下边缘,它反映了该气隙的基本耐电强度,是一个重要的参量。但另一方面,也应该注意到,它并不能全面地代表该气隙的耐电强度。工程上有时还用到"$2\mu s$冲击击穿电压"这一术语,这是指气隙击穿时,击穿前时间小于和大于$2\mu s$的概率各为50%的冲击电压,这也就是50%曲线与$2\mu s$时间标尺相交点的电压值。

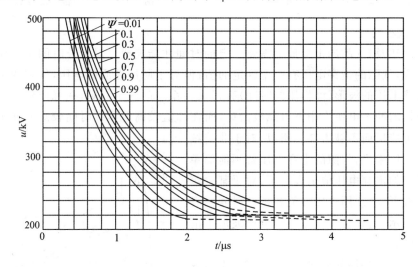

图2-7　棒形间隙($S=25\ cm$)在负极性无穷长矩形波下的伏秒特性

如果一个电压同时作用在两个并联的气隙S_1和S_2上,若其中某一个气隙先被击穿,则电压被短接,另一个气隙就不会被击穿。这个原则如用于保护装置和被保护物体,就是前者保护了后者。

设并联的两个气隙的伏秒特性带分别为S_1和S_2。若如图2-8所示,S_2全面位于S_1的左下方,这意味着在任何波峰值下,都将是S_2先被击穿,即S_2可靠地保护了

S_1，使 S_1 不被击穿。

若如图 2-9 所示，在时延较长的区域，S_2 位于 S_1 的下方；而在时延较短的区域，则 S_2 位于 S_1 的上方；介乎其中的为交叉区。这种情况意味着：当冲击电压峰值较低时，击穿前时间较长，则 S_2 先被击穿，保护了 S_1 不被击穿；但当冲击电压峰值较高时，击穿前时间很短，则 S_1 将先被击穿，S_2 反而不会被击穿；当冲击电压峰值相当于交叉区域时，则可能是 S_2 先被击穿，也可能是 S_1 先被击穿。

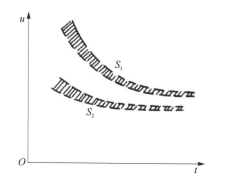

图 2-8 两个气隙的伏秒特性带没有交叉　　图 2-9 两个气隙的伏秒特性发生交叉

显然，如要求 S_2 能可靠地保护 S_1，则 S_2 的伏秒特性带必须全面地低于 S_1 的相应特性带。

在极不均匀电场的长间隙中，在最低击穿电压作用下，放电发展到完全击穿需要较长的时间（可能达到几十微秒），如不同程度地提高电压峰值，则击穿前时间将会相应减小，反映在伏秒特性的形状上，就是在相当大的时间范围内向左上角上翘，如图 2-10 中曲线 A 所示。

在较均匀电场的短间隙中，间隙各处场强相差不大，某一处场强达到自持放电值时，沿途各处放电发展均很快，故击穿前时间很短（不超过 2~3 μs），反映在伏秒特性的形状上，只有在很小的时间范围内向上翘，如图 2-10 中曲线 B 所示。

应该注意，同一个气隙，对不同的电压波形，其伏秒特性是不一样的，如无特别说明，一般是指用标准波形做出的。

上述伏秒特性的各种概念也都适用于液体介质、固体介质和组合绝缘等各种场合。

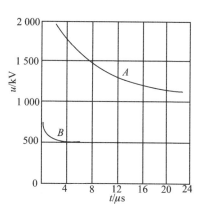

图 2-10 不同形状的伏秒特性举例

2.2 均匀和极不均匀电场气隙的击穿特性

2.2.1 均匀电场气隙的击穿特性

在均匀电场中,电场对称,故击穿电压与电压极性无关。由于气隙各处的场强大致相等,不可能出现持续的局部放电,故气隙的击穿电压就等于起始放电电压。

均匀电场的气隙距离不可能很大,各处场强又大致相等,故从自持放电开始到气隙完全击穿所需的时间极短,因此,在不同电压波形作用下,其击穿电压实际上都相同,且其分散性很小。

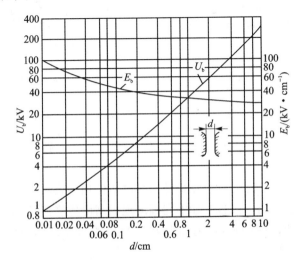

图 2-11 均匀电场空气间隙的击穿电压峰值 U_b 与极间距离 d 的关系

图 2-11 所示为实验所得到的均匀电场空气间隙的击穿电压特性,它也可以用下面的经验公式来表示:

$$U_b = 24.55\delta d + 6.66\sqrt{\delta d} \quad (2-1)$$

式中,U_b——击穿电压峰值,kV;d——极间距离,cm;δ——空气相对密度。

式(2-1)完全符合巴申定律,因为它也可改写成 $U_b = f(\delta d)$。

相应的平均击穿场强

$$E_b = \frac{U_b}{d} = 24.55\delta + 6.66\sqrt{\delta/d} \quad \text{kV/cm} \quad (2-2)$$

由图 2-11 和式(2-2)可知,随着极间距离 d 的增大,击穿场强 E_b 稍有下降,在 $d=1\sim10$ cm 的范围内,其击穿场强约为 30 kV/cm。

稍不均匀电场不对称时,极性效应已有所反映,但不是很显著。稍不均匀电场的气隙距离一般不会很大,整个气隙的放电时延仍很短,因此,在不同电压波形作用下,其击穿电压(峰值、50%概率)实际上接近相同,且其分散性也小,但高气压下的电负性气体(如 SF_6)间隙则存在电压作用时间效应,见 2.4 节。

稍不均匀电场的结构形式多种多样,常遇到的较典型的电场结构形式有:球-球、球-板、圆柱-板、两同轴圆筒、两平行圆柱、两垂直圆柱等。对这些简单的、规则的、典型的电场,有相应的计算击穿电压的经验公式或曲线,可参阅有关手册和资料。其中球-球间隙还是用来直接测量高电压峰值的最简单而又有一定准确度的手段,其击穿电压有国际标准表可查阅。

影响稍不均匀电场气隙击穿电压的因素,除电场结构和大气条件外,还有邻近效应和照射效应,这在利用球隙击穿来测量电压时,特别应加以注意。邻近物体(不论其电位的高低)的存在,会影响气隙的电场分布,从而影响其击穿电压。为此,国际标准对测量球隙与各种邻近物体之间的距离都有明确的规定。用球隙击穿来测量电压时,对短距离、小空间的球隙,如单靠大气中的随机电离来提供初始有效电子,将会使气隙击穿的统计时延增大,导致击穿电压偏高且分散性增大。用紫外线或其他高能射线照射气隙,可使气隙中出现有效电子的概率增大,从而减小气隙击穿的统计时延和击穿电压的分散性。由于上述原因,国际标准规定,当球隙空间小于某定值时,必须使用照射。

2.2.2 极不均匀电场气隙的击穿电压

极不均匀电场击穿电压的特点:电场不均匀程度对击穿电压的影响减弱(由于电场已经极不均匀),极间距离对击穿电压的影响增大。

这个结果有很大意义,可以选择电场极不均匀的极端情况,棒-板和棒-棒作为典型电极结构(或尖-板和尖-尖电极结构)。它们的击穿电压具有代表性,当在工程上遇到很多极不均匀的电场时,可以根据这些典型电极的击穿电压数据来做估算。如果电场分布不对称,则可参照棒-板(或尖-板)电极的数据;如果电场分布对称,则可参照棒-棒(或尖-尖)电极的数据。

在直流电压中,极不均匀电场中直流击穿电压的极性效应非常明显。同样间隙距离下,不同极性间,击穿电压相差一倍以上。而尖-尖电极的击穿电压介于两种极性尖-板电极的击穿电压之间,这是因为这种电场有两个强场区,同等间隙距离下,电场均匀程度较尖-板电极为好。

而在工频电压下的击穿,无论是棒-棒电极还是棒-板电极,其击穿都发生在正半周峰值附近(对棒-板电极结构,击穿发生在棒电极处于正半周峰值附近),故击穿电压与直流的正极性相近。工频击穿电压的分散性不大,相对标准偏差 σ 一般不超过 2%。当间隙距离不太大时,击穿电压基本上与间隙距离呈线性上升的关系;当间隙距离很大时,平均击穿场强明显降低,即击穿电压不再随间隙距离的加大而线性增加,呈现出饱和现象,这一现象对棒-板间隙尤为明显。

因此,在电气设备上,希望尽量采用棒-棒类对称型的电极结构,而避免棒-板类不对称的电极结构。由于试验时所采用的"棒"或"板"不尽相同,不同实验室的实验曲线会有所不同。这一点在各种电压的空气间隙击穿特性中都存在,使用这些曲线时应注意其试验条件。

在持续作用电压下,电极间距离远小于相应电磁波的波长,所以任一瞬间的这种电场都可以近似作为静电场来考虑。除在很少数情况下可以直接求得解析解外,要想了解局部或整体电场分布的详细情况,主要依靠电场数值计算来求解,应用较多的方法主要有有限元法和模拟电荷法。有限元法在计算封闭场域的电场方面有许多优点,而模拟电荷法在计算开放场域的电场方面应用较多。

2.3 大气条件对气隙击穿电压的影响

在大气中,气隙的击穿电压均与大气条件(气温、气压、湿度等因素)有关。不同的大气条件,同一气隙的击穿电压亦不同。通常,气隙的击穿电压随着大气密度或大气中湿度的增加而升高,因此在不同大气条件下的击穿电压必须换算到标准大气条件下才能进行比较。

我国规定的标准参考大气条件为:温度 $t_0 = 20\ ℃$,压强 $p_0 = 101.3\ \text{kPa}$,湿度 $h_0 \approx 11\ \text{g/m}^3$。

我国国家标准 GB/T 16927.1—1997 提出了大气校正因数 K_t,并指出:外绝缘的破坏性放电(包括自由气隙的击穿和沿绝缘外表面的闪络)电压值正比于大气校正因数 K_t。K_t 是空气密度校正因数 K_d 与空气湿度校正因数 K_h 的乘积,即 $K_t = K_d K_h$。这样,在平原地区(海拔小于 1 000 m),实际试验时的大气条件下所得的外绝缘的破坏性放电电压 U 与标准参考大气条件下的相应值 U_0 可按下式进行换算:

$$U = U_0 K_t = U_0 K_d K_h \tag{2-3}$$

在海拔 1 000~4 000 m 的地区还要再乘以海拔校正因数 K_a,即

$$U = K_a(U_0 K_t) \tag{2-4}$$

2.3.1 对空气密度的校正

气压和温度的变化都可以反映为空气相对密度的变化,因此气压和温度的影响就可归结为空气相对密度的影响。

气压 p 增高时空气相对密度 δ 增大,带电粒子在气体中运动的平均自由行程 λ_e 减小,运动中积累的动能就小,电离能力就较弱,因此间隙的击穿电压就高;反之则有相反的结果。温度 T 升高,空气相对密度 δ 减小,带电粒子在气体中运动的平均自由行程 λ_e 增大,运动中积累的动能就大,电离能力就较强,因此间隙的击穿电压就较低;反之则有相反的结果。

空气密度校正因数 K_d 取决于空气相对密度 δ,其表达式如下:

$$K_d = \delta^m \tag{2-5}$$

式中，m——空气密度校正指数，可从图 2-12 中求取。

图 2-12 中引入了一个特征参数 g

$$g = \frac{U_b}{500L\delta K} \quad (2-6)$$

式中，U_b——试验时大气条件下的 50% 破坏性放电电压值（测量值或估算值），在耐受试验时，可假定为 1.1 倍试验电压值，kV；

L——被试品的最短放电路径，m；

δ, K——空气相对密度 δ 和参数 K 均为试验时的值。

国家标准 GB/T 16927.1—1997 还指出：图 2-12 只适用于海拔高度不超过 2 000 m 的情况。

试验时的空气相对密度 δ 为

$$\delta = \left(\frac{p}{p_0}\right)\left(\frac{273+t_0}{273+t}\right) \quad (2-7)$$

式中，p——试验时的大气压强，kPa；t——试验时的温度，℃。

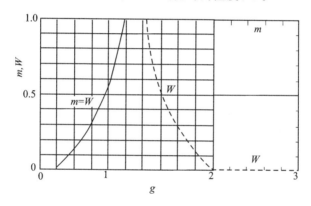

图 2-12　空气密度校正指数 m 和湿度校正指数 W 与参数 g 的关系曲线

2.3.2　对空气湿度的校正

大气中所含的水汽分子能俘获自由电子而形成负离子，这对气体中的放电过程显然起着抑制作用，可见大气的湿度越大，气隙的击穿电压也会增高。不过在均匀和稍不均匀电场中，放电开始时，整个气隙的电场强度都较大，电子的运动速度较快，不易被水汽分子所俘获，因而湿度的影响就不太明显，可以忽略不计。例如用球隙测量高电压时，只需要按空气相对密度校正其击穿电压就可以了，而不必考虑湿度的影响。但在极不均匀电场中，湿度的影响就很明显了，这时可以用下面的湿度校正因数来加以修正：

$$K_h = K^W \quad (2-8)$$

式中，因数 K 取决于试验电压类型，并且是绝对温度 h 与空气相对密度 δ 之比（h/δ）

的函数。而指数 W 之值则取决于电极形状、气隙长度、电压类型及其极性。

2.3.3 对海拔高度的校正

随着海拔高度的增加,空气逐渐稀薄,大气压力下降,空气密度减小,因而空气的电气强度也降低。为此,引入海拔校正因数 K_a:

$$K_a = \frac{1}{1.1 - H \times 10^{-4}} \quad (2-9)$$

式中,H——安装点的海拔高度。

我国国家标准规定:凡安装在海拔高度超过 1 000 m 而又低于 4 000 m 的地区的电力设备其外绝缘实验电压 U 与平原地区的实验电压 U_p 的关系为

$$U = K_a U_p \quad (2-10)$$

2.4 提高气隙击穿电压的方法

如前所述,对于高压电气设备绝缘系统的要求,就气隙来说,不仅必须确保整个气隙不被击穿,还要确保防止各种预放电的性能达到规定的要求。因此,本节中所述提高气隙击穿电压的方法是广义的,包括防止各种预放电的方法。

从原理上来说,提高气隙击穿电压的方法有多种,这里只讨论工程中最实用的几种。

2.4.1 改善电场分布

1. 改进电极形状以改善电场分布

一般说来,气隙电场分布越均匀,气隙的击穿电压就越高,故如能适当地改进电极形状,增大电极的曲率半径,改善电场分布,就能提高气隙的击穿电压和预放电电压。

研究指出,不产生预放电的条件是电极表面的最大场强 E_{max} 不超过某定值,可大致估计为:对工频电压,$E_{max} \leqslant 20$ kV(eff)/cm;对雷电冲击电压,$E_{max} \leqslant (30 \sim 40)$ kV(peak)/cm;对操作冲击电压,$E_{max} \leqslant (22 \sim 25)$ kV(peak)/cm。

不仅需要注意改善高压电极的形状以降低该极近旁的局部强场,还需要注意改善接地电极和中间电极的形状,以降低其电极近旁的局部场强。

降低电极近旁强场最简单和常用的办法是增大电极的曲率半径(简称屏蔽)。对于中等电压等级以下的电器来说,这没有什么困难;但对于超高压电器来说,保证不发生预放电所需要的曲率半径相当大。立体空间尺寸很大、整体表面又要十分光洁的电极是不易制作的。

改变电极形状以调整电场的方法有：

① 增大电极曲率半径；

② 改善电极边缘；

③ 使电极具有最佳外形。

2. 利用空间电荷改善电场分布

由于极不均匀电场气隙被击穿前一定先出现电晕放电，所以在一定条件下，还可以利用放电本身所产生的空间电荷来调整和改善空间的电场分布，以提高气隙的击穿电压。以"导线-平板"、"导线-导线"气隙为例，当导线直径减小到一定程度以后，气隙的工频击穿电压反而会随着导线直径的减小而提高，出现所谓"细线效应"。其原因为细线的电晕放电所形成的均匀空间电荷层能改善气隙中的电场分布，导致击穿电压的提高；而在导线直径较大时，由于导线表面不可能绝对光滑，所以在整个表面发生均匀的总体电晕之前就会在个别局部先出现电晕和刷形放电，因此其击穿电压就与"棒-板"或"棒-棒"气隙相近了。

细线效应只对提高稳态电压作用下的击穿电压有效，雷电冲击下没有细线效应，原因在于雷电冲击作用时间太短，来不及形成充分的空间电荷层。

3. 采用屏障改善电场分布

由于气隙中的电场分布和气体放电的发展过程都与带电粒子在气隙空间的产生、运动和分布密切相关，所以在气隙中放置形状和位置合适、能阻碍带电粒子运动和调整空间电荷分布的屏障也是提高气体介质电气强度的一种有效方法。

屏障用绝缘材料制成，但它本身的绝缘性能无关紧要，重要的是它的密封性（拦住带电粒子的能力）。它一般安装在电晕间隙中，其表面与电力线垂直。

屏障的作用取决于它所拦住的与电晕电极同号的空间电荷，这样就能使电晕电极与屏障之间的空间电场强度减小，从而使整个气隙的电场分布均匀化。虽然这时屏障与另一电极之间的空间电场强度反而增大了，但其电场形状变得更像两块平板电极之间的均匀电场（见图2-13），所以整个气隙的电气强度得到了提高。

有屏障气隙的击穿电压与该屏障的安装位置有很大的关系。以图2-14所示的"棒-板"气隙为例，最有利的屏障位置在 $x=(1/5\sim1/6)d$ 处，这时该气隙的电气强度在正极性直流时约可增加为2～3倍，但当棒为负极性时，即使屏障放在最有利的位置，也只能略为提高气隙的击穿电压（例如20%），而在大多数位置上，反而使击穿电压有不同程度的降低。不过在工频电压下，由于击穿一定发生在棒为正极性的那半周，所以设置屏障还是很有效的。如果是"棒-棒"气隙，两个电极都将发生电晕放电，所以应在两个电极附近都安装屏障，方能收效。

在冲击电压下，屏障的作用要小一些，因为这时积聚在屏障上的空间电荷较少。显然，屏障在均匀或稍不均匀电场的场合就难以发挥作用了。

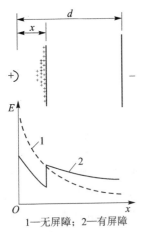

图 2-13 在"正棒-负板"气隙中设置屏障前后的电场分布
1—无屏障；2—有屏障

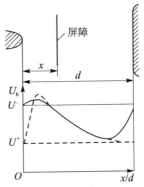

图 2-14 屏障的安装位置对"棒-板"气隙直流击穿电压的影响
U^+和U^-——没有屏障时该气隙在正、负极性下的直流击穿电压；虚线—棒性为正极性；实线—棒为负极性

2.4.2 采用高度真空

采用高真空也可削弱电极间气体的电离过程，虽然电子的自由行程变得很大，但间隙中可供碰撞的气体分子很少，因此电离过程难以发展，从而可以显著提高间隙击穿电压。

间隙距离较小时高真空的击穿场强很高，其值超过压缩气体间隙；但间隙距离较大时击穿场强急剧减小，明显低于压缩气体间隙的击穿场强。真空击穿理论对这一现象是这样解释的：高真空小间隙的击穿是与阴极表面的强场发射密切有关。由于强场发射造成很大的电流密度，导致电极局部过热使电极发生金属汽化并释放出气体，破坏了真空，从而引起击穿。间隙距离较大时，击穿是由所谓全电压效应引起的。随着间隙距离及击穿电压的增大，电子从阴极到阳极经过巨大的电位差，积聚了很大的动能，高能电子轰击阳极时能使阳极释放出正离子及辐射出光子；正离子及光子到达阴极后又将加强阴极的表面电离。在此反复过程中产生越来越大的电子流，使电极局部汽化，导致间隙击穿，这就是全电压效应引起平均击穿场强随间隙距离的增加而降低的原因。由此可见，真空间隙的击穿电压与电极材料、电极表面粗糙度和清洁度（包括吸附气体的多少和种类）等多种因素有关，因此击穿分散性很大。在完全相同的实验条件下，击穿电压随电极材料熔点的提高而增大。在电力设备中目前还很少采用高真空作为绝缘介质，因为电力设备的绝缘结构中总会使用固体绝缘材料，这些固体绝缘材料会逐渐释放出吸附的气体，使真空无法保持。目前真空间隙只在真空断路器中得到应用。真空不仅绝缘性能好，而且有很强的灭弧能力，所以真空断路器已广泛应用于配电网络中。

2.4.3 增高气压

如前所述,增高气体的压强可以减小电子的平均自由行程,阻碍撞击电离的发展,从而提高气隙的击穿电压。在一定的气压范围内,增高气压对提高气隙的击穿电压是极为有效的,因此,随着电气设备电压等级的日益提高,特别是随着高耐电强度气体 SF_6 的广泛应用,绝缘结构中应用高气压也愈益广泛(因为若采用 SF_6 气体,则即使在常压下工作,也必须密封,此时,若提高气压,则能显著提高气隙的耐电强度,缩小整体绝缘结构的尺寸,而所增成本不多,事半功倍,故广为采用)。

在均匀电场,当气压在 10 个标准个大气压时,击穿电压随气压增大而呈线性增加,再继续增大气压,将逐渐呈饱和趋势;在极不均匀电场中,提高气压虽然也可以提高击穿电压,但效果不如均匀电场中显著。

2.4.4 采用高耐电强度气体

虽然可以采用增高气压的方法来提高气隙的击穿电压,但气压较高时,容器的密封比较困难,即使做到了密封,造价也较贵。人们已发现某些气体,主要是含卤族元素的气体,如六氟化硫(SF_6)、氟利昂(CCl_2F_2)和四氯化碳(CCl_4)等,其耐电强度比空气高得多,称为高耐电强度气体。采用这类气体或在其他气体中混合入一定比例的这类气体,可以大大提高气隙的击穿电压。

表 2-1 中列出了几种气体的相对电气强度。所谓某种气体的相对电气强度是指在气压与间隙距离相同的条件下该气体的电气强度与空气强度之比。

表 2-1 几种气体的相对电气强度

气 体	N_2	SF_6	CCl_2F_2	CCl_4
相对电气强度	1.0	2.3~2.5	2.4~2.6	6.3
绝缘介质的 1 个标准大气压下的液化温度/℃	-195.8	-63.8	-28	26

SF_6 气体的主要优点有:除了具有较高的电气强度外,还有很强的灭弧能力。它是一种无色、无味、无毒、非燃性的惰性化合物,对金属和其他绝缘材料没有腐蚀作用,被加热到 500 ℃仍不会分解。在中等压力下,SF_6 气体可以被液化,便于储藏和运输。SF_6 气体被广泛用于大容量高压断路器、高压充气电缆、高压电容器、高压充气套管以及全封闭组合电器中。采用 SF_6 的电气设备的尺寸大为缩小,例如,500 kV 的 SF_6 金属封闭式变电站的占地面积仅为开放式 500 kV 变电站用地的 5%,且不受外界气候变化的影响。

用 SF_6 电气设备的缺点是造价太高,而且作为一种对臭氧层有破坏作用的温室气体,SF_6 的进一步应用也遇到一些问题,不过目前还找不到一种在性能、价格方面都能与 SF_6 竞争的高电气强度气体。

2.5 气隙的沿面放电

沿着气体与固体(或液体)介质的分界面上发展的放电现象称为气隙的沿面放电。沿面放电发展到贯穿两极,使整个气隙沿面被击穿,该现象称为闪络。

电力系统中的绝缘事故很多是沿面放电造成的。如输电线路的悬式或针式绝缘子、隔离开关的支柱绝缘子、穿墙套管、变压器套管等,它们都处于气体介质(一般为空气)的包围之中,往往是一个电极接高电压另一个电极接地,当固体介质表面潮湿或被污染时,固体介质表面常发生气体沿面放电,造成两极之间绝缘功能的丧失。这种绝缘一般均为自恢复绝缘,沿面放电后,只要切除电源,它们的绝缘性能往往很快地自动彻底恢复。

实验表明:沿面闪络电压不但要比固体介质本身的击穿电压低很多,而且也比极间距离相同的纯气隙的击穿电压低不少。可见,一个绝缘装置的实际耐压能力并非取决于固体介质部分的击穿电压,而取决于它的沿面闪络电压,所以后者在确定电力系统中的外绝缘的绝缘水平时起着决定性作用。应该注意的是,这不仅涉及表面干燥、清洁时的特性,还应考虑表面潮湿、污染时的特性,显然在后一种情况下的沿面闪络电压必然降得更低。在设计工作中,往往需要知道各种绝缘子的干闪络电压(包括在雷电冲击、操作冲击和运行电压下)、湿闪络电压(包括在操作冲击和运行电压下)和污秽闪络电压(主要指运行电压下)。

气体介质与固体介质交界面(简称界面)上的电场分布情况对沿面放电的特性影响很大。界面电场分布可分为三种典型情况,如图 2-15 所示:

① 固体介质处于均匀或稍不均匀电场中,且电力线与界面平行,如图 2-15(a)所示。

② 固体介质处于极不均匀电场中,且电力线垂直于界面的分量比平行于界面的分量大得多,如图 2-15(b)所示的套管。

③ 固体介质处于极不均匀电场中,大部分界面上的电场强度平行分量大于垂直分量,如图 2-15(c)所示的支柱绝缘子。

下面就上述三种情况分别介绍其沿面放电的特性。

2.5.1 均匀和稍不均匀电场中的沿面放电

在图 2-15(a)的平板电极 1 间放入一块固体介质 2 后,因界面与电力线平行,粗看起来似乎固体介质的存在并不影响原来的电场分布,其实不然。插入这块固体介质后,沿面闪络电压仍然要比纯空气间隙的击穿电压降低很多,这表明原先的均匀电场还是发生了畸变,主要原因如下:

① 固体介质与电极表面接触不良,存在小缝隙。这时由于固体介质的介电常数 ε 远大于空气的介电常数 ε_0,因而小缝隙中的电场强度可达到很大的数值,小缝隙内

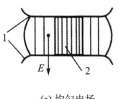 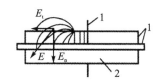 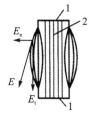

(a) 均匀电场　　(b) 界面上有强垂直分量E_n的　　(c) 界面上垂直分量E_n很弱的
　　　　　　　　　　极不均匀电场　　　　　　　　　极不均匀电场
　　　　　　　　1—电极；2—固体介质

图 2-15　典型的界面电场形式

将首先发生放电,所产生的带电粒子沿着固体介质的表面移动,畸变了原有电场。为了消除小缝隙中的放电,可采用在与电极接触的固体介质表面上喷涂导电粉末的办法。

② 大气中的潮气吸附到固体介质的表面而形成薄水膜,其中的离子受电场的驱动而沿着介质表面移动,电极附近的表面上积聚的电荷较多,使电压沿介质表面的分布变得不均匀,因而降低了闪络电压。这种影响显然与大气的湿度有关,但也与固体介质吸附水分的性能有关。瓷和玻璃等为亲水性材料,影响就较大;石蜡、硅橡胶等为憎水性材料,影响就较小。此外,离子的移动和电荷的积聚都是需要时间的,所以在工频电压下闪络电压降低较多,而在雷电冲击电压下降低得很少。

③ 固体介质表面电阻的不均匀和表面的粗糙不平也会造成沿面电场的畸变。

2.5.2　极不均匀电场且具有强垂直分量时的沿面放电

如图 2-15(b)所示,套管中的固体介质 2(瓷套)处于极不均匀电场中,而且电场强度垂直于介质表面的分量要比切线分量大得多。可以看出,接地的法兰 1 附近的电力线密集、电场最强,不仅有切线分量,还有强垂直分量。当所加电压还不高时,法兰附近即首先出现电晕放电,如图 2-16(a)所示。随着外加电压的升高,放电区逐渐变成由许多平行的火花细线组成的光带,如图 2-16(b)所示,火花细线的长度随电压的升高而增大,但此时放电通道中的电流密度还不大、压降较大,伏安特性仍具有上升的特征,所以仍属于辉光放电的范畴。当电压超过某一临界值后,放电性质发生变化,个别细线突然迅速伸长,转变为分叉的树枝状明亮火花通道,如图 2-16(c)所示。这种树枝状火花并不固定在一个位置上,而是在不同位置上交替出

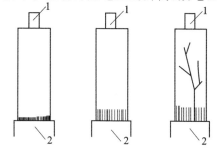

(a) 电晕放电　(b) 细线状辉光放电　(c) 滑闪放电
1—导杆；2—法兰

图 2-16　沿套管表面放电示意图

现,所以称为滑闪放电。滑闪放电通道中的电流密度已较大,压降较小,其伏安特性具有下降的特征。达到这个阶段后,电压的微小升高就会导致火花的急剧伸长,所以电压再升高一些,放电火花就将到达另一电极,完成表面气体的完全击穿,称为沿面闪络或简称"闪络"。通常沿面闪络电压比滑闪放电电压高得不多。从辉光放电转变到滑闪放电的机理如下:辉光放电时的火花细线中因碰撞电离而存在大量带电粒子,它们在很强的电场垂直分量的作用下,将紧贴着固体介质表面运动,从而使某些地方发生局部的温度升高。当电压增大到足以使局部温升引起气体分子的热电离时,火花通道内的带电粒子数剧增、电阻骤降、亮度大增,火花通道头部的电场强度变得很大,火花通道迅速向前延伸,这就是滑闪放电,它以气体分子的热电离作为特征,只发生在具有强垂直分量的极不均匀电场的情况下。当滑闪放电火花中的一支短接了两个电极时,即出现沿面闪络。

2.5.3 极不均匀电场中垂直分量很弱时的沿面放电

以图 2-15(c)所示的支柱绝缘子为例,这时沿瓷面的电场切线分量 E_t 较强,而垂直分量 E_n 很弱。这种绝缘子的两个电极之间的距离较长,其间的固体介质(电瓷)本身是根本不可能被击穿的,可能出现的只有沿面闪络。

与前面两种情况相比,这时的固体介质处于极不均匀电场中,因而其平均闪络场强显然要比均匀电场时低得多;但另一方面,由于界面上的电场垂直分量很弱,因而不会出现热电离和滑闪放电。这种绝缘子的干闪络电压基本上随极间距离的增大而提高,其平均闪络场强大于前一种有滑闪放电时的情况。

2.5.4 固体介质表面有水膜时的沿面放电

输电线路和变电所中所用的绝缘子大多在户外,因而其表面会受到雨、露水、雾、雪、风等的侵袭和大气中污秽物质的污染,其结果是沿面放电电压显著降低。绝缘子表面有湿污层时的沿面闪络电压称为污闪电压,将在后面专门探讨,此处所要讨论的则是洁净的瓷面或玻璃表面被雨水淋湿时的沿面放电,相应的电压称为湿闪电压。

为了避免整个绝缘子表面都被雨水所淋湿,设计时都要为绝缘子配备若干伞裙。例如盘型悬式绝缘子的伞裙下表面不会被雨水直接淋湿,但仍有可能被落到下一个伞裙上的雨水所溅湿。又如图 2-17 所示,棒型支柱绝缘子除了最上面的一个伞裙的上表面会全部淋湿外,下面各伞裙的上表面都只有一部分被淋湿,而且全部伞裙的下表面及瓷柱也不会被雨水直接淋湿,只可能有少量的回溅雨水。可见绝缘子表面上的水膜大都是不均匀和不连续的。有水膜覆盖的表面电阻小,电导大;无水膜处的表面电阻大,电导小,绝大部分外加电压将由干表面(例如图 2-17 中的 BCA′段)来承受。当电压升高时,或者空气间隙 BA′先击穿,或者干表面 BCA′先闪络,其结果都是形成 ABA′电弧放电通道,出现一连串的 ABA′通道就造成整个绝缘子的完全闪络。如果雨量特别大,伞上的积水像瀑布似的往下流,伞缘间亦有可能被雨水所短接而构成电弧通道,绝缘子也将发生完全的闪络。可见绝缘子在雨下有三种可能的闪络途径:①沿着湿表面 AB 和干表面 BCA′发展;②沿着湿表面 AB 和空气间隙 BA′发展;③沿着湿表面 AB 和水流 BB′发展。

在第一种情况下,被工业区的雨水淋湿的绝缘子的湿闪电压只有干闪电压的 40%~50%,如果雨水电导率更大,湿闪电压还会降得更低。在第二种情况下,空气间隙 BA′中只有分散的雨滴,气隙的击穿电压降低不多,雨水电导率的大小也没有多大影响,绝缘子的湿闪电压也不会降低太多。在第三种情况下,伞裙间的气隙被连续的水流所短接,湿闪电压将降到很低的数值,不过这种情况只出现在倾盆大雨时。在设计绝缘子时,为了保证它们有较高的湿闪电压,对各级电压的绝缘子应有的伞裙数、伞的倾角、伞裙直径、伞裙伸出长度与伞裙间气隙长度之比均应仔细考虑、合理选择。

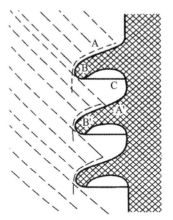

图 2-17 棒型支柱绝缘子在雨下的可能闪络途径

2.5.5 绝缘子染污状态下的沿面放电

线路和变电所的外绝缘在运行中除了要承受电气应力和机械应力外,还会受到环境应力的作用,其中包括雨、雪、霜、露、雾、风等气候条件和工业粉尘、废气、自然盐碱、灰尘、鸟粪等污秽物的污染。外绝缘被污染的过程一般是渐进的,但有时也可能是急速的。

1. 污闪发展过程

染污绝缘子表面上的污层在干燥状态下一般不导电,在出现疾风骤雨时将被冲刷干净,但在遇到毛毛雨、雾、露等不利天气时,污层将被水分所湿润,电导大增,在工作电压下的泄漏电流大增。电流所产生的热量既可能使污层的电导增大,又可能使水分蒸发、污层变干而减小其电导。例如悬式绝缘子铁脚和铁帽附近的污层中电流密度较大,污层烘干较快,先出现干区或干带。干区的电阻比其余湿污层的电阻大得多(甚至大几个数量级),因此整个绝缘子上的电压几乎都集中到干区上,一般干区的宽度不大,所以电场强度很大。如果电场强度已足以引起表面空气的碰撞电离,在铁脚和铁帽周围即开始电晕放电或辉光放电,出现蓝紫色细线,由于此时泄漏电流较大,电晕或辉光放电很易直接转变为有明亮通道的电弧,不过这时的电弧还只存在于绝缘子的局部表面,故称局部电弧。随后弧足支撑点附近的湿污层被很快烘干,这意味着干区的扩大,电弧被拉长,若此时电压尚不足以维持电弧的燃烧,电弧即熄灭。再加上交流电流每一周波都有两次过零,更促使电弧呈现"熄灭—重燃"或"延伸—收缩"的交替变化。一圈干带意味着多条并联的放电路径,当一条电弧因拉长而熄灭时,又会在另一条距离较短的旁路上出现,所以就外观而言,好像电弧在绝缘子的表面上不断地旋转。

在雾、露天气时,污层湿润度不断增大,泄漏电流也随之逐渐变大,在一定电压下能维持的局部电弧长度亦不断增加,绝缘子表面上这种不断延伸发展的局部电弧现象俗称爬电。一旦局部电弧达到某一临界长度时,弧道温度已很高,弧道的进一步伸长就不再需要更高的电压,而是自动延伸直至贯通两极,完成沿面闪络。

在上述污秽放电过程中,局部电弧不断延伸直至贯通两极所必需的外加电压值只要能维持弧道就够了,不像干净表面的闪络需要有很大的电场强度来使空气发生碰撞电离才能实现。可见污染表面的闪络与干净表面的闪络具有不同的过程、不同的放电机理。这就是为什么有些已经通过干闪和湿闪试验、放电电压梯度可达每米数百千伏的户外绝缘,一旦污染受潮后,在工作电压梯度只有每米数十千伏的情况下却发生了污闪的原因。

总之,绝缘子的污闪是一个受到电、热、化学、气候等多方面因素影响的复杂过程,通常可分为积污、受潮、干区形成、局部电弧的出现和发展四个阶段,采取措施抑制或阻止其中任一阶段的发展和完成,就能防止污闪事故的发生。

积污是发生污闪的根本原因,一般来说,积污现象在城区要比农村地区严重,城区中又以靠近化工厂、火电厂、冶炼厂等重污源的地方最为严重。

污层受潮或湿润主要取决于气象条件,例如在多雾、常下毛毛雨、易凝露的地区,容易发生污闪。不过有些气象条件也有有利的一面,例如风既是绝缘子表面积污的原因之一,也是吹掉部分已积污秽的因素;大雨更能冲刷上表面的积污,反溅到下表面的雨水也能使附着的可溶盐流失一部分,此即绝缘子的自清洗作用。长期干旱会使积污严重,一旦出现不利的气象条件(雾、露、毛毛雨等)就易引起污闪。

干区出现的部位和局部电弧发展、延伸的难易,均与绝缘子的结构形状有密切的关系,这是绝缘子设计所要解决的重要问题之一。

总之,电力系统外绝缘的污闪事故,随着环境条件的恶化和输电电压的提高而不断加剧。

统计表明:污闪的次数虽然不像雷击闪络那样多,但它造成的后果却要严重得多。这是因为:雷击闪络仅发生在一点,且转瞬即逝,外绝缘闪络引起跳闸后,其绝缘性能迅速自恢复,因而自动重合闸往往能取得成功,不会造成长时间的停电;而在发生污闪时,由于一个区域内的绝缘子积污、受潮状况是差不多的,所以容易发生大面积多点污闪事故,自动重合闸成功率远低于雷击闪络时的情况,因而往往导致事故的扩大和长时间停电。就经济损失而言,污闪在各类事故中居首位,所以目前普遍认为,污闪是电力系统安全运行的大敌,在电力系统外绝缘水平的选择中所起的作用越来越重要。

2. 污秽等级的划分及污秽评定方法

电力系统中,对污秽的关注主要是外绝缘表面的积污程度,但也不单纯指沉积的污秽物的多少,而是指表面污层的导电程度。换言之,污秽度除了与积污量有关外,还与污秽的化学成分有关。通常采用等值附盐密度(简称等值盐密)来表征绝缘子表面的污秽度,它指的是每平方厘米表面上沉积的等效氯化钠(NaCl)毫克数。实际上,绝缘子表面所积污秽的成分是很复杂的,有些是遇水即分解导电的电解质,有些是根本不导电的惰性物质。电解质中的盐类成分也是多种多样的,其中 NaCl 往往只占 10% 左右,比较多的是 $CaSO_4$(有时可高达 60% 左右),此外,还有许多别的盐类,如 $CaCl_2$,$MgCl_2$,KCl 等。所谓等值盐密法就是用 NaCl 来等值表示表面上实际沉积的混合盐类,等值的方法是:除铁脚铁帽的黏合水泥面上的污秽外,把所有表面上沉积的污秽刮下或刷下,溶于 300 ml 的蒸馏水中,测出其在 20 ℃ 水温时的电导率(如实际水温不是 20 ℃,可按公式换算);然后在另一杯 20 ℃,300 ml 的蒸馏水中加入 NaCl,直到其电导率等于混合盐溶液的电导率时,所加入的 NaCl 毫克数即为等值盐量,再除以绝缘子的表面积,即可得出等值盐密(mg/cm^2)。用等值盐密来表征污秽度具有平均的性质(因实际上表面各处的积污状况是不均匀的),但它比较直观和简单,不需要特别的仪器设备。

测污秽度的目的是为了划分污区等级、决定不同污区户外绝缘应有的绝缘水平、决定清扫周期。我国系按下列三方面的因素来划分污区等级的:①污源;②气象条件;③等值盐密。前两个因素又可统称为"污湿特征"。我国国家标准《高压架空线路和发电厂、变电所环境污区分级及外绝缘选择标准》(GB/T 16434—1996)中规定的污秽等级及其对应的盐密值如表 2-2 所列。从 0 级到 Ⅳ 级,污秽程度逐级增大,其中 0 为清洁区,Ⅳ 级为特别严重污秽区。

表 2-2 线路和发电厂、变电所污秽等级

污秽等级	污秽特征	等值盐密/(mg·cm^{-2})	
		线 路	发电厂、变电所
0	大气清洁地区及离海岸盐厂 50 km 以上无明显污染地区	≤0.03	
Ⅰ	大气轻度污染地区,工业区和人口低密集区,离海岸盐厂 10~50 km 地区,在污闪季节中干燥少雾(含毛毛雨)或雨量较多时	>0.03~0.06	≤0.06
Ⅱ	大气中等污染地区,轻盐碱和炉烟污秽地区,离海岸盐厂 3~10 km 地区,在污闪季节中潮湿多雾(含毛毛雨)但雨量较少时	>0.06~0.10	>0.06~0.10
Ⅲ	大气污染较严重地区,重雾和重盐碱地区,离海岸盐厂 1~3 km 地区,工业与人口密度较大地区,离化学污染和炉烟污秽 300~1 500 m 的较严重污秽地区	>0.10~0.15	>0.10~0.15
Ⅳ	大气特别严重污染地区,离海岸盐厂 1 km 以内,离化学污源和炉烟污秽 300 m 以内的地区	>0.25~0.35	>0.25~0.35

2.5.6 提高气隙沿面放电电压的方法

1. 屏 障

如果使安放在电场中的固体介质在电场等位面方向具有突出的棱缘（称为屏障），将能显著地提高沿面闪络电压。这是因为电子或离子沿平行于等位面的屏障表面运动时，不能从电场吸取能量以发展电离的缘故。平行于等位面的棱缘的长度愈大，就能使沿面闪络电压提高得愈多；靠近电极处的屏障作用比远离电极处的屏障作用更大些，这是因为电离尚未充分发展即被阻止的缘故。

2. 屏 蔽

改善电极形状，使沿固体介质表面的电位分布均匀化，使其最大电位梯度减小，也可以提高沿面闪络电压。这种处理方法称为屏蔽。屏蔽有外屏蔽和内屏蔽两种形式。

3. 消除窄气隙

为了消除小缝隙中的放电，可采用在与电极接触的固体介质表面上喷涂导电粉末的办法。

4. 绝缘表面处理

有多种硅有机化合物具有高度的憎水性和电气绝缘性能，用这类硅有机材料对介质表面作憎水处理（浸渍、熏蒸或喷涂），可以大大提高这些介质的憎水性，从而提高这些介质的沿面放电性能。在户外对绝缘子表面涂覆一层硅有机憎水涂料，能显著提高其沿面放电性能。憎水材料主要有两大类：高温硫化硅橡胶（HTV）和室温硫化硅橡胶（RTV），两者均有优异的电气性能和很强的憎水性，都是能抗湿污的外绝缘材料。

5. 改变局部绝缘体的表面电阻率

对具有较强法线分量的不均匀场，适当减小靠近电极强场处介质的表面电阻率，可使最大沿面电位梯度减小，从而提高沿面放电电压或起晕电压。在绝缘表面涂覆具有适当电阻率的半导体漆，即可调节绝缘的表面电阻到所需的值。该方法在高压电极绕组出槽处和电缆头盒处得到广泛应用。

6. 阻抗调节

采用附加金具可使沿绝缘子链的电压分布获得某种程度的改善，但是其效果仍然是不够满意的。从根本上改善沿绝缘子链电压分布的方法是适当调节单元绝缘子的阻抗。如果人为地使得每个单元绝缘子本身的导纳接近相等，并远大于对接地物体和对高压导线的导纳，则绝缘子链的电压分布就能做到基本均匀。半导体釉绝缘子就是一个应用。

第3章 液体和固体介质的电气强度

3.1 液体和固体介质的极化、电导和损耗

一切电介质在电场的作用下都会出现极化、电导和损耗等电气物理现象。不过气体介质的极化、电导和损耗都很微弱,一般均可忽略不计。所以真正需要注意的只有液体和固体介质在这些方面的特性。

3.1.1 相对介电常数

实测表明,两个结构、尺寸完全相同的电容器,如在极间放置不同的电介质,它们的电容量将是不同的。以图3-1所示的最简单的平行平板电容器为例,如板间为真空,保持两板间电压不变,放置固体电介质。

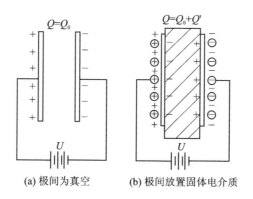

(a) 极间为真空　　(b) 极间放置固体电介质

图3-1 极化现象

放置前,板极间电荷为 Q_0,其电容量为

$$C_0 = \frac{Q_0}{U} = \frac{\varepsilon_0 A}{d} \tag{3-1}$$

式中,ε_0——真空的介电常数,$\varepsilon_0 = 8.86 \times 10^{-14} \text{F/cm}$;

A——极板面积,cm^2;

d——极间距离,cm。

放置后,测得板极间的电荷增加为 $Q = Q_0 + Q'$,电容量将增大为

$$C = \frac{Q_0 + Q'}{U} = \frac{\varepsilon A}{d} \tag{3-2}$$

式中,ε——介质的介电常数。

介质的相对介电常数为

$$\varepsilon_r = \frac{C}{C_0} = \frac{\varepsilon A/d}{\varepsilon_0 A/d} = \frac{\varepsilon}{\varepsilon_0} \tag{3-3}$$

对 ε_r 的讨论是通过保持板间电荷不变,插入电介质后,发现两板间电压减小了。根据电容的定义 $C=Q/U$,电容为 $C=\varepsilon_r C_0$,所以电容增加了。增加的电容倍数 ε_r 就是电介质的相对介电常数。表3-1中列出了若干电介质的 ε_r 值。

表3-1 常用电介质的 ε_r 值

材料类别		名 称	ε_r(工频,20 ℃)
气体介质 (标准大气压条件下)	中性	空气 氮气	1.000 58 1.000 60
	极性	二氧化硫	1.009
液体介质	弱极性	变压器油 硅有机液体	2.2 2.2~2.8
	极性	蓖麻油 氯化联苯	4.5 4.6~5.2
	强极性	酒精 水	33 81
固体介质	中性或弱极性	石蜡 聚苯乙烯 聚四氟乙烯 松香 沥青	2.0~2.5 2.5~2.6 2.0~2.2 2.5~2.6 2.6~2.7
	极性	纤维素 胶木 聚氯乙烯	6.5 4.5 3.0~3.5
	离子性	云母 电瓷	5~7 5.5~6.5

3.1.2 电介质的极化

为什么放置固体介质后,板间电荷增加了呢?这主要是电介质在外加电压作用下,介质中的正、负电荷沿电场方向产生有限位移,从而形成电矩,吸引住了一部分电荷 Q'。这种在外电场作用下,电介质表面出现束缚电荷的现象,叫做电介质的极化。最基本的极化形式有电子式极化、离子式极化和偶极子极化三种,另外还有夹层极化和空间电荷极化等。

1. 电子式极化

在外电场 E 的作用下，介质原子中的电子运动轨道将相对于原子核发生弹性位移，如图 3-2 所示。这样一来，正、负电荷作用中心不再重合而出现感应偶极矩 m，其值为 $m=ql$（矢量 l 的方向为 $-q$ 指向 $+q$）。这种极化称为电子式极化或电子位移极化。

电子式极化存在于一切电介质中，它有两个特点：① 完成极化所需的时间极短，约 10^{-15} s，故其 ε_r 值不受外电场频率的影响；② 它是一种弹性位移，一旦外电场消失，正、负电荷作用中心立即重合，整体恢复中性。所以这种极化不产生能量损耗，不会使电介质发热。温度对这种极化影响不大，只是在温度升高时，电介质略有膨胀，单位体积内的分子数减少，引起 ε_r 稍有减少。

2. 离子式极化

固体无机化合物大多属离子式结构，如云母、陶瓷等。无外电场时，晶体的正、负离子对称排列，各个离子对的偶极矩互相抵消，合成偶极矩为零。在出现外电场后，正、负离子将发生向相反方向的偏移，使合成偶极矩不再为零，介质呈现极化，如图 3-3 所示。这就是离子位移极化。在离子间束缚较强的情况下，离子的相对位移是很有限的，没有离开晶格，外电场消失后即恢复原状，所以它亦属弹性位移极化，几乎不引起损耗。所需时间也很短，约 10^{-13} s，所以其 ε_r 也几乎与外电场的频率无关。

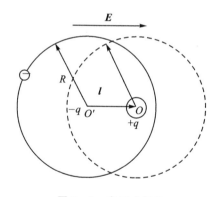

图 3-2 电子式极化

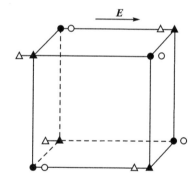

图 3-3 离子式极化

温度对离子式极化有两种相反的影响，即离子间的结合力会随温度的升高而减小，从而使极化程度增强；另一方面，离子的密度将随温度的升高而减小，使极化程度减弱。通常前一种影响较大一些，所以其 ε_r 一般具有正的温度系数。

3. 偶极子极化

有些电介质的分子很特别，具有固有的偶极矩，即正、负电荷作用中心永不重合，这种分子称为极性分子，这种电介质称为极性电介质，例如胶木、橡胶、纤维素、蓖麻油、氯化联苯等。虽然，每个极性分子都是偶极子，具有一定电矩，但当不存在外电场时，这些偶极子因分子热运动而杂乱无序地排列着，宏观上对外并不表现出极性，如

图3-4(a)所示。当有外电场时,原先排列杂乱的极性分子沿电场方向作定向排列,对外呈现出宏观电矩,这就是极性分子的转向极化或称偶极子极化,如图3-4(b)所示。但是由于受分子热运动的干扰,不是所有的极性分子都能转到与电场方向完全一致,所以这种转向定向的排列,只能达到某种程度,而不能完全。外电场愈强,极性分子的转向定向就愈充分,转向极化就愈强。外电场消失后,分子的不规则热运动重又使分子的排列恢复到无序状态,宏观的转向极化也随之消失。

偶极子极化的特点是:

① 它是非弹性的,极化过程要消耗一定的能量(极性分子转动时要克服分子间的作用力,可想象为类似于物体在一种黏性媒质中转动需克服阻力)。

② 极化所需的时间也较长,在 $10^{-10} \sim 10^{-2}$ s 的范围内。所以,当电场交变频率提高时,转向极化的建立就可能跟不上电场的变化,从而使极化率减小。

③ 温度对极性电介质 ε_r 的值有很大的影响。温度升高时,分子热运动加剧,阻碍极性分子沿电场取向,使极化减弱,所以通常极性气体介质均具有负的温度系数。

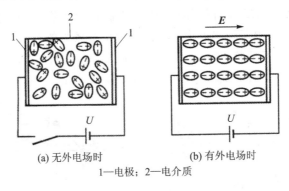

(a) 无外电场时　　　　(b) 有外电场时

1—电极；2—电介质

图3-4　偶极子极化

4. 夹层极化

高压电气设备的绝缘结构往往不是采用某种单一的绝缘材料,而是使用若干种不同电介质构成组合绝缘。此外,即使只用一种电介质,它也不可能完全均匀和同质,例如内部含有杂质等等。凡是由不同介电常数和电导率的多种电介质组成的绝缘结构,在加上外电场后,各层电压将从开始时按介电常数分布(也即按电容分布)逐渐过渡到稳态时按电导率分布。在电压重新分配的过程中,夹层界面上会积聚起一些电荷,使整个介质的等值电容增大,这种极化称为夹层介质界面极化,或简称夹层极化。

下面以最简单的平行平板电极间的双层电介质为例对这种极化作进一步的说明。如图3-5所示,以 $\varepsilon_1, \gamma_1, C_1, G_1, d_1$ 和 U_1 分别表示第一层电介质的介电常数、电导率、等值电容、等值电导、厚度和分配到的电压；而第二层的相应参数为 $\varepsilon_2, \gamma_2, C_2, G_2, d_2$ 和 U_2。两层的面积相同,外加直流电压 U。

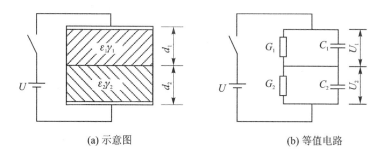

(a) 示意图　　　　　　　　(b) 等值电路

图 3-5　直流电压作用于双层介质

设在 $t=0$ 瞬间合上开关,两层电介质上的电压分配将与电容成反比,即

$$\left.\frac{U_1}{U_2}\right|_{t=0} = \frac{C_2}{C_1} \tag{3-4}$$

这时两层介质的分界面上没有多余的正空间电荷或负空间电荷。

到达稳态后(设 $t \to \infty$),电压分配将与电导成反比,即

$$\left.\frac{U_1}{U_2}\right|_{t \to \infty} = \frac{G_2}{G_1} \tag{3-5}$$

在一般情况下,$C_2/C_1 \neq G_2/G_1$,可见有一个电压重新分配的过程,亦即 C_1、C_2 上的电荷要重新分配。

设 $C_1 < C_2$,而 $G_1 > G_2$,则

$t=0$ 时,　　$U_1 > U_2$

$t \to \infty$ 时,　　$U_1 < U_2$

可见随着时间 t 的增加,U_1 下降而 U_2 增高,总的电压 U 保持不变。这意味着 C_1 要通过 G_1 放掉一部分电荷,而 C_2 要通过 G_2 从电源再补充一部分电荷,于是分界面上将积聚起一批多余的空间电荷,这就是夹层极化所引起的吸收电荷,电荷积聚过程所形成的电流称为吸收电流。由于这种极化涉及电荷的移动和积聚,所以必然伴随能量损耗,而且过程较慢,一般需要几分之一秒、几秒、几分钟、甚至几小时,所以这种极化只在直流和低频交流电压下才能表现出来。

为便于比较,将上述各种极化列成表 3-2。

表 3-2　电介质极化种类及比较

极化种类	产生场合	所需时间	能量损耗	产生原因
电子式极化	任何电介质	10^{-15} s	无	束缚电子运行轨道偏移
离子式极化	离子式结构电介质	10^{-13} s	几乎没有	离子的相对偏移
偶极子极化	极性电介质	$10^{-10} \sim 10^{-2}$ s	有	偶极子的定向排列
夹层极化	多层介质的交界面	10^{-1} s～数小时	有	自由电荷的移动

3.1.3　电介质的电导

任何电介质都不可能是理想的绝缘体,它们内部总是或多或少有一些带电粒子

(载流子),例如可迁移的正、负离子以及电子、空穴和带电的分子团。在外电场的作用下,某些联系较弱的载流子会产生定向漂移而形成传导电流(电导电流或泄漏电流)。换言之,任何电介质都不同程度地具有一定的导电性,只不过其电导率很小而已,表征电介质导电性能的主要物理量为电导率 γ 或其倒数——电阻率 ρ。

按载流子的不同,电介质的电导可分为离子电导和电子电导两种,前者以离子为载流子,而后者以自由电子为载流子。由于电介质中自由电子数极少,电子电导通常都非常微弱;如果在一定条件下(例如加上很强的电场),电介质中出现了可观的电子电导电流,则意味着该介质已被击穿。在正常情况下,电介质的电导主要是离子电导,这同金属导体的电导主要依靠自由电子有本质的区别。离子电导又可分为本征(固有)离子电导和杂质离子电导。在中性或弱极性电介质中,主要是杂质离子电导,可见在纯净的非极性电介质中,电导率是很小的,亦即电阻率 ρ 很大,可高达 $10^{17} \sim 10^{19}\ \Omega \cdot cm$ 以上;而极性电介质因具有较大的本征离子电导,其电阻率就小得多了($10^{10} \sim 10^{14}\ \Omega \cdot cm$)。在液体介质中,还存在一种电泳电导,其载流子为带电的分子团,通常是乳化状态的胶体粒子(例如绝缘油中的悬浮胶粒)或细小水珠,它们吸附电荷后变成了带电粒子。

工程上使用的液体电介质通常只具有工业纯度,其中仍含有一些固体杂质(纤维、灰尘等)、液体杂质(水分等)和气体杂质(氯气、氧气等),它们往往是弱电场下液体介质中载流子的主要来源。当温度升高时,分子离解度增大、液体的黏度减小,所以液体介质中的离子数增多、迁移率增大,可见其电导将随温度的上升而急剧增大。

固体介质的电导除了体积电导外,还存在表面电导,后者取决于固体介质表面所吸附的水分和污秽,受外界因素的影响很大。在测量固体介质的体积电导时,应尽量排除表面电导的影响,为此应清除表面上的污秽、烘干水分,并在测量接线上采取一定的措施。

固体和液体介质的电导率 γ 与温度 T 的关系均可近似表示为

$$\gamma = A e^{-\frac{B}{T}} \tag{3-6}$$

式中,A,B——常数,均与介质的特性有关,但固体介质的常数 B 通常比液体介质的 B 值大得多;

T——绝对温度,K。

上式表明,电介质的电导率随温度按指数规律上升。所以在测量电介质的电阻时,必须注意温度。

3.1.4 电介质的损耗

1. 电介质损耗的基本概念

在电场作用下没有能量损耗的理想电介质是不存在的,实际电介质中总有一定的能量损耗,包括由电导引起的损耗和某些有损极化(例如偶极子极化、夹层极化等)引起的损耗,总称介质损耗。

在直流电压的作用下,电介质中没有周期性的极化过程,只要外加电压还没有达到引起局部放电的数值,介质中的损耗将仅由电导所引起,所以用体积电导率和表面电导率两个物理量就已能充分说明问题,不必再引入介质损耗这个概念了。

在交流电压下,流过电介质的电流 $\dot{I}$ 包含有功分量 $\dot{I}_R$ 和无功分量 $\dot{I}_C$,即

$$\dot{I} = \dot{I}_R + \dot{I}_C$$

图 3-6 中绘出了此时的电压、电流相量图,可以看出,此时的介质功率损耗

$$P = UI\cos\varphi = UI_R = UI_C\tan\delta = U^2\omega C_P\tan\delta \tag{3-7}$$

式中,ω——电源角频率;φ——功率因数角;δ——介质损耗角。

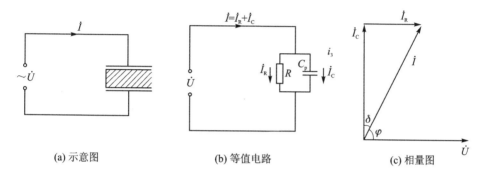

(a) 示意图   (b) 等值电路   (c) 相量图

图 3-6 介质在交流电压下的等值电路和相量图

介质损耗角 δ 为功率因数角 φ 的余角,其正切 $\tan\delta$ 又可称为介质损耗因数,常用百分数(%)来表示。

采用介质损耗 P 作为比较各种绝缘材料损耗特性优劣的指标显然是不合适的,因为 P 值的大小与所加电压 U、试品电容量 C_P、电源频率 ω 等一系列因素都有关系,而式中的 $\tan\delta$ 却是一个仅仅取决于材料损耗特性,而与上述种种因素无关的物理量。正由于此,通常均采用介质损耗角正切 $\tan\delta$ 作为综合反映电介质损耗特性优劣的一个指标,测量和监控各种电力设备绝缘的 $\tan\delta$ 已成为电力系统中绝缘预防性试验的最重要项目之一。

有损介质更细致的等值电路如图 3-7(a)所示,图中 C_1 代表介质的无损极化(电子式和离子式极化),C_2—R_2 代表各种有损极化,而 R_3 则代表电导损耗。在这个等值电路加上直流电压时,电介质中流过的将是电容电流 i_1、吸收电流 i_2 和传导电流 i_3。电容电流 i_1 在加压瞬间数值很大,但迅速下降到零,是一极短暂的充电电流;吸收电流 i_2 则随加压时间增长而逐渐减小,比充电电流的下降要慢得多,约经数十分钟才衰减到零,具体时间长短取决于绝缘的种类、不均匀程度和结构;传导电流 i_3 是唯一长期存在的电流分量。这三个电流分量加在一起,即得出图 3-8 中的总电流 i,它表示在直流电压作用下,流过绝缘的总电流随时间而变化的曲线,称为吸收曲线。

如果施加的是交流电压 $\dot{U}$，那么纯电容电流 $\dot{I}_1$、反映吸收现象的电流 $\dot{I}_2$ 和电导电流 $\dot{I}_3$ 都将长期存在，而总电流 $\dot{I}$ 等于三者的相量和。

反映有损极化或吸收现象的电流 $\dot{I}_2$ 又可分解为有功分量 $\dot{I}_{2R}$ 和无功分量 $\dot{I}_{2C}$，如图 3-7(b)所示。

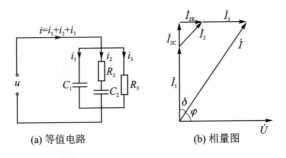

(a) 等值电路 (b) 相量图

图 3-7 电介质的三支路等值电路和相量图

上述三支路等值电路可进一步简化为电阻、电容的并联等值电路或串联等值电路。若介质损耗主要由电导所引起，常采用并联等值电路；如果介质损耗主要由极化所引起，则常采用串联等值电路。

(1) 并联等值电路

如果把图 3-7 中的电流归并成由有功电流和无功电流两部分组成，即可得图 3-6(b)所示的并联等值电路，图中 C_P 代表无功电流 I_C 的等值电容、R 则代表有功电流 I_R 的等值电阻。其中：

$$I_R = I_3 + I_{2R} = \frac{U}{R}$$

$$I_C = I_1 + I_{2C} = U\omega C_P$$

介质损耗角正切 $\tan\delta$ 等于有功电流和无功电流的比值，即

$$\tan\delta = \frac{I_R}{I_C} = \frac{U/R}{U\omega C_P} = \frac{1}{\omega C_P R} \quad (3-8)$$

此时电路的功率损耗为

$$P = \frac{U^2}{R} = U^2 \omega C_P \tan\delta \quad (3-9)$$

可见与式(3-7)所得介质损耗完全相同。

(2) 串联等值电路

上述有损电介质也可用一只理想的无损耗电容 C_s 和一个电阻 r 相串联的等值电路来代替，如图 3-9(a)所示。

由图 3-9(b)的相量图可得

$$\tan\delta = \frac{U_r}{U_{CS}} = \frac{Ir}{I/\omega C_S} = \omega C_s r \quad (3-10)$$

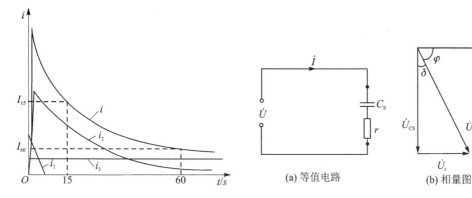

图 3-8　直流电压下流过电介质的电流　　图 3-9　电介质的简化串联等值电路和相量图

由于 $r = \dfrac{\tan\delta}{\omega C_S}$，$I = U_{CS}\omega C_S = U\cos\delta\omega C_S$，所以电路的功率损耗将为

$$P = I^2 r = (U\cos\delta\omega C_S)^2 \dfrac{\tan\delta}{\omega C_S} = U^2\omega C_S \tan\delta \cos^2\delta$$

因为介质损耗角 δ 一般很小，$\cos\delta \approx 1$，所以

$$P \approx U^2 \omega C_S \tan\delta \tag{3-11}$$

用两种等值电路所得出的 $\tan\delta$ 和 P 理应相同，所以只要把式(3-9)与式(3-11)加以比较，即可得 $C_S \approx C_P$，说明两种等值电路中的电容值几乎相同，可以用同一电容 C 来表示。另外，由式(3-8)和式(3-10)，两边相乘，并考虑到 $C_S \approx C_P$，可得 $r/R \approx \tan^2\delta$，可见 $r \ll R$（因为 $\tan\delta \ll 1$），所以串联等值电路中的电阻 r 要比并联等值电路中的电阻 R 小得多。

2. 气体、液体和固体介质的损耗

(1) 气体介质损耗

气体分子间的距离很大，相互间的作用力很弱，所以在极化过程中不会引起损耗。如果外加电场还不足以引起电离过程，则气体中只存在很小的电导损耗（其 $\tan\delta < 10^{-8}$）。但当气体中的电场强度达到放电起始场强 E_0 时，气体中将发生局部放电，这时损耗将急剧增大，如图 3-10 所示。这种情况常发生在固体或液体介质中含有气泡的场合，因为固体和液体介质的 ε_r 都要比气体介质的 ε_0

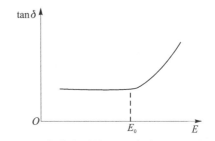

图 3-10　气体介质的 $\tan\delta$ 与电场强度的关系

大得多，所以即使外加电压还不高时，气泡即可能出现很大的电场强度而导致局部放电。这里使用的术语是局部放电而不是电晕放电，主要是因为后者通常仅指发生在小曲率半径金属电极表面附近的局部放电，而此处气泡可能远离电极。

(2) 液体介质损耗

中性和弱极性液体介质(如变压器油)的极化损耗很小,其损耗主要由电导引起,因而其损耗率 P_0(单位体积电介质中的功率损耗)可用下式求得

$$P_0 = \gamma E^2 \quad \text{W/cm}^3 \tag{3-12}$$

式中,γ——电介质的电导率,S/cm;E——电场强度,V/cm。

由于 γ 与温度有指数关系(参阅式(3-6)),故 P_0 也将以指数规律随温度的上升而增大。例如变压器油在 20 ℃时 $\tan\delta \leqslant 0.5\%$,70 ℃时 $\tan\delta \leqslant 2.5\%$。电缆油和电容器油的性能更好一些,例如高压电缆油在 100 ℃时 $\tan\delta \leqslant 0.15\%$。

极性液体介质(如蓖麻油、氯化联苯等)除了电导损耗外,还存在极化损耗。它们的 $\tan\delta$ 与温度的关系要复杂一些,如图 3-11 所示。图中的曲线变化可以这样来解释:在低温时,极化损耗和电导损耗都较小;随着温度的升高,液体的黏度减小,偶极子转向极化增强,电导损耗也在增大,所以总的 $\tan\delta$ 亦上升,并在 $t=t_1$ 时达到极大值;在 $t_1 < t < t_2$ 的范围内,由于分子热运动的增强妨碍了偶极子沿电场方向的有序排列,极化强度反而随温度的上升而减弱,由于极化损耗的减小超过了电导损耗的增加,所以总的 $\tan\delta$ 曲线随 t 的升高而下降,并在 $t=t_2$ 时达到极小值;在 $t > t_2$ 以后,由于电导损耗随温度急剧上升、极化损耗不断减小而退居次要地位,因而 $\tan\delta$ 就将随 t 的上升而持续增大了。

极性液体介质的 ε 和 $\tan\delta$ 与电源角频率 ω 的关系如图 3-12 所示。当 ω 较小时,偶极子的转向极化完全能跟上电场的交变,极化得以充分发展,此时的 ε 也最大。但此时偶极子单位时间的转向次数不多,因而极化损耗很小,$\tan\delta$ 也小,且主要由电导损耗引起。如 ω 减至很小时,$\tan\delta$ 反而又稍有增大,这是因为电容电流减小的结果。随着 ω 的增大,当转向极化逐渐跟不上电场的交变时,ε 开始下降,但由于转向频率增大仍会使极化损耗增加、$\tan\delta$ 增大。一旦 ω 大到偶极子完全来不及转向时,ε 变得最小而趋于某一定值,$\tan\delta$ 也变得很小,因为这时只存在电子式极化了。在这样的变化过程中,一定有一个 $\tan\delta$ 的极大值,其对应的角频率为 ω_0。

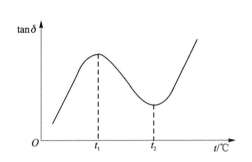

图 3-11 极性液体介质 $\tan\delta$ 与温度的关系

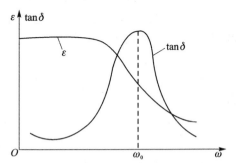

图 3-12 极性液体介质的 ε 和 $\tan\delta$ 与角频率 ω 的关系曲线

(3) 固体介质损耗

固体介质种类较多,它们的损耗情况也比较复杂,现分别介绍如下。

① 无机绝缘材料。在电气设备中常用的这一类材料有云母、陶瓷、玻璃等,它们都是离子式结构的晶体材料,但又可分为结晶态(云母、陶瓷等)和无定形态(玻璃等)两大类。云母是一种优良的绝缘材料,结构紧密,不含杂质时,没有显著的极化过程,所以在各种频率下的损耗均主要因电导引起,而它的电导率又很小(20 ℃时为 $10^{-16} \sim 10^{-15}$ S/cm),即使在高温下也不大(180℃时约为 $10^{-14} \sim 10^{-13}$ S/cm)。云母的介质损耗小,耐高温性能好,所以是理想的电机绝缘材料。云母的缺点是机械性能差,所以一定要先用黏合剂和增强材料加工成云母制品,然后才能付诸实用。

电工陶瓷(简称电瓷)既有电导损耗,也有极化损耗。常温下它的电导率很小(20 ℃时为 $10^{-15} \sim 10^{-14}$ S/cm);20 ℃和 50 Hz 下电瓷的 $\tan\delta$ 为 2%~5%。含有大量玻璃相的普通电瓷的 $\tan\delta$ 较大,而以结晶相为主的超高频电瓷的 $\tan\delta$ 很小。

玻璃也具有电导损耗和极化损耗,总的介质损耗大小与玻璃的成分有关,含碱金属氧化物(Na_2O,K_2O 等)的玻璃损耗较大,加入重金属氧化物(BaO,PbO 等)能使碱玻璃的损耗下降一些。

② 有机绝缘材料。又可分为非极性和极性两大类:聚乙烯、聚苯乙烯、聚四氟乙烯等都是非极性有机电介质,如果不含极性杂质,它们都只有电子式极化,损耗取决于电导。它们的"$\tan\delta$-温度"特性由"电导率-温度"特性来决定,$\tan\delta$ 与频率的关系很小。例如在 $-80 \sim +100$℃的温度范围内,聚乙烯的 $\tan\delta$ 变化范围只有 0.01%~0.02%,这种优良的绝缘特性可保持到高频的情况,再加上它具有很高的化学稳定性、具有弹性、不吸潮、机械加工简便等优点,使它成为很好的固体介质,可用来制造高频电缆、海底电缆、高频电容器等。聚乙烯的缺点是耐热性能较差,温度较高时会软化变形。

聚氯乙烯、纤维素、酚醛树脂、胶木、绝缘纸等均属于极性有机电介质,显著的极化损耗使这一类电介质具有较大的介质损耗,它们的 $\tan\delta$ 约为 0.1%~1.0%,甚至更大。其"$\tan\delta$-温度"及"$\tan\delta$-频率"关系均与前面介绍过的极性液体介质相似。在表 3-3 中列出了某些常用的液体和固体电介质在工频电压下 20 ℃时的 $\tan\delta$ 值。

表 3-3　工频电压下 20℃时某些液体和固体电介质的 $\tan\delta$ 值

电介质	$\tan\delta$/%	电介质	$\tan\delta$/%
变压器油	0.05~0.5	聚乙烯	0.01~0.02
蓖麻油	1~3	交联聚乙烯	0.02~0.05
沥青云母带	0.2~1	聚苯乙烯	0.01~0.03
电　瓷	2~5	聚四氟乙烯	<0.02
油浸电缆纸	0.5~8	聚氯乙烯	5~10
环氧树脂	0.2~1	酚醛树脂	1~10

3.2 液体介质的击穿

液体介质主要有天然的矿物油和人工合成油两大类,此外还有蓖麻油等植物油。目前用得最多的是从石油中提炼出来的矿物绝缘油,通过不同程度的精炼,可得到分别用于变压器、高压开关电器、套管、电缆及电容器等设备中的变压器油、电线油和电容器油等。用于变压器中的绝缘油同时也起散热媒质的作用,用于某些断路器中的绝缘油有时也兼作灭弧媒质,而用于电容器中的绝缘油也同时起贮能媒质的作用。

工程中实际使用的液体介质并不是完全纯净的,往往含有水分、气体、固体微粒和纤维等杂质,它们对液体介质的击穿过程均有很大的影响。因此,本节中除了介绍纯净液体介质的击穿机理外,还将探讨工程用绝缘油的击穿特点。

3.2.1 纯净液体介质的击穿理论

关于纯净液体介质的击穿机理有各种理论,主要分为两类,即电击穿理论和气泡击穿理论。

1. 电击穿理论

一般认为,纯净液体介质的电击穿理论与气体放电汤逊理论有些相似。液体介质中总会有一些最初的自由电子,这些电子被电场加速而具有足够的动能,在碰撞液体分子时可引起电离,使电子数倍增,形成电子崩。与此同时,由碰撞电离产生的正离子在阴极附近集结形成空间电荷层,增强了阴极附近的电场,使阴极发射的电子数增多。当外加电压增大到一定程度时,电子崩电流会急剧增大,从而导致液体介质的击穿。

但是液体的密度远比气体大,其中的电子平均自由行程很小,积累能量比较困难,必须大大提高电场强度才能开始碰撞电离,所以纯净液体介质的击穿场强要比气体介质高得多。

2. 气泡击穿理论

实验证明液体介质的击穿场强与其静压力密切相关,这表明液体介质在击穿过程的临界阶段可能包含着状态变化,这就是液体中出现了气泡。因此,有学者提出了气泡击穿机理。

在交流电压下,串联介质中电场强度的分布是与介质的 ε_r 成反比的。由于气泡的 ε_r 最小(≈ 1),其电气强度又比液体介质低很多,所以气泡必先发生电离。气泡电离后温度上升,体积膨胀、密度减小,这促使电离进一步发展。电离产生的带电粒子撞击液体分子,使它又分解出气体,导致气体通道扩大。如果许多电离的气泡在电场中排列成气体小桥,击穿就可能在此通道中发生。

如果液体介质的击穿因气体小桥而引起,那么增加液体的压力,就可使其击穿场强有所提高。因此,在高压充油电缆中总要加大油压,以提高电缆的击穿场强。

3.2.2 工程用液体介质的击穿

工程用的液体介质总是不很纯净的,原因是:即使以极纯净的液体介质注入电气设备中,在注入过程中就难免有杂质混入;液体介质与大气接触时,会从大气中吸收气体和水分,且逐渐被氧化;常有各种纤维、碎屑等从固体绝缘物上脱落到液体介质中来;在设备运行中,液体介质本身也会老化,分解出气体、水分和聚合物。这些杂质的介电常数和电导与纯净液体介质本身的相应参数不等同,这就必然会在这些杂质附近造成局部强电场。在电场力的作用下,这些杂质会逐渐沿电场方向排列成杂质的"小桥"。如果杂质小桥接通电极,因小桥的电导大而导致泄漏电流增大,发热增多,促使水分汽化,形成气泡,气泡扩大,发展下去也会出现气体小桥,使油隙发生击穿。如果杂质小桥尚未接通电极,则杂质与油串联,由于杂质的 ε_r 大,使其端部油中电场强度显著增高并引起电离,于是油分解出气体。气泡的扩大,电离增强,这样下去必然会出现由气体小桥引起的击穿。

液体介质中,工程最常用的是变压器油。它的击穿有如下特点:在均匀电场中,当工频电压升高到某值时油中可能出现一个火花放电,但旋即消失(即这个火花没有引起油间隙击穿),油又恢复其电气强度;电压再增油中又可能出现火花,但可能又旋即消失;这样反复多次,最后才会发生稳定的击穿。这种自恢复现象是因小桥引起火花放电后,由于变压器油中的纤维被烧掉、水滴汽化、油扰动以及油具有一定的灭弧能力等原因而使杂质小桥遭到破坏,造成火花放电熄灭。

3.2.3 影响液体介质击穿电压的因素及其提高方法

实际上,液体介质击穿理论还很不成熟,液体介质击穿的过程也比较复杂,影响因素也比较多。下面以工程中最常用的变压器油为例来说明各种主要影响因素。

1. 变压器油本身品质的影响

在较均匀电场中,变压器油本身品质对击穿电压有较大影响。判断变压器油的品质,主要测量其电气强度、$\tan\delta$ 和含水量等。其中最重要的试验项目是用标准油杯测量油的工频击穿电压(例如测 5 次,取其平均值)。我国国家标准《绝缘油击穿电压测定方法》(GB/T 507—2002)规定:采用的标准油杯如图 3-13 所示,极间距离为 2.5 mm,电极是直径等于 25 mm 的圆盘形铜电极,为了减弱边缘效应,电极的边缘有 2.5 mm 的导角。可见极间电场基本上是均匀的。

我国机械行业标准 JB/T 501—2006《电力变压器试验导则》规定,不同电压等级变压器油的电气强度应符合表 3-4 的要求。

由表 3-4 可知,变压器油在极距为 2.5 mm 的标准油杯中的击穿电压约在 35~60 kV 之间,相应的击穿场强有效值应为 140~240 kV/cm,这要比空气的击穿场强(30 kV(峰值)/cm,21 kV(有效值)/cm)高得多。

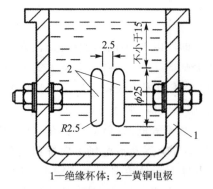

1—绝缘杯体；2—黄铜电极

图 3-13　我国采用的标准油杯(单位:mm)

表 3-4　变压器油应有的电气强度

电压等级/kV	击穿电压/kV
≤35	≥35
66~220	≥40
330	≥50
500	≥60

2. 水分和其他杂质

水在变压器油中有两种状态：①高度分散、且分布非常均匀，可视为溶解状态；②呈水珠状一滴一滴悬浮在油中，为悬浮状态。悬浮状水滴在油中是十分有害的，因它们在电场作用下将极化而沿电场方向伸长，会畸变油中的电场分布，并可能在电极间连成小桥。图 3-14 表示在常温下油的含水量对均匀电场油间隙工频击穿电压的影响。当油中含水量达十万分之几时，它对击穿电压就有明显的影响，这意味着油中已出现悬浮状水滴；含水量达 0.02% 时，击穿电压已下降至 10 kV，比不含水分时的击穿电压低很多倍；含水量继续增大时，击穿电压下降已不多，这是因为只有一定数量的水分能悬浮于油中，多余的水分会沉淀到油的底部，但这对油的绝缘性能也是非常有害的。

当油中还含有其他固体杂质时，击穿电压的下降程度随杂质的种类和数量而异，如图 3-15 所示。试验时，油间隙是由一对球电极构成，为稍不均匀电场。纤维的含量即

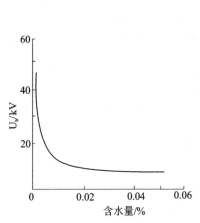

图 3-14　变压器油工频击穿电压与
含水量的关系

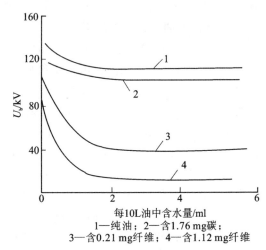

1—纯油；2—含1.76 mg碳；
3—含0.21 mg纤维；4—含1.12 mg纤维

图 3-15　水分、杂质对油击穿电压峰值的影响
（球电极直径 12.7 mm，球隙距离 3.8 mm）

使很少,但对击穿电压有很大的影响,这是因为纤维是极性介质并且易吸潮,很易沿电场方向极化定向而排列成小桥。从油中分解出来的碳粒却对油的击穿电压影响不大。

3. 温　度

变压器油的击穿电压与温度的关系比较复杂,随电场的均匀度、油的品质以及电压类型的不同而异。

均匀电场油间隙的工频击穿电压与温度的关系如图3-16所示。曲线2为潮湿的油,当温度由0℃开始上升时,一部分水分从悬浮状态转化为害处较小的溶解状态,使击穿电压上升;但在温度超过80℃时,水开始汽化,产生气泡,引起击穿电压下降,从而在60~80℃的范围内出现最大值;在0~5℃时,全部水分转为乳浊状态,导电小桥最易形成,出现击穿电压的最小值;再降低温度,水滴冻结成冰粒,油也将逐渐凝固,使击穿电压提高。曲线1是干燥的油,这时随着油温升高,击穿电压略有下降,这符合前述的电子碰撞电离理论。

在极不均匀电场中,随着油温的上升工频击穿电压稍有下降,如图3-17所示。电压的下降可用电子碰撞电离理论来说明,水滴等杂质不影响极不均匀电场中的工频击穿电压。

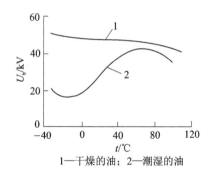

1—干燥的油;2—潮湿的油

图3-16　标准油杯中变压器油工频击穿电压
有效值与温度的关系

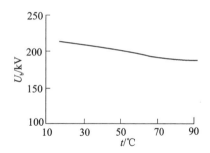

图3-17　"棒-板"间隙中变压器油工频击穿
电压与温度的关系(间隙距离25 cm)

4. 电场均匀度

保持油温不变,而改善电场的均匀度,能使优质油的工频击穿电压显著增大。品质差的油含杂质较多,故改善电场对于提高其工频击穿电压的效果不明显。

在冲击电压下,由于杂质来不及形成小桥,油的品质对冲击击穿电压无显著影响,故改善电场能显著提高油隙的冲击击穿电压。

5. 电压作用时间

油隙的击穿电压会随电压作用时间的增加而下降,加电压时间还会影响油的击穿性质。从图3-18的两条曲线可以看出:在电压作用时间短至几个微秒时击穿电压很高,击穿有时延特性,属电击穿;电压作用时间为数十到数百微秒时,杂质的影响还不能显示出来,仍为电击穿,这时影响油隙击穿电压的主要因素是电场的均匀程度;电压作用时间更长时,杂质开始聚集,油隙的击穿开始出现热过程,于是击穿电压再度下降，为热击穿。

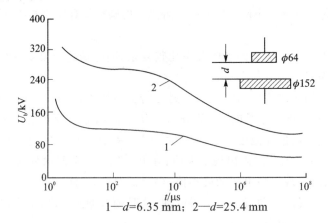

图 3-18 变压器油的击穿电压峰值与电压作用时间的关系

6. 油压的影响

不论电场均匀度如何，工业纯变压器油的工频击穿电压总是随油压的增加而增大。但经过脱气处理的油，其工频击穿电压就几乎与油压无关。

由于油中气泡等杂质不影响冲击击穿电压，故油压大小也不影响冲击击穿电压。

从以上讨论中可以看出，油中杂质对油隙的工频击穿电压有很大的影响，所以对于工程用油来说，应设法减少杂质的影响，提高油的品质。通常可以采用过滤、防潮、祛气等方法来提高油的品质。在绝缘设计中则可利用"油-屏障"式绝缘（例如覆盖层、绝缘层和隔板等）来减少杂质的影响，这些措施都能显著提高油隙的击穿电压。

3.3 固体介质的击穿

在电场作用下，固体介质的击穿可能因电过程（电击穿）、热过程（热击穿）、电化学过程（电化学击穿）而引起。它与外加电场的作用时间密切相关。固体介质击穿后，会在击穿路径留下放电痕迹，如烧穿或熔化的通道以及裂缝等，从而永远丧失其绝缘性能，故为非自恢复绝缘。

3.3.1 固体介质的击穿机理

1. 电击穿理论

固体介质中的少量自由电子，它们在强电场作用下加速，产生碰撞电离，使电子数迅速增多，引起电子崩，导致击穿，这种击穿就是电击穿。电击穿的主要特征为：击穿时间极短，为 $10^{-8} \sim 10^{-6}$ s；击穿电压几乎与周围环境温度无关；介质发热不显著；电场的均匀程度对击穿电压有显著影响。其击穿场强一般可达 $10^5 \sim 10^6$ kV/m，比热击穿时的击穿场强高很多，后者仅为 $10^3 \sim 10^4$ kV/m。

2. 热击穿理论

当固体介质较长期地承受电压的作用时,会因介质损耗而发热。与此同时也向周围散热,如果周围环境温度低、散热条件好,发热与散热将在一定条件下达到平衡,这时固体介质处于热稳定状态,介质温度不会不断上升而导致绝缘的破坏。但是,如果发热大于散热,介质温度将不断上升,导致介质分解、熔化、碳化或烧焦,从而发生热击穿。介质的发热与散热与温度的关系用图 3-19 表示,其中,曲线 1,2,3 分别为在电压 $U_1,U_2,U_3(U_1>U_2>U_3)$ 作用下,介质发热量 Q_1 与介质导电通道温度的关系;曲线 4 表示散热量 Q_2 与温度差 $(t-t_0)$ 成正比。

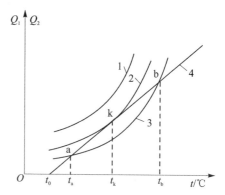

图 3-19 介质的发热和散热与温度的关系曲线

根据图 3-19,可得出以下结论:

① 热击穿电压会随周围媒质温度 t_0 的上升而下降,这时直线 4 会向右移动。

② 热击穿电压并不随介质厚度成正比增加,因厚度越大,介质中心附近的热量逸出越困难,所以固体介质的击穿场强随 h 的增大而降低。

③ 如果介质的导热系数大,散热系数也大,则热击穿电压上升。

④ f 或 $\tan\delta$ 增大时都会造成 Q_1 增加,使曲线 1,2,3 向上移动。曲线 2 上移表示临界击穿电压下降。

3. 电化学击穿

固体介质在长期工作电压的作用下,由于介质内部发生局部放电等原因,使绝缘劣化、电气强度逐步下降并引起击穿的现象称为电化学击穿。在临近最终击穿阶段,可能因劣化处温度过高而以热击穿形式完成,也可以因介质劣化后电气强度下降而以电击穿形式完成。

局部放电是介质内部的缺陷(如气隙或气泡)引起的局部性质的放电。局部放电使介质劣化、损伤、电气强度下降的主要原因为:①放电过程产生的活性气体 O_3, NO,NO_2 等对介质会产生氧化和腐蚀作用;②放电过程有带电粒子撞击介质,引起局部温度上升、加速介质氧化并使局部电导和介质损耗增加;③带电粒子的撞击还可能切断分子结构,导致介质破坏。局部放电的这几方面影响,对有机绝缘材料(如纸、布、漆及聚乙烯材料等)来说尤为明显。

电化学击穿电压的大小与加电压时间的关系非常密切,但也因介质种类的不同而异。图 3-20 是三种固体介质的击穿场强随施加电压的时间而变化的情况:曲线 1,2 下降较快,表示聚乙烯、聚四氟乙烯耐局部放电的性能差;曲线 3 接近水平,表示硅有机玻璃云母带的击穿场强随加电压时间的增加下降很少,可见无机绝缘材料耐局部放电的性能较好。

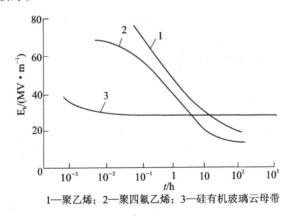

1—聚乙烯；2—聚四氟乙烯；3—硅有机玻璃云母带

图 3-20 三种固体介质的击穿场强随施加电压的时间的关系

在电化学击穿中，还有一种树枝化放电的情况，这通常发生在有机绝缘材料的场合。当有机绝缘材料中因小曲率半径电极、微小空气隙、杂质等因素而出现高场强区时，往往在此处先发生局部的树枝状放电，并在有机固体介质上留下纤细的沟状放电通道的痕迹，这就是树枝化放电劣化。在交流电压下，树枝化放电劣化是局部放电产生的带电粒子冲撞固体介质引起电化学劣化的结果。在冲击电压下，则可能是局部电场强度超过了材料的电击穿场强所造成的结果。

3.3.2 影响固体介质击穿电压的主要因素

影响固体介质击穿电压的因素甚多，主要有以下几种。

1. 电压作用时间

如果电压作用时间很短（例如0.1 s以下），固体介质的击穿往往是电击穿，击穿电压当然也较高。随着电压作用时间的增长，击穿电压将下降，如果在加电压后数分钟到数小时才引起击穿，则热击穿往往起主要作用。不过二者有时很难分清，例如在工频交流 1 min 耐压试验中的试品被击穿，常常是电和热双重作用的结果。如图 3-21 所示。电压作用时间长达数十小时甚至几年才发生击穿时，大多属于电化学击穿的范畴。

在图 3-21 中，以常用的油浸电工纸板为例，以 1 min 工频击穿电压（峰值）作为基准值，纵坐标以标幺值来表示。电击穿与热击穿的分界点时间约在 $10^5 \sim 10^6 \mu s$ 之间，作用时间大于此值后，热过程和电化学作用使得击穿电压明显下降。不过 1 min 击穿电压与更长时间（图中达数百小时）的击穿电压相差已不太大，所以通常可将 1 min 工频试验电压作为基础来估计固体介质在工频电压作用下长期工作时的热击穿电压。许多有机绝缘材料的短时间电气强度很高，但它们耐局部放电的性能往往很差，以致长时间电气强度很低，这一点必须予以重视。在那些不可能用油浸等方法来消除局部放电的绝缘结构中(例如旋转电机),就必须采用云母等耐局部放电性能好的无机绝缘材料。

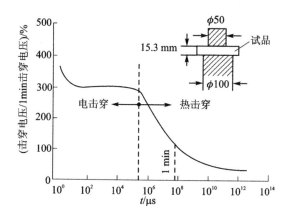

图 3-21 油浸电工纸板的击穿电压与加电压时间 t 的关系(25℃时)

2. 电场均匀程度

处于均匀电场中的固体介质,其击穿电压往往较高,且随介质厚度的增加近似地成线性增大;若在不均匀电场中,介质厚度增加将使电场更不均匀,于是击穿电压不再随厚度的增加而线性上升。当厚度增加使散热困难到可能引起热击穿时,增加厚度的意义就更小了。

常用的固体介质一般都含有杂质和气隙,这时即使处于均匀电场中,介质内部的电场分布也是不均匀的,最大电场强度集中在气隙处,使击穿电压下降。如果经过真空干燥、真空浸油或浸漆处理,则击穿电压可明显提高。变压器器身绝缘的烘干就是这个道理。

3. 温　度

固体介质在某个温度范围内其击穿性质属于电击穿,这时的击穿场强很高,且与温度几乎无关。超过某个温度后将发生热击穿,温度越高热击穿电压越低;如果其周围媒质的温度也高,且散热条件又差,热击穿电压将更低。因此,以固体介质作绝缘材料的电气设备,如果某处局部温度过高,在工作电压下即有热击穿的危险。

不同的固体介质其耐热性能和耐热等级是不同的,因此它们由电击穿转为热击穿的临界温度一般也是不同的。

4. 受　潮

受潮对固体介质击穿电压的影响与材料的性质有关。对不易吸潮的材料,如聚乙烯、聚四氟乙烯等中性介质,受潮后击穿电压仅下降一半左右;容易吸潮的极性介质,如棉纱、纸等纤维材料,吸潮后的击穿电压可能仅为干燥时的百分之几或更低,这是因电导率和介质损耗大大增加的缘故。

所以高压绝缘结构在制造时要注意除去水分,在运行中要注意防潮,并定期检查受潮情况。

5. 累积效应

在运行中要注意防潮,并定期检查受潮固体介质,在不均匀电场中以及在幅值不很高的过电压、特别是雷电冲击电压下,介质内部可能出现局部损伤,并留下局部碳化、烧焦或裂缝等痕迹。多次加电压时,局部损伤会逐步发展,这称为累积效应。显然,它会导致固体介质击穿电压的下降。

在幅值不高的内部过电压下以及幅值虽高、但作用时间很短的雷电过电压下,由于加电压时间短,可能来不及形成击穿性的击穿通道,但可能在介质内部引起强烈的局部放电,从而引起局部损伤。

主要以固体介质作绝缘材料的电气设备,随着施加冲击或工频试验电压次数的增多,很可能因累积效应而使其击穿电压下降。因此,在确定这类电气设备耐压试验时加电压的次数和试验电压值时,应考虑这种累积效应,而在设计固体绝缘结构时,应保证一定的绝缘裕度。

3.4 组合绝缘的电气强度

对高压电气设备绝缘的要求是多方面的,除了必须有优异的电气性能外,还要求有良好的热性能、机械性能及其他物理-化学特性,单一品种的电介质往往难以同时满足这些要求,所以实际的绝缘结构一般不是采用某种单一的绝缘材料,而是由多种电介质组合而成。例如变压器的外绝缘由套管的外瓷套和周围的空气组成,而其内绝缘更是由纸、布、胶木筒、聚合物、变压器油等固体和液体介质联合组成。

3.4.1 组合绝缘中的电场强度配合

组合绝缘结构的电气强度不仅仅取决于所用的各种介质的电气特性,而且还与各种介质的特性相互之间的配合是否得当大有关系。组合绝缘的常见形式是由多种介质构成的层叠绝缘。在外加电压的作用下,各层介质承受电压的状况必然是影响组合绝缘电气强度的重要因素。各层电压最理想的分配原则是:使组合绝缘中各层绝缘所承受的电场强度与其电气强度成正比。在这种情况下,整个组合绝缘的电气强度最高,各种绝缘材料的利用最合理、最充分。

各层绝缘所承受的电压与绝缘材料的特性和作用电压的类型有关。例如在直流电压下,各层绝缘分担的电压与其绝缘电阻成正比,亦即各层中的电场强度与其电导率成反比;但在工频交流和冲击电压的作用下,各层所分担的电压与各层的电容成反比,亦即各层中的电场强度与其介电常数成反比。由此可见,在直流电压下,应该把电气强度高、电导率大的材料用在电场最强的地方;而在工频交流电压下,应该把电气强度高、介电常数大的材料用在电场最强的地方。

3.4.2 "油-屏障"式绝缘

油浸电力变压器主绝缘采用的是"油-屏障"式绝缘结构,在这种组合绝缘中以变压器油作为主要的电介质,在油隙中放置若干个屏障是为了改善油隙中的电场分布和阻止贯通性杂质小桥的形成。一般能将电气强度提高30%～50%。

在"油-屏障"式绝缘结构中应用的固体介质有三种不同的形式,即覆盖、绝缘层、屏障。

1. 覆盖

紧紧包在小曲率半径电极上的薄固体绝缘层(诸如电缆纸、黄蜡布、漆膜等)称为覆盖,其厚度一般只有零点几毫米,所以不会引起油中电场的改变。由于它能阻止杂质小桥直接接触电极,因而能有效地限制泄漏电流,从而阻碍杂质小桥击穿过程的发展,所以虽然它很薄,但却能显著提高油隙的工频击穿电压,并减小其分散性。

电场越均匀,杂质小桥对油隙击穿电压的影响越大,采用覆盖的效果也越显著。由于采用覆盖花费不多,而收效明显,所以在各种充油的电气设备中都很少采用裸导体。

2. 绝缘层

当覆盖的厚度增大到能分担一定电压时,即成为绝缘层,一般厚度为数毫米到数十毫米。绝缘层不但能像覆盖那样减小油中杂质的有害影响,而且能降低电极表面附近的最大电场强度,大大提高整个油隙的工频击穿电压和冲击击穿电压。变压器中某些线饼或静电屏上包以较厚的绝缘层,都是为了这个目的。

3. 屏障

如果在油隙中放置尺寸较大、形状与电极相适应、厚度为1～5 mm的层压纸板(筒)或层压布板(筒)屏障,那么它既能阻碍杂质小桥的形成,又能像气体介质中的屏障那样拦住一部分带电粒子,使原有电场变得比较均匀,从而达到提高油隙电气强度的目的。电场越不均匀,放置屏障的效果越好。如果用多重屏障将油隙分隔成多个较短的油隙,则击穿场强能提高更多。不过相邻屏障之间的距离也不宜太小,因为这不利于油的循环冷却。另一方面,屏障的总厚度也不能取得太大,因为固体介质的介电常数比变压器油大,所以固体介质总厚度的增加会引起油中电场强度的增大。通常在设计时控制屏障的总厚度不大于整个油隙长度的1/3。

在极不均匀电场中采用屏障可使油隙的工频击穿电压提高到无屏障时的2倍或更高;在稍为有些不均匀的电场中(例如油浸变压器高压绕组与箱壁间),采用屏障也能使击穿电压提高25%或更多。所以在电力变压器、油断路器、充油套管等设备中广泛采用"油-屏障"式组合绝缘。当屏障表面与电力线垂直时,效果最好,所以变压器中的屏障往往做成圆筒或角垫圈的形式。

3.4.3 油纸绝缘

电气设备中使用的绝缘纸(包括纸板)纤维间含有大量的空隙,因而干纸的电气强度是不高的,用绝缘油浸渍后,整体绝缘性能即可大大提高。前面介绍的"油-屏障"式绝缘是以液体介质为主体的组合绝缘,采用覆盖、绝缘层和屏障都是为了提高油隙的电气强度。而油纸绝缘(包括以液体介质浸渍的塑料薄膜)则是以固体介质为主体的组合绝缘,液体介质只是用作充填空隙的浸渍剂,因此这种组合绝缘的击穿场强很高,但散热条件较差。

绝缘纸和绝缘油的配合互补,使油纸组合绝缘的击穿场强可达 500～600 kV/cm。大大超过了各组成成分的电气强度(油的击穿场强约为 200 kV/cm,而干纸只有 100～150 kV/cm)。

各种各样的油纸绝缘目前广泛应用于电缆、电容器、电容式套管等电力设备中。这种组合绝缘也有一个较大的缺点,那就是易受污染(包括受潮),特别是在与大气相通的情况下。纤维素是多孔性的极性介质,很易吸收水分,即使经过细致的真空干燥、浸渍处理并浸在油中,它仍将逐渐吸潮和劣化。

第4章 电气设备绝缘试验

为了保证电力系统的各种电气设备的安全、可靠运行,需要对设备进行各种试验,包括生产过程中的试验、安装后投入运行前的交接试验及运行过程中定期进行的预防性试验。试验的种类很多,按试验目的来分类,可分为性能试验和绝缘试验,性能试验主要是检测电气设备的性能是否满足系统运行的要求,如变压器的空载损耗、空载电流、负载损耗、阻抗电压等性能的测试试验;绝缘试验主要是检测电气设备的绝缘能否满足系统运行的要求,如绝缘电阻试验、耐压试验等。这两类试验都是必不可少的,本书主要介绍绝缘试验。

电气设备绝缘试验分两大类:破坏性试验(或耐压试验)和非破坏性试验(或检查性试验)。

(1) 破坏性试验——耐压试验

试验所加电压等价于或高于设备运行中可能受到的各种电压。该方法最有效和最可信,可能导致绝缘的破坏。破坏性试验包括:工频耐压试验、直流耐压试验、冲击耐压试验等。

(2) 非破坏性试验——检查性试验

测定绝缘某些方面的特性,一般在较低电压下进行,通常不会导致绝缘的击穿破坏。非破坏性试验包括:绝缘电阻试验、介质损耗角正切试验、局部放电试验、绝缘油的气相色谱分析等。

两类方法反映绝缘缺陷的性质不同,对不同绝缘材料和绝缘结构的有效性也不同,它们的关系是相互补充,而不能相互代替。一般先作检查性试验,再确定耐压试验的时间和条件。

4.1 绝缘电阻及吸收比的测量

在电介质上加直流电压,初始瞬时由于各种极化的存在,流过介质的电流很大,之后随时间而减少。经过一定时间后,极化过程结束,流过介质的电流趋于一定值 I,这一稳定的电流称为泄漏电流,与之相应的电阻 R_∞ 称为介质的绝缘电阻。

$$R_\infty = \frac{U}{I}$$

绝缘电阻是反映绝缘性能的最基本的指标之一,通常都用兆欧表来测量绝缘电阻。图 4-1 给出了兆欧表的原理电路,图 4-2 给出了以电缆作为试品时兆欧表的接线方式,下面即以此为例来说明。

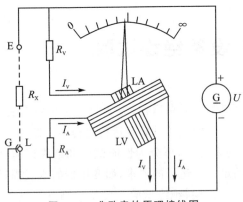

图 4-1 兆欧表的原理接线图

兆欧表是利用流比计的原理构成的。电压线圈 LV 和电流线圈 LA 相互垂直地固定在同一转轴上,并处在同一个永久磁场中(图中未画出)。仪表的指针也固定在此转轴上。转轴上没有装弹簧游丝,所以当线圈中没有电流时,指针可停在任一偏转角的位置。

设 R_V 为分压电阻,R_{V0} 为电压线圈固有电阻,R_A 为限流(保护)电阻,R_{A0} 为电流线圈固有电阻,R_X 为被试品的绝缘电阻,一般 $R_X \gg R_A \gg R_{A0}$。当测量某一试品 R_X 时,线圈 LV 和 LA 中分别流过电流 I_V 和 I_A,产生两个相反方向的转动力矩,分别为 $M_V = I_V f_V(\alpha)$,$M_A = I_A f_A(\alpha)$。在两转矩差值的作用下,线圈带动指针旋转,直到两个转矩相互平衡时为止。此时,$M_V = M_A$,即

$$I_V f_V(\alpha) = I_A f_A(\alpha), \quad \frac{I_A}{I_V} = \frac{f_V(\alpha)}{f_A(\alpha)} = f(\alpha)$$

或者

$$\alpha = f(I_A / I_V) \tag{4-1}$$

式(4-1)表明:偏转角 α 只与两电流的比值 (I_A/I_V) 有关,而与电源电压的大小无关。

由于

$$I_A = \frac{U}{R_X + R_A + R_{A0}}; \quad I_V = \frac{U}{R_V + R_{V0}}$$

则

$$\frac{I_A}{I_V} = \frac{R_V + R_{V0}}{R_X + R_A + R_{A0}}$$

于是

$$\alpha = f\left(\frac{R_V + R_{V0}}{R_X + R_A + R_{A0}}\right)$$

由于 R_V,R_{V0},R_A,R_{A0} 均为常数,所以

$$\alpha = f(R_X) \tag{4-2}$$

即兆欧表指针偏转角 α 是被测绝缘电阻 R_X 的函数,因此可以把偏转角 α 的读数直接标定为被测绝缘电阻的值,它不受电源电压波动所影响,这是兆欧表的重要优点。

图 4-1 中的 G 是兆欧表的屏蔽端子,用以消除被试品表面泄露电流的影响。它直接与发电机的(一)极(兆欧表直流电源)相连。实验时的接线如图 4-2 所示,图中以电缆作为被试品。如不接屏蔽极,测得的绝缘电阻是表面电阻与体积电阻的并联值,因为这时沿绝缘介质表面的泄漏电流同样经过电流线圈。如果把绝缘介质表面缠上几匝裸铜线,并接到端子 G 上,如图 4-2 所示,则沿面泄露电流将经过 G 直接回到发电机,而不经电流线圈。这时测得的便是消除了表面泄露影响的真实的体

积电阻值。

常用的兆欧表,其额定电压有 500 V,1 000 V,2 500 V,5 000 V 等几种,额定电压较高者,其绝缘电阻的可分辨量程也较高。对额定电压较高的电气设备,一般要求用相应较高电压等级的兆欧表。

如前所述,一般电介质都可以用图 4-3 所示的等效电路图来代表。图中,串联支路 $R_p - C_p$ 代表电介质的吸收特性。如绝缘良好,则 R_p 和 C_p 的值都比较大,

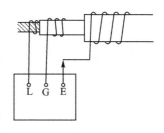

图 4-2　兆欧表屏蔽极的使用

这不仅使最后稳定的绝缘电阻值 R_∞ 较高,而且要经过较长的时间才能达到此稳定值(因中间支路的时间常数较大)。反之,如绝缘受潮,或存在某些穿透性的导电通道,则不仅最后稳定的绝缘电阻值很低,而且还会很快达到稳定值。因此,可以用绝缘电阻随时间的变化关系来反映绝缘的状况。通常用时间为 60 s 与 15 s 时所测得的绝缘电阻值之比,称之为吸收比 K,即

$$K = R_{60}/R_{15} \quad (4-3)$$

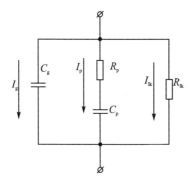

图 4-3　电介质的等效电路

作为相互比较的共同标准。如绝缘良好,则此比值应大于某一定值(一般为 1.3～1.5)。同样,对 60 s 时的绝缘电阻值也有一定标准。

某些容量较大的电气设备,其绝缘的极化和吸收过程很长,上述的吸收比 K 还不能充分反映绝缘吸收过程的整体,而且,随着电气设备绝缘结构和规模的不同,最初 60 s 内吸收过程的发展趋向与其后整体过程的发展趋向也不一定很一致。为此,对这类大中型电气设备的绝缘,还制定了另一个指标,取绝缘体在加压后 10 min 和 1 min 所测得的绝缘电阻值 R_{10} 与 R_1 之比值,称之为极化指数 P,即

$$P = R_{10}/R_1 \quad (4-4)$$

如绝缘良好,则此比值应不小于某一定值(例如 1.5～2.0)。

原电力部颁发的 DL/T 596—1996《电力设备预防性试验规程》(以下简称《试验规程》)中,对各类高压电气设备绝缘所要求的绝缘电阻值、吸收比 K 和极化指数 P 的值有明确的规定,可参阅。

测量绝缘电阻能有效地发现下列缺陷:
① 总体绝缘质量欠佳;
② 绝缘受潮;
③ 两极间有贯穿性的导电通道;
④ 绝缘表面情况不良(比较有或无屏蔽极时所测得的值即可知)。

测量绝缘电阻不能发现下列缺陷:

① 绝缘中的局部缺陷(如非贯穿性的局部损伤、含有气泡、分层脱开等);

② 绝缘的老化(因为老化了的绝缘,其绝缘电阻还可能是相当高的)。

应该指出,不论是绝缘电阻的绝对值或是吸收比和极化指数的值都只是参考性的。如不满足最低合格值,则绝缘中肯定存在某种缺陷;但是,如已满足最低合格值,也还不能肯定绝缘是良好的。有些绝缘,特别是油浸的或电压等级较高的绝缘,即使有严重缺陷,用兆欧表测得的绝缘电阻值、吸收比或极化指数,仍可能满足规定要求,这主要是因为兆欧表的电压较低的缘故。所以,根据绝缘电阻或吸收比的值来判断绝缘状况时,不仅应与规定标准相比较,还应与该绝缘过去试验的历史资料相比较,与同类设备的数据相比较,以及将同一设备的不同部分(例如不同相)的数据相比较(用不平衡系数 $k=$ 最大值/最小值来表示,一般认为,如 $k>2$,则表示有某种绝缘缺陷存在),当然,也应该与本绝缘的其他试验结果相比较。

测量绝缘电阻时应注意下列几点:

① 试验前应将被试品接地放电一定时间(对电容量较大的试品,一般要求达 5～10 min)。这是为了避免被试品上可能存留残余电荷而造成测量误差。试验后也应这样做,以保证安全。

② 高压测试连接线应尽量保持架空,确需使用支撑时,要确认支撑物的绝缘对被试品绝缘测量结果的影响极小。

③ 测吸收比和极化指数时,应待电源电压稳定后再接入被试品,并开始计时。

④ 每次测试结束时,应在保持兆欧表电源电压的条件下,先断开 L 端子与被试品的连线,以防被试品对兆欧表反向放电,损坏仪表。

⑤ 对带有绕组的被试品,先将被测绕组首尾短接,再接到 L 端子;其他非被测绕组也应先首尾短接后再接到应接端子。

⑥ 绝缘电阻与温度有十分显著的关系。温度升高时,绝缘电阻大致按指数率降低,吸收比和极化指数的值也会有所改变。所以,测量绝缘电阻时,应准确记录当时绝缘的温度,而在比较时,也应按相应温度时的值来比较。

4.2 泄漏电流的测量

在直流电压下测量绝缘的泄漏电流与上述绝缘电阻的测量在原理上是一致的,因为泄漏电流的大小实际上就反映了绝缘电阻值。但这一试验项目仍具有自己的某些特点,能发现兆欧表法所不能显示的某些绝缘损伤和弱点。例如:

① 加在试品上的直流电压要比兆欧表的工作电压高得多,故能发现兆欧表所不能发现的某些缺陷,例如分别在 20 kV 和 40 kV 电压下测量额定电压为 35 kV 及以上变压器的泄漏电流值,能相当灵敏地发现瓷套开裂、绝缘纸筒沿面炭化、变压器油劣化及内部受潮等缺陷。

② 这时施加在试品上的直流电压是逐渐增大的,这样就可以在升压过程中监视

泄漏电流的增长动向。此外,在电压升到规定的试验电压值后,要保持 1 min 再读出最后的泄漏电流值。在这段时间内,还可观察泄漏电流是否随时间的延续而变大。当绝缘良好时,泄漏电流应保持稳定,且其值很小。

图 4-4 是发电机的几种不同的泄漏电流变化曲线。

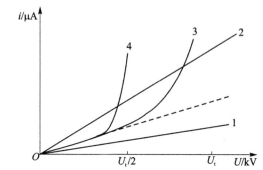

1—良好绝缘; 2—受潮绝缘; 3—集中性缺陷绝缘;
4—有危险的集中性缺陷绝缘; U_t—发电机直流耐压试验电压

图 4-4　发电机的泄漏电流变化曲线

绝缘良好的发电机,泄漏电流值较小,且随电压呈线性上升,如曲线 1 所示;如果绝缘受潮,电流值变大,但基本上仍随电压线性上升,如曲线 2 所示;曲线 3 表示绝缘中已有集中性缺陷,应尽可能找出原因加以消除;如果在电压尚不到直流耐压试验电压 U_t 的 1/2 时,泄漏电流就已急剧上升,如曲线 4 所示,那么这台发电机甚至在运行电压下(不必出现过电压)就可能发生击穿。

本试验项目所需的设备仪器和接线方式都与以后将要介绍的直流高电压试验相似,此处仅先给出简单的试验接线,如图 4-5 所示。

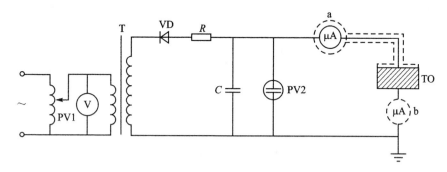

图 4-5　泄漏电流试验接线图

其中交流电源经调压器接到试验变压器 T 的初级绕组上,其电压用电压表 PV1 测量。试验变压器输出的交流高压经高压整流元件 VD(一般采用高压硅堆)接在稳压电容 C 上,为了减小直流高压的脉动幅度,C 值一般约需 0.1 μF 左右,不过当被试品 TO 是电容量较大的发电机、电缆等设备时,也可不加稳压电容。R 为保护电阻,以限制初始充电电流和故障短路电流不超过整流元件和变压器的允许值,通常采用水电阻。整流所得的直流高压可用高压静电电压表 PV2 测得,而泄漏电流则以接在被试品 TO 高压侧或接地侧的微安表来测量。

如果被试品的一极固定接地,且接地线不易解开时,微安表可接在高压侧(图 4-5 中 a 处),这时读数和切换量程有些不便,且应特别注意安全。在这一情况下,微安表及其接往 TO 的高压连线均应加等电位屏蔽(如图中虚线所示),使这部分对地杂散电流(泄漏电流、电晕电流)不流过微安表,以减小测量误差。当被试品 TO 的两极都可以做到不直接接地时,微安表就可以接在 TO 低压侧和大地之间(图 4-5 中 b 处),这时读数方便、安全,回路高压部分对外界物体的杂散电流入地时都不会流过微安表,故不必设屏蔽。

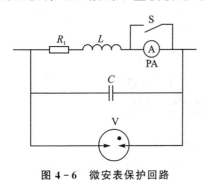

图 4-6 微安表保护回路

测量泄漏电流用的微安表是很灵敏和脆弱的仪表,需要并联一保护用的放电管 V(见图 4-6),当流过微安表的电流超过某一定值时,电阻 R_1 上的压降将引起 V 的放电而达到保护微安表的目的。电感线圈 L 在试品意外击穿时能限制电流脉冲并加速 V 的动作,其值在 0.1~1.0 H 的范围内。并联电容 C 可使微安表的指示更加稳定。为了尽可能减小微安表损坏的可能性,它平时用开关 S 加以短接,只在需要读数时才打开 S。

4.3 介质损失角正切的测量

介质的功率损耗 P 与介质损耗角正切 $\tan\delta$ 成正比,所以后者是绝缘品质的重要指标,它与绝缘体的形状和尺寸无关,测量 $\tan\delta$ 值是判断电气设备绝缘状态的一种灵敏有效的方法。$\tan\delta$ 能反映绝缘的整体性缺陷(例如全面老化)和小电容试品中的严重局部性缺陷。由 $\tan\delta$ 随电压而变化的曲线,可判断绝缘是否受潮、含有气泡及老化的程度。但是,测量 $\tan\delta$ 不能灵敏地反映大容量发电机、变压器和电力电缆(它们的电容量都很大)绝缘中的局部性缺陷,这时应尽可能将这些设备分解成几个部分,然后分别测量它们的 $\tan\delta$。

例如,当绝缘结构由两部分并联组成时,其整体的介质损耗为这两部分之和,即 $P = P_1 + P_2$。

$$\omega C U^2 \tan\delta = \omega C_1 U^2 \tan\delta_1 + \omega C_2 U^2 \tan\delta_2$$

由此得

$$\tan\delta = \frac{C_1 \tan\delta_1 + C_2 \tan\delta_2}{C} \tag{4-5}$$

式中,$C = C_1 + C_2$

若第二部分的体积远小于第一部分,即 $V_2 \ll V_1$,则得 $C_2 \ll C_1, C \approx C_1$。

$$\tan \delta = \tan \delta_1 + \frac{C_2}{C_1} \tan \delta_2 \qquad (4-6)$$

由于式(4-6)中第二项的系数 C_2/C_1 很小,所以当第二部分绝缘结构出现缺陷,$\tan \delta_2$ 增大时,并不能使总的 $\tan \delta$ 明显增大。例如,一台 110 kV 大型变压器测的总的 $\tan \delta$ 为 0.4%,是合格的,但把套管分开单独测得 $\tan \delta$ 达 3.4%,不合格。所以当大设备的绝缘结构由几部分组成时,最好能分别测量各部分的 $\tan \delta$,以便于发现缺陷。

4.3.1 测量电路

测 $\tan \delta$ 的方法有多种,如瓦特表法、电桥法、不平衡电桥法等。其中以电桥法的准确度为最高,最通用的是西林电桥。

西林电桥的原理接线图如图 4-7 所示。

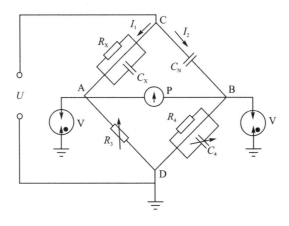

图 4-7 西林电桥原理接线图

图 4-7 中,Z_1 为 AC 段阻抗,即是 C_x 与 R_x;同理 Z_2 为 CB 段阻抗,即是 C_N;Z_3 与 Z_4 则分别指 AD 和 BD 段阻抗。C_x、R_x 为被测试样的等效并联电容与电阻,R_3、R_4 表示电阻比例臂,C_N 为平衡试样电容 C_x 的标准电容,C_4 为平衡损耗角正切的可变电容。桥臂 CA 和 AD 中流过的电流相同,均为 $\dot{I}_1$,桥臂 CB 和 BD 中流过的电流也相同,为 $\dot{I}_2$。根据电桥平衡原理,当电桥达到平衡时

$$Z_1 Z_4 = Z_2 Z_3 \qquad (4-7)$$

式中,Z_1——电桥的试样阻抗(即 C_x 和 R_x);

Z_2——标准电容器阻抗(即 C_N);

Z_3——桥臂(即 R_3)的阻抗;

Z_4——桥臂(即 R_4 和 C_4)的阻抗。

式(4-7)中：

$$\left.\begin{aligned} Z_1 &= \frac{1}{\frac{1}{R_x} + j\omega C_x} = \frac{1}{G_x + j\omega C_x} \\ Z_2 &= \frac{1}{j\omega C_N} \\ Z_3 &= R_3 = \frac{1}{G_3} \\ Z_4 &= \frac{1}{\frac{1}{R_4} + j\omega C_4} = \frac{1}{G_4 + j\omega C_4} \end{aligned}\right\} \quad (4-8)$$

将式(4-8)代入式(4-7)，可得

$$\frac{1}{G_x + j\omega C_x} \times \frac{1}{G_4 + j\omega C_4} = \frac{1}{j\omega C_N} \times \frac{1}{G_3} \quad (4-9)$$

式(4-9)左右两边的实部和虚部应分别相等，即可得

$$G_x G_4 - \omega^2 C_x C_4 = 0 \quad (4-10)$$

$$G_4 C_x + G_x C_4 = G_3 C_N \quad (4-11)$$

根据 $\tan \delta_x = \frac{1}{\omega R_x C_x}$ 及式(4-10)得

$$\tan \delta_x = \frac{G_x}{\omega C_x} = \omega C_4 R_4 \quad (4-12)$$

由式(4-11)和式(4-12)可得

$$C_x = \frac{C_N R_4}{R_3} \times \frac{1}{(1 + \tan^2 \delta_x)} \quad (4-13)$$

如 $\tan \delta_x$ 很小（一般为几百分之几），则式(4-13)可简化为

$$C_x \approx \frac{C_N R_4}{R_3} \quad (4-14)$$

为了计算方便，通常取 $R_4 = (10^4/\pi)\,\Omega$。电源为工频时，$\omega = 100\pi$。于是，由式(4-12)可得

$$\tan \delta_x = 100\pi \times \frac{10^4}{\pi} \times C_4 = 10^6 C_4$$

如 C_4 以 μF 计，则在数值上，$\tan \delta_x = C_4$。

一般 Z_1，Z_2 比 Z_3，Z_4 大得多，故外加电压的绝大部分都降落在高压臂 Z_1，Z_2 上，低压臂 Z_3，Z_4 上的电压通常只有几伏。

影响电桥准确度的因素有：

① 本试验高压电源对桥体杂散电容的影响。由图 4-8 可见，高压引线 HC 段对被试品低压电极、A 处线段和 Z_3 臂元件等的杂散电容 C_1' 等于并接在被试品的两端；高压引线 HC 段对标准电容低压电极、B 处线段和 Z_4 臂元件等的杂散电容 C_2' 等于并接在标准电容器 C_N 的两端。由于标准电容器的电容一般 50～100 pF，被试品电

容一般也仅约几十到几千皮法,都很小,故这些杂散电容的存在就可能使测量结果有较大的误差。

如高压引线上出现电晕,则还有电晕漏导与上述杂散电容 C_1' 或 C_2' 相并联。

至于桥体部分(AB 段)对杂散电容的影响,则是很小的,可以忽略不计。因为这些杂散电容是等值的并联在桥臂 Z_3 和 Z_4 上的,而 Z_3 或 Z_4 的值小于杂散电容的阻抗值。

② 外界电场干扰。外界高压带电体(这在现场是常有的,而且其相位可能与本试验电源的相位相差很大)通过杂散电容(图 4-8 中以 C_{13} 和 C_{14} 来代表)耦合到桥体,带来干扰电流流入桥臂,造成测量误差。

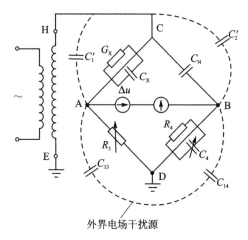

图 4-8 西林电桥误差因素示意图

③ 外界磁场干扰。当电桥处在交变磁场中(这在现场也是常遇的)时。桥路内将感应出一干扰电势(图 4-8 中以 Δu 表示),显然也会造成测量误差。

为消除上述几种误差因素,最简单而有效的办法是将电桥的低压部分(最好能包括被试品和标准电容器的低压电极在内)全部用接地的金属网屏蔽起来,这样就能基本上消除上述三种误差。

由图 4-7 可见,这种测试电路要求被试品两端均不接地,这在许多场合是做不到的。此时,可将电桥颠倒过来,令被试品的一端 C 点接地,D 点和屏蔽网接高压电源。这种接法称为颠倒电桥接线,或称反接线。此时,调节臂 Z_3、Z_4,检流计 G 和屏蔽网均处于高电位,故必须采取可靠的措施以保证使用人员的安全。

4.3.2 测试功效

测量 $\tan\delta$ 能有效地发现绝缘的下列缺陷:
① 受潮;
② 穿透性导电通道;
③ 绝缘内含气泡的电离,绝缘分层、脱壳;
④ 绝缘老化劣化,绕组上附积油泥;
⑤ 绝缘油脏污、劣化等。

但是对于下列缺陷,$\tan\delta$ 法是很少有效的:
① 非穿透性的局部损坏(其损坏程度尚不足以使测试时造成击穿);
② 很小部分绝缘的老化劣化;

③ 个别的绝缘弱点。

总而言之，tan δ 法对较大面积的分布性的绝缘缺陷是较灵敏和有效的，对非贯穿性的绝缘缺陷，则不是很灵敏也不是很有效。

4.3.3 测试时应注意的事项

1. 尽可能分部测试

一般测得的 tan δ 值是被测绝缘各部分 tan δ 的平均值。全部被测绝缘体可看成是各部分绝缘体的并联。由此可见，在大的绝缘体中存在局部缺陷时，测总体的 tan δ 是不易反映出这些局部缺陷的；而对较小的绝缘体，测 tan δ 就容易发现绝缘的局部缺陷。为此，如被试品能分部测试，则最好分部测试。例如将末屏有小套管引出的电容型套管与变压器本体分开来测试。有些电气设备可以有多种组合的试验结线，则可按不同组合的结线分别进行测试。例如，三绕组变压器本体就有下列七种组合的试验结线（以 L，M，H 分别代表低压、中压、高压绕组；以 E 代表地，即铁芯和铁壳）：L/(M+H+E)，M/(L+H+E)，H/(L+M+E)，(L+M)/(H+E)，(L+H)/(M+E)，(M+H)/(L+E)，(L+M+H)/E。常规测试，一般只做前三项，但若测试结果有明显异常时，则可对全部项目进行测试，然后通过计算可分辨出缺陷的确切部位。

2. tan δ 与温度的关系

温度对 tan δ 值的影响很大，具体的影响程度随绝缘材料和结构的不同而异。一般来说，tan δ 随温度的增高而增大。现场试验时的绝缘温度是不一定的，所以为了便于比较，应将在各种温度下测量的 tan δ 值换算到 20 ℃时的值。应该指出，由于试品内部的实际温度往往很难测定，换算方法也不是很准确，故换算后往往仍有较大的误差。所以，tan δ 的测量应尽可能在 10~30 ℃的条件下进行。

3. tan δ 与试验电压的关系

一般说来，新的、良好的绝缘，在其额定电压范围内，绝缘的 tan δ 值是几乎不变的（仅在接近其额定电压时 tan δ 值可能略有增加），且当电压上升或下降时测得的 tan δ 值是接近一致的，不会出现回环。如绝缘中存在气泡、分层、脱壳等，情况就不同了，当所加试验电压足以使绝缘中的气隙电离或产生局部放电等情况时，tan δ 的值将随试验电压 u 的升高而迅速增大，且当试验电压下降时，tan δ-u 曲线会出现回环。

由此可见，测定 tan δ 所用的电压，原则上最好接近于被试品的正常工作电压。但实际上，常难以达到，除少数研究性单位和大企业外，一般测试，多用 10 kV 级。

4. 护环和屏蔽的影响

护环和屏蔽的布置是否正确对测试结果有很大的影响。

图 4-9 表示测定一段单相电缆（尚未敷设的）的 tan δ 时被试品部分的接线。安装屏蔽环是为了消除表面泄漏的影响；安装屏蔽罩是为了消除试验电源和外界干扰

源对被试品外壳的杂散电容和电晕漏导的影响。

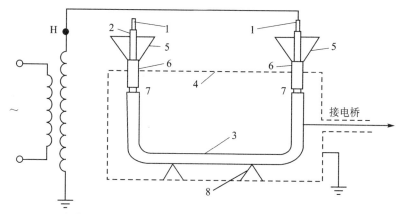

1—电缆芯线；2—电缆绝缘层；3—电缆护套；4—接地的屏蔽；
5—接地的喇叭口；6—接地的屏蔽环；7—护套的割除段；8—绝缘垫块

图 4-9 测单相电缆的 $\tan\delta$ 时的接线图

5. 测绕组时的注意事项

在测试绕组的 $\tan\delta$ 和电容时，必须将每个绕组（包括被测绕组和非被测绕组）的首尾都短接，否则，就可能产生很大的误差。造成这种误差的原因主要是：测试电流流经绕组时产生励磁功耗所致。

4.4 局部放电的测量

常用的固体绝缘物不可能做得十分纯净致密，总会不同程度地包含一些杂质、水分、小气泡等异物。有些是在制造过程中未去净的，有些是在运行中绝缘物的老化、分解等过程中产生的。由于这些异物的电导相介电常数不同于绝缘物，故在外施电压作用下，这些异物附近将具有比周围更高的场强。当外施电压升高到一定程度时，这些部位的场强超过了该处物质的电离场强，该处物质就产生电离放电，称之为局部放电。气泡的介电常数比周围绝缘物的介电常数小得多，气泡中的场强就较大；气泡的电离场强又比周围绝缘物的击穿场强低得多，所以，分散在绝缘物中的气泡常成为局部放电的发源地。局部放电将加速绝缘物的老化和破坏，发展到一定程度时，可能导致整个绝缘的击穿。所以，测定电气设备在不同电压下局部放电强度与变化规律，能预示设备的绝缘状态，也是估计绝缘物老化速度的重要依据。

4.4.1 局部放电基本概念

设在固体或液体介质内部 g 处存在一个气隙或气泡，如图 4-10(a)所示，C_g 代表该气隙的电容，C_b 代表与该气隙串联的那部分介质的电容，C_a 则代表其余完好部分的介质电容，即可得出图 4-10(b)中的等值电路，其中与 C_g 并联的放电间隙的击穿等值于该气隙中发生的火花放电，Z 则代表对应于气隙放电脉冲频率的电源阻抗。

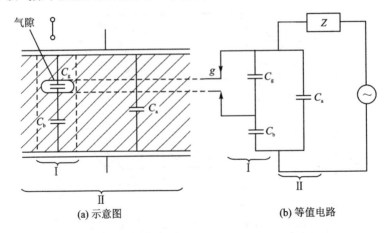

(a) 示意图　　　　　　　　(b) 等值电路

图 4-10　绝缘内部气隙局部放电的等值电路

整个系统的总电容为

$$C = C_a + \frac{C_b C_g}{C_b + C_g} \tag{4-15}$$

在电源电压 $u = U_m \sin \omega t$ 的作用下，C_g 上分到的电压为

$$u_g = \frac{C_b}{C_b + C_g} U_m \sin \omega t$$

如图 4-11(a) 中的虚线所示。当 u_g 达到该气隙的放电电压 U_s 时，气隙内发生火花放电，相当于图 4-10(b) 中的 C_g 通过并联间隙放电；当 C_g 上的电压从 U_s 迅速下降到熄灭电压(亦可称剩余电压) U_r 时，火花熄灭，完成一次局部放电。图 4-12 表示一次局部放电从开始到终结的过程，在此期间，出现一个对应的局部放电电流脉冲。这一放电过程的时间很短，约 10^{-8} s，可认为瞬时完成，反映到与工频电压相对应的坐标上，

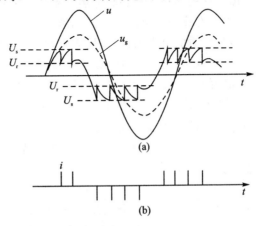

图 4-11　局部放电时的电压电流变化曲线

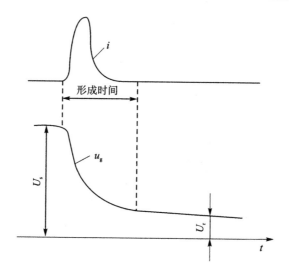

图 4-12 一次局部放电的电流脉冲

就变成一条垂直短线,如图 4-11(b)所示。气隙每放电一次,其电压瞬时下降一个 $\Delta U_g = U_s - U_r$。

随着外加电压的继续上升,C_g 重新获得充电,直到 u_g 又达到 U_s 值时,气隙发生第二次放电,依次类推。

气隙每次放电所释出的电荷量为

$$q_r = \left(C_g + \frac{C_a C_b}{C_a + C_b}\right)(U_s - U_r) \quad (4-16)$$

因为 $C_a \gg C_b$,所以

$$q_r \approx (C_g + C_b)(U_s - U_r) \quad (4-17)$$

式(4-17)中的 q_r 为真实放电量,但因式中的 C_g、C_b、U_s、U_r 都无法测得,因而 q_r 亦难以确定。

气隙放电引起的压降 $(U_s - U_r)$ 将按反比分配在 C_a 和 C_b 上(从气隙两端看,C_a 和 C_b 串联连接),因而 C_a 上的电压变动为

$$\Delta U_a = \frac{C_b}{C_a + C_b}(U_s - U_r) \quad (4-18)$$

这意味着,当气隙放电时,试品两端的电压会下降 ΔU_a,这相当于试品放掉电荷 q

$$q = (C_a + C_b)\Delta U_a = C_b(U_s - U_r) \quad (4-19)$$

因为 $C_a \gg C_b$,所以式(4-19)的近似式为

$$q \approx C_a \Delta U_a \quad (4-20)$$

式中,q——视在放电量,通常以它作为衡量局部放电强度的一个重要参数。

从以上各式可以看到,q 既是发生局部放电时试品电容 C_a 所放掉的电荷,也是电容 C_b 上的电荷增量($=C_b \Delta U_a$)。由于有阻抗 Z 的阻隔,在上述过程中,电源 u 几

乎不起作用。

将式(4-17)与式(4-19)作比较,即得

$$q = \frac{C_b}{C_g + C_b} q_r \tag{4-21}$$

由于 $C_g \gg C_b$,可知视在放电量 q 要比真实放电量 q_r 小得多,但它们之间存在比例关系,所以 q 值也就能相对地反映 q_r 的大小。

顺便指出:在上述交流电压的作用下,只要电压足够高,局部放电在每半个周期内可以重复多次;而在直流电压的作用下,情况就大不相同了,这时电压的大小和极性都不变,一旦内部气隙发生放电,空间电荷会在气隙内建立起反向电场,放电熄灭,直到空间电荷通过介质内部电导相互中和而使反向电场削减到一定程度后,才会出现第二次放电。可见在其他条件相同时,直流电压下单位时间的放电次数要比交流电压时少很多,从而使直流下局部放电引起的破坏作用也远较交流下为小。这也是绝缘在直流下的工作电场强度可以大于交流工作电场强度的原因之一。

除了前面介绍的视在放电量之外,表征局部放电的重要参数尚有:放电重复率(N)和放电能量(W),它们和视在放电量是表征局部放电的3个基本参数。其他的还有平均放电电流、放电的均方率、放电功率、局部放电起始电压(即前面提及的 U_i)和局部放电熄灭电压等。

4.4.2 局部放电检测方法综述

1. 噪声检测法

用人的听觉检测局部放电是最原始的方法之一,显然这种方法灵敏度很低,且带有试验人员的主观因素。后来改用微音器或其他传感器和超声波探测仪等进行非主观性的声波和超声波检测,用作放电定位。

局部放电产生的声波和超声波频谱覆盖面从数十赫到数十兆赫,所以应选频谱中所占分量较大的频率范围用作测量频率,以提高检测的灵敏度。近年来,采用超声波探测仪的情况越来越多,其特点是抗干扰能力相对较强、使用方便,可以在运行中或耐压试验时检测局部放电,适合预防性试验的要求。它的工作原理是:当绝缘介质内部发生局部放电时,在放电处产生的超声波向四周传播,直达电气设备外壳的表面,在设备外壁贴装压电元件,在超声波的作用下,压电元件的两个端面上会出现交变的束缚电荷,引起端部金属电极上电荷的变化或在外电路中引起交变电流,由此指示设备内部是否发生了局部放电。

2. 光检测法

沿面放电和电晕放电常用光检测法进行测量,且效果很好。绝缘介质内部发生局部放电时当然也会释放光子而产生光辐射放电所发出的光量,不过只有在透明介质的情况下,才能实现。有时可用光电倍增器或影像亮化器等辅助仪器来增加检测灵敏度。

3. 化学分析法

用气相色谱仪对绝缘油中溶解的气体进行气相色谱分析,是 20 世纪 70 年代发展起来的试验方法。通过分析绝缘油中溶解的气体成分和含量,能够判断设备内部隐藏的缺陷类型,它的优点是能够发现充油电气设备中一些用其他试验方法不易发现的局部性缺陷(包括局部放电)。例如,当设备内部有局部过热或局部放电等缺陷时,其附近的油就会分解而产生烃类气体及 H_2、CO、CO_2 等,它们不断溶解到油中。局部放电所引起的气相色谱特征是 C_2H_2 和 H_2 的含量较大。此法灵敏度相当高,操作简便,且设备不需停电,适合在线绝缘诊断,因而获得了广泛应用。

4.4.3 脉冲电流法的测量原理

用脉冲电流法测量局部放电的视在放电量,国际上推荐的有三种基本试验回路,即并联测试回路、串联测试回路和桥式测试回路,分别如图 4-13(a)、(b)、(c)所示。

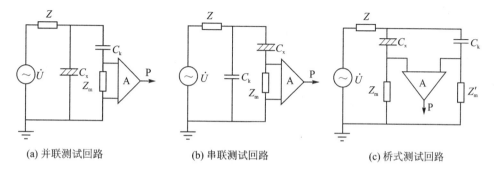

图 4-13 用脉冲电流法测量局部放电的测试回路

三种回路的基本目的都是使在一定电压作用下的被试品 C_x 中产生的局部放电电流脉冲流过检测阻抗 Z_m,然后把 Z_m 上的电压或 Z_m 与 Z'_m 上的电压差加以放大后送到测量仪器 P(如示波器、峰值电压表、脉冲计数器等)上去,所测得的脉冲电压峰值与被试品的视在放电量成正比,只要经过适当的校准,就能直接读出视在放电量 q 之值,如果 P 为脉冲计数器,则测得的是放电重复率。

除了长电缆段和带绕组的试品外,一般试品都可以用一集中电容 C_x 来代表。耦合电容 C_k 为被试品 C_x 与检测阻抗 Z_m 之间提供一条低阻抗通路,当 C_x 发生局部放电时,脉冲信号立即顺利耦合到 Z_m 上去;C_k 的残余电感应足够小,而且在试验电压下内部不能有局部放电现象;对电源的工频电压来说,C_k 又起着隔离作用。Z 为阻塞阻抗,它可以让工频高电压作用到被试品上去,但又阻止高压电源中的高频分量对测试回路产生干扰,也防止局部放电脉冲分流到电源中去,所以它实际上就是一只低通滤波器。

并联测试回路如图 4-13(a)所示,适用于被试品一端接地的情况,它的优点是流过 C_x 的工频电流不流过 Z_m,在 C_x 较大的场合,这一优点尤其重要。串联测试回路如图 4-13(b)所示,适用于被试品两端均对地绝缘的情况,如果试验变压器的入口电容和高压引线的杂散电容足够大,采用这种回路时还可省去电容 C_k。上面两种测试回路均属直测法,第三种桥式测试回路如图 4-13(c)所示,则属于平衡法,此时试品 C_x 和耦合电容 C_k 的低压端均对地绝缘,检测阻抗则分成 Z_m 及 Z'_m,分别接在 C_x 和 C_k 的低压端与地之间。此时测量仪器 P 测得的是 Z_m 和 Z'_m 上的电压差。它与直测法不同之处仅在于检测阻抗和接地点的布置,但它的抗干扰性能好,这是因为桥路平衡时,外部干扰源在 Z_m 和 Z'_m 上产生的干扰信号基本上相互抵消,工频信号也可相互抵消;而在 C_x 发生局部放电时,放电脉冲在 Z_m 和 Z'_m 上产生的信号却是互相叠加的。

所有上述回路中的阻塞阻抗 Z 和耦合电容 C_k 在所加试验电压下都不能出现局部放电,在一般情况下,希望 C_k 不小于 C_x 以增大检测阻抗上的信号。同时,Z 应比 Z_m 大,使得 C_x 中发生局部放电时,C_x 与 C_k 之间能较快地转换电荷,而从电源重新补充电荷(充电)的过程减慢,以提高测量的准确度。

Z_m 上出现的脉冲电压经放大器 A 放大后送往适当的测量仪器 P,即可得出测量结果。虽然已知测量仪器上测得的脉冲幅值与试品的视在放电量成正比,但要确定具体的视在放电量 q 值,还必须对整个测量系统进行校准(标度),这时需向试品两端注入已知数量的电荷 q_0,记下仪器显示的读数 h_0,即可得出测试回路的刻度因数 K,$K=q_0/h_0$。

4.5 工频交流耐压试验

电气设备的绝缘在运行中除了长期受到工作电压(工频交流电压或直流电压)的作用外,还会受到电力系统中可能出现的各种过电压的作用,所以在高压试验室内应能产生出模拟这些作用电压的试验电压(工频交流高压、直流高压、雷电冲击高压、操作冲击高压等),用以考验各种绝缘耐受这些高电压作用的能力。由于输电电压和相应的试验电压在不断提高,要获得各种符合要求的试验用高电压越来越困难,这是高电压试验技术发展中首先需要解决的问题。与非破坏性试验相比,绝缘的高电压试验具有直观、可信度高、要求严格等特点,但因它具有破坏性试验的性质,所以一般都放在非破坏性试验项目合格通过之后进行,以避免或减少不必要的损失。

本节介绍的工频交流耐压试验是最基本、最简便、使用较为广泛的试验项目。根据国家标准 GB311 规定,在电气设备绝缘上加上工频电压 1 min 不发生闪络或击穿现象,则认为设备绝缘是合格的,否则是不合格的。运行经验表明,通过 1 min 工频耐压试验的设备在运行中一般都能安全工作。

4.5.1 工频高电压的产生

高压试验室中的工频高电压通常采用高压试验变压器或其串级装置来产生。但对电缆、电容器等电容量较大的被试品,可采用串联谐振回路来获得试验用的工频高电压。工频高电压不仅可用于绝缘的工频耐压试验,而且也广泛应用于气隙工频击穿特性、电晕放电及其派生效应、静电感应、绝缘子的干闪、湿闪及污闪特性、带电作业等试验研究中。工频高压装置不但是高压试验室中最基本的设备,而且也是产生其他类型高电压设备的基础部件。

1. 高压试验变压器

试验变压器在工作原理上与电力变压器没有什么不同,但在工作条件和结构方面具有一系列特点:

① 一般都是单相的。需要三相时,常将三个单相变压器接成三相应用。

② 不会受到大气过电压及电力系统操作过电压的侵袭,其绝缘相对其额定电压的安全裕度较小,故其平时工作电压一般不允许超过其额定电压。

③ 通常均为间歇工作方式,每次工作持续时间较短,不必采用加强的冷却系统。为此,对应于不同的电压和电流负荷,有不同的允许持续工作时间。

④ 一、二次绕组的电压变比高,其高压绕组由于电压高,需用较厚的绝缘层和较宽的油隙距,两绕组间的绝缘间距较大,故其漏抗(百分比)较大。

⑤ 要求有较好的输出电压波形,为此应采用优质的铁芯和较低的磁通密度。

⑥ 为了减少对局部放电试验的干扰,要求试验变压器自身的局部放电电压应足够高。

高电压试验变压器大多数为油浸式,有金属壳和绝缘壳两类。金属壳变压器又可分为单套管式和双套管式两种。单套管式:高压绕组一端接地,另一端(高压端)经高压套管引出,如果采用绝缘外壳就不需要套管了。双套管式:高压绕组的中点与外壳相连,这样每个套管所承受的只是额定电压U_n的一半,因而可以减小套管的尺寸和重量。当高压绕组一端接地时,外壳应当按$0.5U_n$对地绝缘起来。

国产单个工频试验变压器的额定电压(kV)有下列等级:5,10,25,35,50,100,150,250,300,500,750。

选择所需试验变压器的容量,主要根据负荷性质和大小而定。高压绝缘的被试品多为容性负荷,只有极少数例外(如对某些外绝缘进行湿污闪电压试验时,主要为阻性负荷)。对容性负荷,所需试验变压器的容量S,可按下式确定

$$S = 2\pi f C_x U^2 \times 10^{-3} \quad (\text{kV} \cdot \text{A}) \tag{4-22}$$

式中,f——试验电源频率,Hz;

C_x——被试绝缘和测压系统的电容量,μF;

U——实施的试验电压,kV。

此外,所选试验变压器的容量,还应足以供给被试品击穿(或闪络)前的电容电流、漏导电流、局部放电和预放电电流,且仍能维持足够稳定的电压。为达到这一点,国家标准要求试验回路在试验电压下的短路电流如下:

● 供固体、液体或组合绝缘小样品进行干试时,不小于0.1 A;

- 供自恢复绝缘(如绝缘子、隔离开关等)进行干试时,不小于 0.1 A,湿试时,不小于 0.5 A;
- 供可能产生大泄漏电流的大尺寸试品的湿试验,要求达 1 A;
- 供某些外绝缘的湿污试验时,要求达 15 A。

2. 试验变压器串级装置

当所需的工频试验电压很高(例如超过 750 kV)时,采用单台试验变压器来产生就不合适了,因为变压器的体积和重量近似地与其额定电压的三次方成比例,而其绝缘难度和制造价格甚至增加得更多。所以在 $U \geqslant 1\ 000$ kV 时,几乎没有例外地一律采用若干台试验变压器组成串级装置来满足要求,这在技术上和经济上都更加合理。数台试验变压器串级连接的办法就是将它们的高压绕组串联起来,使它们的高压侧电压叠加后得到很高的输出电压,而每台变压器的绝缘要求和结构可大大简化,减轻绝缘难度,降低总造价。

如图 4-14 所示的串级方式称为自耦式串级变压器,这是目前最常用的串级方式。这时高一级变压器的激磁电流由前一级变压器高压绕组的一部分来供给。

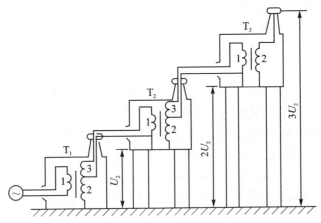

1—为低压绕组;2—为高压绕组;3—为供给下一级励磁用的串级绕组

图 4-14 自耦式串级变压器

虽然这时三台变压器的一次额定电压相同,二次额定电压也相同,即具有相同的变比,但它们的容量和绕组结构都不同,因此不能互换位置。设该装置 T_3 的容量为 $P_3 = U_2 I_2 = U_1 I_1$,则 T_2 的容量为 $P_2 = U_2 I_2 + U_3 I_3 = 2U_2 I_2$,$T_1$ 的容量为 $P_1 = 3U_2 I_2$。所以当串联级数为 3 时,则整套串级装置的总容量为

$$P = P_1 + P_2 + P_3 = 6U_2 I_2 \tag{4-23}$$

串级装置的输出额定容量为

$$P' = P_1 = 3U_2 I_2 \tag{4-24}$$

因而该装置的容量利用率为

$$\eta = P'/P = 1/2 \tag{4-25}$$

不难求出 n 级串级装置的容量利用率为

$$\eta = \frac{2}{n+1} \tag{4-26}$$

式中，n——串级装置的级数。

由式(4-26)可见，级数越多，试验变压器的台数越多，容量利用率也越低。这是串级装置的固有特点，因而通常很少采用 $n>3$ 的方案。

3. 试验变压器的调压

试验变压器的电压必须从零调节到指定值，这是其运行方式的特点，要靠连到变压器一次绕组电路中的调压器来进行。调压器应该满足以下基本要求：

① 电压应该平滑地调节，而在有滑动触头的调压器中，不应该发生火花；

② 调压器应在试验变压器的输入端提供从零到额定值的电压，电压具有正弦波形且没有畸变；

③ 调压器的容量应不小于试验变压器的容值。

调节电压最好的设备是电动发电机组，它由安装在一个轴上的三相同步发电机和直流或交流电动机组成，电压的调节用改变发电机的励磁来实现。更简单和便宜的调压设备是感应调压器，它们有的做成带移动式绕组的变压器或自耦变压器形式，有的做成制动的带转子绕组的异步电动机形式（电位调整器）。感应调压器的特点是调压平稳，并且没有滑动触头。采用了各种消除高次谐波的方法，例如，在制动电动机的定子和转子上安置"斜"槽，以保证被调节的电压具有接近正弦的波形。目前，已生产出了多种不同容量的感应调压器，但一般广泛采用试验室类型自耦调压器来进行小容量试验设备的调压。

4.5.2 绝缘的工频耐压试验

1. 工频高压试验的基本接线图

以试验变压器或其串级装置作为主设备的工频高压试验（包括耐压试验）的基本接线如图 4-15 所示。

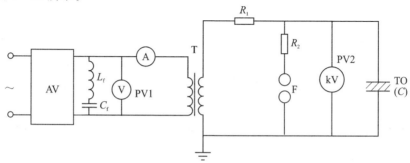

AV—调压器；PV1—低压侧电压表；T—工频高压装置；R_1—变压器保护电阻；TO—被测试品；R_2—测量球隙保护电阻；PV2—高压静电电压表；F—测量球隙；L_f—C_f—谐波滤波器

图 4-15 工频高压试验的基本接线图

由于试验变压器的输出电压必须能在很大的范围内均匀地加以调节,所以它的低压绕组应由一调压器来供电。调压器应能按规定的升压速度连续、平稳地调节电压,使高压侧电压在 $0\sim U_t$(试验电压)的范围内变化。

工频耐压试验的实施方法如下:按规定的升压速度提升作用在被测试品 TO 上的电压,直到等于所需的试验电压 U_t 为止,这时开始计算时间。为了让有缺陷的试品绝缘来得及发展局部放电或完全击穿,达到 U_t 后还要保持一段时间,一般取 1 min 就够了。如果在此期间没有发现绝缘击穿或局部损伤(可通过声响、分解出气体、冒烟、电压表指针剧烈摆动、电流表指示急剧增大等异常现象作出判断)的情况,即可认为该试品的工频耐压试验合格通过。

工频高压试验一般应从较低电压开始,均匀而较快地升压,但必须保证能从仪表上准确读数:当电压升达 75% 试验电压后,则应以每秒钟约 2% 试验电压的速度升到 100% 试验电压;在试验电压下保持规定时间后,应很快降到 1/3 试验电压或更低,然后切除电源。

2. 试验中需注意的问题

(1) 防止工频高压试验中可能出现的过电压

在工频高压试验中,大多数试品是电容性的。当试验变压器施加工频高压时,往往会在试品上产生"容升"效应,也就是实际作用到试品上的电压值会超过高压侧所应输出的电压值。另外,对初级绕组突然加压,而不是由零逐渐升高电压;或者,当输出电压较高时突然切断电源,都有可能由于过渡过程而在试验回路中产生过电压。

防止产生这种过电压的办法是在试验变压器出线端与被测试品之间串接一适当阻值的保护电阻,它的作用是:①限制短路电流;②阻尼放电回路的振荡过程。保护电阻的数值不宜太大或太小,阻值太小短路电流过大,起不到应有的保护作用;阻值太大会在正常工作时由于负载电流而有较大的电压降和功率损耗,从而影响加在被测试品上的电压值。

(2) 试验电压的波形畸变

在进行工频高压试验中,有些测量电压的仪表,所测得的是电压的有效值,不少电气产品的试验,也只提出电压有效值的要求。而工频放电(或击穿)一般决定于电压的幅值。当波形畸变时,电压幅值与有效值之比不再是 $\sqrt{2}$。此时若根据有效值乘 $\sqrt{2}$ 来求幅值,就会造成较大的试验误差。造成试验变压器输出波形畸变的最主要原因是试验变压器或调压装置的铁芯在使用到磁化曲线的饱和段时,励磁电流呈非正弦波。由于输入电源电压的波形本身不标准也会造成电压波形的畸变。改善工频试验变压器输出波形的一种常用方法是在试验变压器原边绕组并联一个 LC 串联谐振回路。

4.6 直流耐压试验

在被试品的电容量很大的场合（例如长电缆段、电力电容器等），用工频交流高电压进行绝缘试验时会出现很大的电容电流，这就要求工频高压试验装置具有很大的容量，但这往往是很难做到的。这时常用直流高电压试验来代替工频高电压试验。此外，随着高压直流输电技术的发展，出现了越来越多的直流输电工程，因而必然需要进行多种内容的直流高电压试验。直流高电压在其他科技领域也有广泛的应用，其中包括高能物理（加速器）、电子光学、X射线学以及多种静电应用（例如静电除尘、静电喷漆、静电纺纱等）。

4.6.1 直流高电压的产生

为了获得直流高电压，高压试验室中通常采用将工频高电压经高压整流器而变换成直流高电压的方法，而利用倍压整流原理制成的直流高压串级装置（或称串级直流高压发生器）能产生出更高的直流试验电压。直流电压的特性由极性、平均值、脉动等来表示。高压试验的直流电源在提供负载电流时，脉动电压要非常小，即直流电源必须具有一定的负载能力。

1. 半波整流回路

半波整流电路如图4-16所示。它基本上和电子技术中常用的低电压半波整流电路一样，只是增加了一个保护电阻R，这是为了限制试品（或电容器C）发生击穿或闪络时以及当电源向电容器C突然充电时通过高压硅堆和变压器的电流，以免损坏它们。

整流回路的基本技术参数有三个：

① 额定平均输出电压U_d

$$U_d \approx \frac{U_{max} + U_{min}}{2} \qquad (4-27)$$

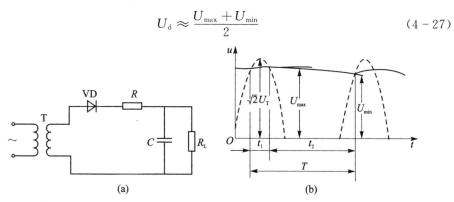

T—高压试验变压器；VD—整流元件（高压硅堆）；C—滤波电容器；R—限流（保护）电阻；R_L—负载电阻；U_T—试验变压器T的输出电压；U_{max}，U_{min}—输出直流电压的最大值、最小值

图4-16 半波整流电路及输出电压波形

② 额定平均输出电流 I_d

$$I_d = \frac{U_d}{R_L} \qquad (4-28)$$

③ 电压脉动系数 S(亦称纹波系数)为

$$S = \frac{\delta U}{U_d} \qquad (4-29)$$

式中，δU——电压脉动幅度，$\delta U = \frac{U_{max} - U_{min}}{2}$。

对于半波整流回路，它可以近似地用下式求得

$$\delta U = \frac{U_d}{2fR_L C} \qquad (4-30)$$

由式(4-30)可知，负载电阻 R_L 越小(负载越大)，输出电压的脉动幅度越大，而增大滤波电容 C 或提高电源频率 f，均可减小电压脉动。GB/T 16927.1—1997 规定，直流高压试验设备的电压纹波系数 S 不大于 3%。

2. 倍压整流回路

如欲获得更高的电压并充分利用变压器的功率，则有多种倍压电路可供选择，分别如图 4-17(a)，(b)，(c)所示。

图 4-17(a)所示的电路的主要缺点是：被试品的两极都不允许接地，必须对地绝缘起来，其耐压值分别达到 $+U_P$ 和 $-U_P$(此处 U_P 为电源正弦电压峰值，下同)。这在实际工作中常是不方便的，有时甚至是不可能的(如埋于地中的电缆)。

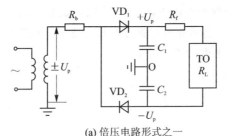

(a) 倍压电路形式之一

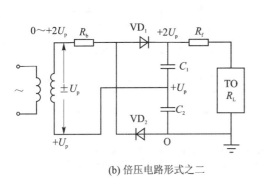

(b) 倍压电路形式之二

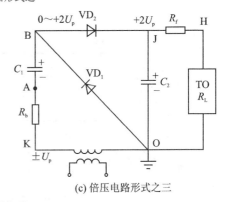

(c) 倍压电路形式之三

图 4-17 倍压电路

图4-17(b)所示电路中,被试品可以有一极接地,但电源变压器高压绕组两端出线均需对地绝缘起来,其绝缘水平达U_p和$2U_p$,这就不能采用通用的一端接地的试验变压器,所以仍然是不够理想的。

被试品和试验变压器均允许有一极接地的倍压整流电路如图4-17(c)所示。下面简要阐述这种电路的工作原理。

空载情况下,假定电源从负半波开始,当电源为负时,硅堆VD_2截止,VD_1导通;电源经VD_1、R_b对电容C_1充电,B点电位为正,A点电位为负;C_1最高充电电压可达U_p;此时B点的电位接近于地电位。当电源电压由$-U_p$升高时,B点电位也抬高,此时VD_1截止。当B点的电位高于J点的电位时,VD_2导通,电源经R_b、C_1、VD_2向C_2充电,J点电位逐渐升高。当电源电压从$+U_p$逐渐下降,B点电位随之降落,当B点电位低于J点电位时,VD_2截止。当B点电位继续下降到对地为负时,VD_1导通,电源再经VD_1对电容C_1充电。重复上述过程,当设备空载时,且略去整流元件的压降,则理论上,最后B点电位在$0\sim 2U_p$范围内变化,而J点的电位可稳定在$2U_p$。

3. 串级直流发生器

利用图4-18倍压整流电路作为基本单元,多极串联起来即可组成一台串级直流高压发生器,如图4-19所示。当试验变压器的电压为U_m时,空载时,直流高压输出电压可达$2nU_m$。当接有负载时,输出电压要降低,为一脉动电压,级数越多,脉动越大。

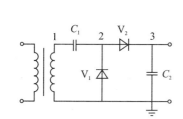

图4-18 倍压整流电路

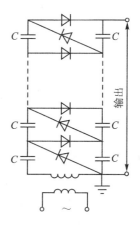

图4-19 串级直流高压发生器接线图

4.6.2 直流高压试验的特点和应用范围

以直流高压发生器为主设备的直流高压试验(包括耐压试验和测量泄漏电流)的基本接线与4.2节中的泄漏电流试验接线(图4-5)相似,不过在试验电压较高时,要用直流高压发生器来代替其中的整流电源部分。如高压静电电压表PV2的量程不够,可改用球隙测压器F、高值电阻串接微安表或高阻值直流分压器等方法来测量直流高电压,图4-20为其接线示意图。

最常见的直流高压试验为某些交流电气设备(油纸绝缘高压电缆、电力电容器、旋转电机等)的绝缘预防性试验项目之一的直流耐压试验。与交流耐压试验相比,直流耐压试验具有下列特点：

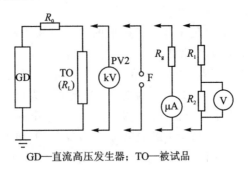

图 4-20 直流高压试验接线示意图

① 试验中只有微安级泄漏电流,试验设备不需要供给试品的电容电流,因而试验设备的容量较小,特别是采用高压硅堆作为整流元件后,整套直流耐压试验装置的体积、重量减小得更多,便于运到现场进行试验；

② 在试验时可以同时测量泄漏电流,由所得的"电压-电流"曲线能有效地显示绝缘内部的集中性缺陷或受潮,提供有关绝缘状态的补充信息；

③ 用于旋转电机时,能使电机定子绕组的端部绝缘也受到较高电压的作用,这有利于发现端部绝缘中的缺陷；

④ 在直流高压下,局部放电较弱,不会加快有机绝缘材料的分解或老化变质,在某种程度上带有非破坏性试验的性质；

⑤ 在直流试验电压下,绝缘内的电压分布由电导决定,因而与交流运行电压下的电压分布不同,所以它对交流电气设备绝缘的考验不如交流耐压试验那样接近实际。

对于绝大多数组合绝缘来说,它们在直流电压下的电气强度远高于交流电压下的电气强度,因而交流电气设备的直流耐压试验必须提高试验电压,才能具有等效性。例如额定电压 U_n 低于 10 kV 的交流油纸绝缘电缆的直流试验电压高达 $(5\sim6)U_n$。而 U_n 为 $10\sim35$ kV 的此类电缆的直流试验电压亦达 $(4\sim5)U_n$。加电压的时间也要延长到 $10\sim15$ min。如果在此期间,泄漏电流保持不变或稍有降低,就表示绝缘状态令人满意,试验合格。

除了上述直流耐压试验外,直流高压装置还理所当然地被用来对直流输电设备进行各种直流高压试验,诸如各种典型气隙的直流击穿特性、超高压直流输电线上的直流电晕及其各种派生效应、各种绝缘材料和绝缘结构在直流高电压下的电气性能、各种直流输电设备的直流耐压试验等。

此外,正如本节开始时所指出,直流高电压在其他科技领域也正在获得越来越广泛的应用。

4.7 冲击高压试验

4.7.1 冲击电压发生器的原理

1. 单级冲击电压发生器基本原理

供试验用的标准雷电冲击全波采用的是非周期性双指数波,它可用下式表示:

$$u(t) = A\left(e^{-\frac{t}{\tau_1}} - e^{-\frac{t}{\tau_2}}\right) \tag{4-31}$$

式中,τ_1——波尾时间常数;τ_2——波前时间常数。

它由两个指数函数叠加而成,如图 4-21 所示。

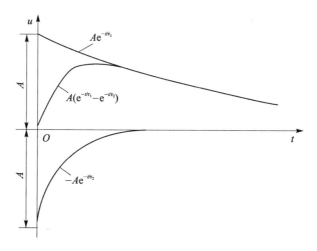

图 4-21 双指数函数冲击电压波

如果不要求获得幅值很大的冲击电压,那么在试验室里产生这样的冲击波形并不困难。

在式(4-31)中,通常 $\tau_1 \gg \tau_2$。所以在波前范围内,$e^{-\frac{t}{\tau_1}} \approx 1$,式(4-31)可近似地改写为

$$u(t) \approx A\left(1 - e^{-\frac{t}{\tau_2}}\right) \tag{4-32}$$

其波形如图 4-22 所示,这个波形与图 4-23 所示的直流电源 U_0 经电阻 R_1 向电容器 C_2 充电时 C_2 上的电压波形完全相同,可见,利用图 4-23 中的回路就可以获得所需的冲击电压波前。

与此类似,在波尾范围内,$e^{-\frac{t}{\tau_2}} \approx 0$,式(4-31)可近似地改写为

$$u(t) \approx A e^{-\frac{t}{\tau_1}} \tag{4-33}$$

其波形如图 4-22 中最上面的一条曲线所示,这个波形与图 4-24 所示的充电到 U_0 的电容器 C_1 对电阻 R_2 放电时的电压波形完全相同,可见,利用图 4-24 中的简单回路

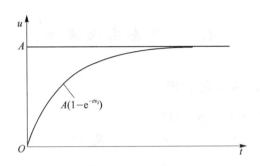

图 4-22 式(4-32)的波形

路就可以获得所需的冲击电压波尾。

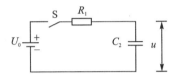

图 4-23 可获得冲击电压波前的回路

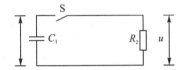

图 4-24 可获得冲击电压波尾的回路

为了获得完整的波形,只要利用将图 4-23 和图 4-24 中的两个回路结合起来而组成的回路(如图 4-25 所示),就可达到目的。

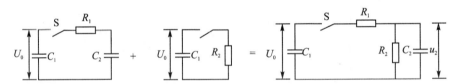

图 4-25 可获得完整冲击电压波的合成回路

用充电到 U_0 的电容器 C_1 来替换图 4-23 中的直流电源 U_0 并不影响我们获取所需的冲击电压全波波形,但会使所得冲击电压幅值 U_{2m} 小于 U_0,因为 C_1 的电容量总是有限的,在它向 C_2 和 R_2 放电的同时,它本身的电压亦从 U_0 往下降。开关 S 合闸前,C_1 上的电荷量为 C_1U_0;S 合闸后,在波头范围内,C_1 经 R_1 放掉的电荷很少,如予以忽略,则 C_1 分给 C_2 上的电压最大可达 U_{2m},它和各个参数的关系为

$$U_{2m} \approx \frac{C_1}{C_1+C_2}U_0 \tag{4-34}$$

另一方面,由于 R_1 的存在,R_2 上的电压 U_{2m} 还要打一个折扣,其值为 $R_2/(R_1+R_2)$,所以最后能得到的冲击电压幅值为

$$U_{2m} \approx \frac{C_1}{C_1+C_2} \times \frac{R_2}{R_1+R_2}U_0 \tag{4-35}$$

如果把 R_1 移到 R_2 的后面去,即可得图 4-26 中的回路,它能得到的冲击电压幅值 U_{2m} 基本上不受 R_1 上电压降落的影响,因而适用式(4-34)。

我们把 $U_{2m}/U_0 = \eta$ 称为放电回路的利用系数或效率。可以看出，图4-26回路的利用系数比图4-25回路的要大一些，所以图4-26的回路被称为高效率回路，其 η 值可达 0.9 以上，而图4-25的回路为低效率回路，它的 η 值只有 0.7~0.8。

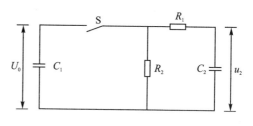

图 4-26　高效率回路

2. 多级冲击电压发生器基本原理

利用上述几种回路虽然都能得到波形符合要求的雷电冲击电压全波，但能获得的最大冲击电压幅值却很有限，因为受到整流器和电容器额定电压的限制，单级冲击电压发生器能产生的最高电压一般不超过 200~300 kV。要想获得更高的冲击电压幅值，改进的办法是采用多级电路。图4-27为多级冲击电压发生器的原理接线图，它的基本工作原理可概括为"并联充电，串联放电"，具体过程如下。

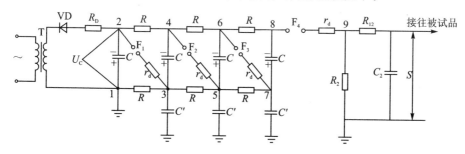

图 4-27　多级冲击电压发生器的原理接线图

（1）冲击过程

这种回路由充电状态转变为放电过程是利用一系列火花球隙来实现的，它们在充电过程中都不被击穿，因而所在支路呈开路状态，这样图4-27的接线可简化成图4-28中的充电过程等值电路。

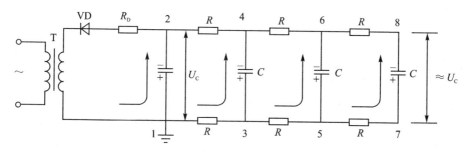

图 4-28　多级冲击电压发生器充电过程等值电路

这时各级电容器 C 经数目不等的充电电阻 R 并联并由电压为 U_C 的整流电源充电，但由于充电电阻的数目各异，各级电容器上的电压上升速度是不同的，最前面的

C 充电最快，最后面的 C 充电最慢，不过在充电时间足够长时，全部电容器，都几乎能充电到电压 U_C，因而点 2,4,6,8 的对地电位均为 $-U_C$，而点 1,3,5,7 均为地电位。按图中整流器 VD 的接法，所得到的电压将为负极性，要改变极性是很容易的，只要将 VD 的接法调换一下就可以了。

电阻 R 虽称为"充电电阻"，其实它们在充电过程中没有什么作用，如取它们的阻值为零，各级电容器 C 的充电速度反而更快。不过以后将会看到，这些充电电阻在放电过程中却起着十分重要的作用，而且其阻值要足够大（例如数万欧姆），而对其阻值稳定性的要求并不太高。

（2）放电过程

一旦第一对火花球隙 F_1 被击穿，各级球隙 F_2，F_3，F_4 均将迅速依次被击穿，各级电容器被串联起来，发生器立即由充电状态转为放电过程，因此第一对球隙 F_1 被称为"点火球隙"。这时，由于各级充电电阻 R 有足够大的阻值，因而在短暂的放电过程中，可以近似地把各个支路看成开路。这样一来，图 4-27 的接线又可近似地简化成如图 4-29 所示的放电过程等值电路。

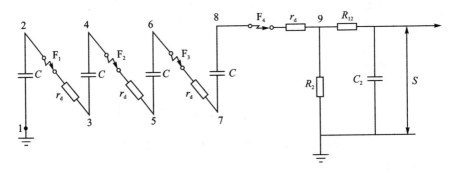

图 4-29 多级冲击电压发生器放电过程等值电路

理解发生器如何从充电转为放电过程的关键在于分析作用在各级火花球隙上的电压值。当 F_1 在 U_C 的作用下击穿时，立即将点 2 和点 3 连接起来（阻尼电阻 r_d 的阻值很小），因而点 3 的对地电位立即从此前的零变成 $-U_C$（点 2 的电位），点 4 的电位相应地变成 $-2U_C$，而点 5 的对地电位一时难以改变，因为此时 F_2 尚未击穿，点 5 的电位改变取决于该点的对地杂散电容 C'，通过 F_1，r_d 和点 3 和点 5 之间的那只充电电阻 R 由第一级电容 C 进行充电，由于 R 值很大，能在点 3 和点 5 之间起隔离作用，使点 5 上的 C' 充电较慢，暂时仍保持着原来的零电位。这样一来，作用在火花球隙 F_2 上的电位差将为 $2U_C$，F_2 将很快击穿。依此类推，F_3 和 F_4 亦将分别在 $3U_C$ 和 $4U_C$ 的电位差下依次加速击穿。这样一来，全部电容 C 将串联起来对波尾电阻 R_2 和波前电容 C_2 进行放电，使被试品上受到幅值接近于"$-4U_C\eta$"的负极性冲击电压波的作用（其中 η 为发生器的利用系数）。

冲击电压发生器的起动方式有两种：一种是自起动方式，这时只要将点火球隙 F_1 的极间距离调节到使其击穿电压等于所需的充电电压 U_C，当 F_1 上的电压上升到等于 U_C 时，F_1 即自行击穿，起动整套装置。可见这时输出的冲击电压高低主要取决于 F_1 的极间距离，提高充电电源的电压，只能加快充电速度和增大冲击波的输出频度，而不能提高输出电压。另一种起动方式是使各级电容器充电到一个略低于 F_1 击穿电压的电压水平上，处于准备动作的状态，然后利用点火装置产生一点火脉冲，送到点火球隙 F_1 中的一个辅助间隙上使之击穿并引起 F_1 主间隙的击穿，以起动整套装置。不论采用何种起动方式，最重要的问题是保证全部球隙均能跟随 F_1 的点火作同步击穿。

（3）冲击波形的近似计算

下面就以图 4-30 中的回路为基础近似分析输出电压波形与回路元件参数之间的关系。

在近似计算中应作某些必要的简化，例如在决定波前时，不妨忽略 R_2 的存在，这时 C_2 上的电压可表示为

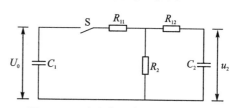

图 4-30　冲击电压发生器常用电路

$$u_2(t) \approx U_{2m}(1 - \mathrm{e}^{-\frac{t}{\tau_2}}) \tag{4-36}$$

其中波前时间常数

$$\tau_2 = (R_{11} + R_{12}) \times \frac{C_1 C_2}{C_1 + C_2}$$

因为 $C_1 \gg C_2$，所以可近似地认为

$$\tau_2 \approx (R_{11} + R_{12})C_2 \tag{4-37}$$

根据冲击电压视在波前时间 T_1 的定义（见图 4-31）可知：当 $t=t_1$ 时，$u_2(t_1)=0.3U_{2m}$；当 $t=t_2$ 时，$u_2(t_2)=0.9U_{2m}$，即

$$0.3U_{2m} = U_{2m}(1 - \mathrm{e}^{-\frac{t_1}{\tau_2}})$$

$$0.9U_{2m} = U_{2m}(1 - \mathrm{e}^{-\frac{t_2}{\tau_2}})$$

所以

$$\mathrm{e}^{-\frac{t_1}{\tau_2}} = 0.7 \tag{4-38}$$

$$\mathrm{e}^{-\frac{t_2}{\tau_2}} = 0.1 \tag{4-39}$$

将式（4-38）除以式（4-39），可得

$$t_2 - t_1 = \tau_2 \ln 7$$

由图 4-31 中 $\triangle ABD$ 与 $\triangle O'CF$ 相似，可得

$$\frac{T_1}{t_2 - t_1} = \frac{U_{2m}}{0.9U_{2m} - 0.3U_{2m}} = \frac{1}{0.6}$$

所以

$$T_1 = \frac{t_2 - t_1}{0.6} = \frac{\tau_2 \ln 7}{0.6} \approx 3(R_{11} + R_{12})C_2 \tag{4-40}$$

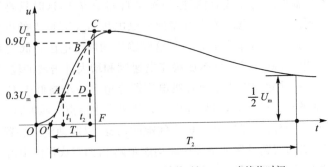

O'—视在原点；T_1—波前时间；T_2—半峰值时间

图 4-31 冲击电压波形的定义

另外，在决定半峰值时间 T_2 时，不妨忽略 R_{11} 和 R_{12} 的作用，而近似地认为 C_1 和 C_2 并联起来对 R_2 放电，这时 C_2 上的电压 u_2 为

$$u_2(t) \approx U_{2m} e^{-\frac{t}{\tau_1}} \quad (4-41)$$

式中波尾时间常数

$$\tau_1 \approx R_2(C_1 + C_2) \quad (4-42)$$

根据视在半峰值时间 T_2 的定义（见图 4-31）可知：当 $t = T_2$ 时，$u_2(t) = \dfrac{U_{2m}}{2}$，即

$$U_{2m} e^{-\frac{T_2}{\tau_1}} = \frac{U_{2m}}{2}$$

化简后得

$$T_2 = \tau_1 \ln 2 \approx 0.7 R_2 (C_1 + C_2) \quad (4-43)$$

以上推得的冲击电压波形与回路参数之间的近似关系式不仅适用于雷电冲击电压波，而且也适用于操作冲击电压波。利用这些关系式，我们既可由所要求的试验电压波形（例如 1.2/50μs）求出各个回路参数值，或者反过来，由已知的回路参数求出所得的冲击电压波形。不过在前一种情况时，由于已知的只有两个波形参数（即 T_1 和 T_2），而待求的放电回路参数有五个，所以必须先确定其中的三个参数：通常 C_1 和 C_2 是根据实际情况预先选定的（例如根据所要求的充电放电能量选定 C_1），而且为了保证发生器有足够大的利用系数，通常取 $C_1 \geqslant (5\sim 10)C_2$；$R_{11}(=nr_d)$ 是各级阻尼电阻之和，在保证不出现寄生震荡的情况下，R_{11} 的阻值应尽可能取小些，一般有几十欧姆就够了，而在高效率回路的情况下，$R_{11}=0$。

对冲击电压发生器回路作更精确的计算也不是很困难的，但即使使用精确计算法求得的结果，也只能作为参考，因为有不少杂散参数（电感、电容等）的影响，是很难准确地加以估计的。真正的波形还得依靠实测，并以其结果为依据进一步调整回路参数（要改变波前时间 T_1 可调节波前电阻 R_{12}，要改变半峰值时间 T_2 可调节波尾电阻 R_2），直到获得所需的试验电压波形为止。

4.7.2 冲击高电压的测量

前面已叙述了各种电压的测量方法,但这类电压都可看成稳态高电压。与这类电压不同,冲击电压是一种持续时间较短的暂态电压,它的测量在技术上存在着许多难点,标准规定,冲击电压试验时,峰值测量误差在 3% 以内,而波头时间、波尾时间的测量不确定度不超过 10%。冲击电压的测定包括峰值测量和波形记录两个方面。目前最常用的测量冲击电压的方法有:①分压器-示波器;②测量球隙;③分压器-峰值电压表。球隙和峰值电压表只能测量电压峰值,示波器则能记录波序,即不仅指示峰值而且能显示电压随时间的变化过程。

1. 分压器与数字记录仪(示波器)

数字记录仪可同时测定波形和峰值,所以在测量中被广泛使用。由于数字记录仪的输入电压一般小于数百伏,所以常和分压器一起构成冲击电压测量系统来进行测量,如图 4-32 所示。

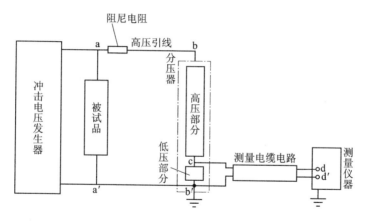

图 4-32 冲击电压测量系统

频率带宽为数十兆赫兹示波器或 8~10 bit 的数字记录仪,采样率为 100 MS/s,可满足一般冲击电压测量的要求。阻尼电阻大约为 300~500 Ω,用于防止高压引线上电压的振荡。aa′ 与 dd′ 间的回路称为分压回路。分压器分为电阻分压器、屏蔽电阻分压器、电容分压器和阻容分压器、阻尼电容分压器等。对于雷电冲击电压的测量,上述分压器均可采用,但对于操作冲击电压的测量,则主要采用电容分压器。阻尼电容分压器是指多个电容串联,每一段分别串接阻尼电阻而构成的一种分压器,可有效抑制高压端的局部振荡,具有良好的响应特性,除了可测量雷电冲击和操作冲击外,也可用于交流电压的测量,使用范围较广。另外,阻容分压器中并联电阻 R_1 为 1 000 MΩ 左右的高阻时,可构成一种通用型分压器,可用于测量从直流至冲击的所有电压的波形。

分压回路的特性用分压比和响应来表示。分压比等于分压回路输入端(如

图 4-32 中 aa′)所加电压的峰值除以输出端(dd′)出现的电压峰值。响应的快慢反映分压回路能否将波形无畸变地传送到输出端,它的定义是:分压回路的输入端施加某一波形电压 $A(t)$,与之相对应,在输出端会出现电压 $U(t)$,$U(t)$ 即为对 $A(t)$ 的响应。通常采用 $A(t)$ 为直角波时的直角波响应。

响应的好坏常用响应时间来定量表示,如图 4-33 所示,$A(t)$,$U(t)$ 的幅值都归一化为 1,响应时间则由图中斜线部分的面积 T 来表示,即

$$T = \int_0^\infty (1 - U(t)) \mathrm{d}t \qquad (4-44)$$

可见 T 越小,分压回路的特性就越好。

如果用响应时间为 T 的分压回路来测量如图 4-34 所示的波头截断波 $e_1(t)$,则会出现如下测量误差。$e_1(t)$ 可按直线上升到幅值 1,然后被截断,又瞬时降为 0 的三角波来近似表示,即

$$e_1(t) = \frac{t}{t_c} \quad (0 \leqslant t \leqslant t_c) \qquad (4-45)$$

$$e_1(t) = 0 \quad (t > t_c) \qquad (4-46)$$

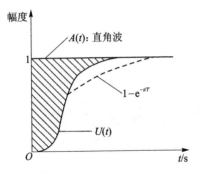

图 4-33 直角波响应

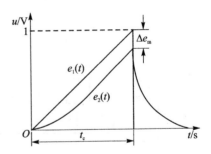

图 4-34 波头截断电压的测量

当采用响应特性为 $(1 - \mathrm{e}^{-t/T})$ 的分压回路进行测量时,则响应波形为

$$e_2(t) = \frac{t}{t_c} \left[1 - \frac{T}{t}(1 - \mathrm{e}^{-t/T}) \right] \qquad (4-47)$$

当 $t = t_c$ 时,出现的 Δe_m 幅值误差,可表示为

$$\Delta e_m = \frac{T}{t}(1 - \mathrm{e}^{-t/T}) \qquad (4-48)$$

由于 $\mathrm{e}^{-t_c/T} \approx 0$,故 $\Delta e_m \approx T/t_c$,幅值误差随响应时间的增加而正比例增大。

2. 标准球间隙

标准球间隙可用于标准冲击电压以及操作冲击电压幅值的测量,测量误差在 $\pm 3\%$ 以内。冲击电压的波尾较短时,测量误差会增加,球间隙最多可用于 $1/5\mu\mathrm{s}$ 波的测量。球间隙装置的构造、周围物体离开的距离以及大气状态修正、照射等都和交流电压测量时完全一样。但是,在冲击电压测量时,串联电阻应不大于 500Ω,残余

电感小于 30 μH,而且测量时冲击电压发生器的火花间隙的光辐射最好能照射到球间隙。进行冲击电压试验时,一般利用球间隙校正冲击电压发生器的充电电压指示仪表的刻度,然后试验所需要的电压可根据仪表的指示来产生。确定 50% 放电电压的方法分多级法和升降法两种。

(1) 多级法

以预期的 50% 放电电压的 2%～3% 作为电压级差,对被试品分级施加冲击电压,每级施加电压 10 次,至少要加 4 级电压。要求在最低一级电压时的放电次数近于零,而在最高一级电压时,近于全部放电。求出每级电压下的放电次数与施加次数之比 P(即放电频率)后,将其按电压值标于正态概率纸上,给出拟合直线 $P=f(U)$,在此直线上对应于概率 $P=0.5$ 的电压值即为 50% 放电电压。

(2) 升降法

估计 50% 放电电压的预期值后,取 U_i 的 2%～3% 为电压增量 ΔU,先施加冲击电压 U_i 一次,如未引起放电,则下次施加电压应为 $U_i + \Delta U$;如 U_i 已引起放电,则下次施加电压应为 $U_i - \Delta U$。以后的加压都按下述规律:凡上次加压如已引起放电,则下次加压比上次电压低 ΔU;凡上次加压未引起放电,则下次加压比上次电压高 ΔU。这样反复加压 20~40 次,分别计算出各级电压 U_i 下的加压次数 n_i,按下式求出 50% 放电电压:

$$U_{50\%} = \frac{\sum U_i n_i}{\sum n_i} \qquad (4-49)$$

3. 冲击峰值电压表

其工作原理如图 4-35 所示,冲击电压经整流后对电容器充电,然后通过高输入阻抗的放大器,可测得充电电压。利用分压回路,可进行更高压的测量。冲击峰值电压表的测量不确定度在 ±1% 以内。

冲击测量系统性能的好坏,即测量的准确度,通常用方波响应来估计。当

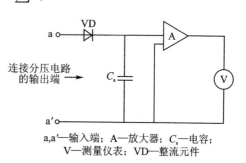

a,a'—输入端; A—放大器; C_a—电容;
V—测量仪表; VD—整流元件

图 4-35 冲击峰值电压表

在测量系统输入端施加一个方波电压时,在系统的输出端就得到一个输出电压示波图。为便于比较,将输出电压的最终稳定值作为 1,这时输出电压波形即称为单位方波响应。单位方波响应反映了该测量系统对外施方波电压的畸变程度,直观地表达了该系统性能的好坏。

4.7.3 绝缘的冲击耐压试验

电气设备内绝缘的雷电冲击耐压试验采用三次冲击法,即对被试品施加三次正

极性和三次负极性雷电冲击试验电压(1.2/50μs 全波)。对变压器和电抗器类设备的内绝缘,还要再进行雷电冲击截波(1.2/2~5μs)耐压试验,它对绕组绝缘(特别是其纵绝缘)的考验往往比雷电冲击全波试验更加严格。

在进行内绝缘冲击全波耐压试验时,应在被试品上并联一球隙,并将它的放电电压整定得比试验电压高 15%~20%(变压器和电抗器类被试品)或 5%~10%(其他被试品)。因为,在冲击电压发生器调波过程中,有时会无意地出现过高的冲击电压,造成被试品的不必要损伤,这时如并联球隙就能发挥保护作用。

进行内绝缘冲击高压试验时的一个难题是如何发现绝缘材料内的局部损伤或故障,因为冲击电压的作用时间很短,有时在绝缘材料内遗留下非贯通性局部损伤,很难用常规的测量方法揭示出来。例如,电力变压器绕组匝间和线饼间绝缘(纵绝缘)发生故障后,往往没有明显的异样。目前,用得最多的监测方法是拍摄变压器中性点处的电流示波图,并将所得示波图与在完好无损的同型变压器中摄得的典型示波图以及存在人为制造的各种故障时摄下的示波图作比较。据此常常不仅能判断损伤或故障的出现,而且还能大致确定它们所在的地点,这就大大简化了随后的变压器检视时寻找故障点的工作。

电力系统外绝缘的冲击高压试验通常可采用 15 次冲击法,即对被试品施加正、负极性冲击全波试验电压各 15 次,相邻两次冲击的时间间隔应不小于 1 min。在每组 15 次冲击的试验中,如果击穿或闪络的次数不超过两次,即可认为该外绝缘试验合格。内、外绝缘的操作冲击高压试验的方法与雷电冲击全波试验完全相同。

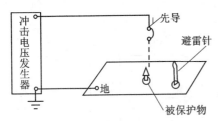

图 4-36 避雷针的保护作用示意图

避雷针是电力系统中防直击雷的主要保护措施。在冲击耐压试验中,冲击电压采用球隙进行测量时,避雷针的保护作用如图 4-36 所示。当雷电先导向地面发展到某一高度后,避雷针使地面电场发生变化,在避雷针顶端形成局部强场区以影响雷电先导放电的发展方向,使雷闪对避雷针放电,再经过接地装置将雷电流安全引入大地,从而使避雷针附近的被保护物免受雷击。避雷针的保护范围可用模拟实验和运行经验来确定。由于先导放电的路径受到很多偶然因素的影响,因此要保证被保护物绝对不受雷电的直接放电是不现实的,一般保护范围是指具有 1% 左右雷击概率的空间范围。

第 5 章 线路和绕组中的波过程

5.1 无损耗单导线中的波过程

5.1.1 波传播的物理概念

假设有一无限长的均匀无损的单导线,如图 5-1(a)所示,$t=0$ 时刻合闸直流电源,形成无限长直角波,单位长度线路的电容、电感分别为 C_0,L_0,线路参数看成是由无数很小的长度 ΔX 单元构成,如图 5-1(b)所示。

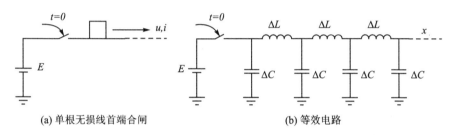

图 5-1 均匀无损的单导线

合闸后,在导线周围空间建立起电场,形成电压。靠近电源的电容立即充电,并向相邻的电容放电,由于线路电感的作用,较远处的电容要间隔一段时间才能充上一定数量的电荷,并向更远处的电容放电。这样沿线路逐渐建立起电场,将电场能储存于线路对地电容中,也就是说电压波以一定的速度沿线路 x 方向传播。随着线路的充放电将有电流流过导线的电感,即在导线周围空间建立起磁场,因此和电压波相对应,还有电流波以同样的速度沿 x 方向流动。综上所述,电压波和电流波沿线路的传播过程实质上就是电磁波沿线路传播的过程,电压波和电流波是在线路中传播的伴随而行的统一体。

5.1.2 波动方程及其解

为了求出无损单导线线路行波的表达式,令 x 为线路首端到线路上任意一点的距离。线路每一单元长度 dx 具有电感 $L_0 dx$ 和电容 $C_0 dx$,如图 5-2 所示,线路上的电压和电流都

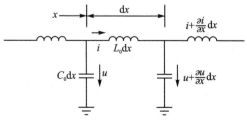

图 5-2 均匀无损单导线的单元等效电路

是距离和时间的函数。

根据节点电流方程 $\sum i = 0$ 可知

$$i = C_0 \mathrm{d}x \frac{\partial \left(u + \frac{\partial u}{\partial x}\mathrm{d}x\right)}{\partial t} + \left(i + \frac{\partial i}{\partial x}\mathrm{d}x\right)$$

根据回路电压方程 $\sum u = 0$ 可知

$$u = L_0 \mathrm{d}x \frac{\partial i}{\partial t} + \left(u + \frac{\partial u}{\partial x}\mathrm{d}x\right)$$

整理得

$$\frac{\partial i}{\partial x} + C_0 \frac{\partial u}{\partial t} = 0 \tag{5-1}$$

$$\frac{\partial u}{\partial x} + L_0 \frac{\partial i}{\partial t} = 0 \tag{5-2}$$

由式(5-1)对 x 再求导数,由式(5-2)对 t 再求导数,然后消去 i,并用类似的方法消去 u 得

$$\frac{\partial^2 u}{\partial x^2} = L_0 C_0 \frac{\partial^2 u}{\partial t^2} \tag{5-3}$$

$$\frac{\partial^2 i}{\partial x^2} = L_0 C_0 \frac{\partial^2 i}{\partial t^2} \tag{5-4}$$

式中,L_0,C_0——单位长度电感和电容。

通过拉普拉斯变换将 $u(x,t)$ 变换成 $U(x,S)$,$i(x,t)$ 变换成 $I(x,S)$,并假定线路电压和电流初始条件为零,利用拉氏变换的时域导数性质,将式(5-3)和式(5-4)变换成

$$\frac{\partial^2 U(x,S)}{\partial x^2} - R^2(S)U(x,S) = 0 \tag{5-5}$$

$$\frac{\partial^2 I(x,S)}{\partial x^2} - R^2(S)I(x,S) = 0 \tag{5-6}$$

其中,$R(S) = \pm S/v$。

根据 2 阶齐次线性微分方程性质,令 $v = \sqrt{\dfrac{1}{L_0 C_0}}$,则式(5-5)、式(5-6)的解为

$$U(x,S) = U_q(S)\mathrm{e}^{\frac{-S}{v}x} + U_f(S)\mathrm{e}^{\frac{S}{v}x} \tag{5-7}$$

$$I(x,S) = I_q(S)\mathrm{e}^{\frac{-S}{v}x} + I_f(S)\mathrm{e}^{\frac{S}{v}x} \tag{5-8}$$

将以上频域形式解变换到时域形式为

$$i(x,t) = i_q\left(t - \frac{x}{v}\right) + i_f\left(t + \frac{x}{v}\right) \tag{5-9}$$

$$u(x,t) = u_q\left(t - \frac{x}{v}\right) + u_f\left(t + \frac{x}{v}\right) \tag{5-10}$$

式(5-9)、式(5-10)就是均匀无损单导线波动方程的解。

应当怎样来理解式(5-9)和(5-10)呢？让我们以 $u_q(t-x/v)$ 为例，$u_q(t-x/v)$ 表示 u_q 是变量 $t-x/v$ 的函数，其定义是：当 $t<x/v$，$u_q(t-x/v)=0$；当 $t \geqslant x/v$，$u_q(t-x/v)$ 有值，假定当 $t=t_1$ 时，线路上位置为 x_1 的这一点的电压函数值为 U_a（见图5-3），则当时间由 t_1 变到 t_2 时，具有相同电压值 U_a 的点必须满足

$$t_1 - \frac{x_1}{v} = t_2 - \frac{x_2}{v}$$

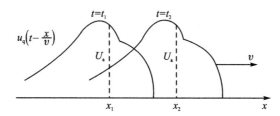

图 5-3 前行电压波 $u_q(t-x/v)$ 流动的示意图

即必须使 $t-x/v=$ 常数，将上式微分得

$$\frac{\mathrm{d}x}{\mathrm{d}t} = v$$

可见，式(5-9)和式(5-10)中的 v 实际上是一个速度。对固定的电压值 U_a 而言，它在导线上的坐标是以速度 v 向 x 正方向移动的，因此 $u_q(t-x/v)$ 代表一个以速度 v 向 x 正方向行进的电压波。同样可以说明，$u_f(t+x/v)$ 代表一个以速度 v 向 x 负方向行进的波。我们通常称 u_q 为前行电压波，u_f 为反行电压波。同理，i_q 是前行电流波，i_f 是反行电流波。

5.1.3 波速及波阻抗

在波动方程中，定义 v 为波传播的速度

$$v = \frac{1}{\sqrt{L_0 C_0}}$$

对于架空线路

$$v = \frac{1}{\sqrt{\mu_0 \varepsilon_0}}$$

即沿架空线传播的电磁波波速等于空气中的光速(3×10^8 m/s)。而对于一般电缆，波速 $v \approx 1.5 \times 10^8$ m/s，其传播速度低于架空线，因此减小电缆的介电常数可提高电磁波在电缆中传播速度。

定义波阻抗

$$Z = \frac{u_q}{i_q} = -\frac{u_f}{i_f} = \sqrt{L_0/C_0}$$

其中，u_q，i_q 分别为电压前行波和电流前行波，u_f，i_f 分别为电压反行波和电流反行波。

一般对单导线架空线而言,Z 为 500 Ω 左右,考虑电晕影响时取 400 Ω 左右。由于分裂导线和电缆的 L_0 较小而 C_0 较大,故分裂导线架空线路和电缆的波阻抗都较小,电缆的波阻抗约为十几欧姆至几十欧姆不等。

波阻抗 Z 表示了线路中同方向传播的电流波与电压波的数值关系,但不同极性的行波向不同的方向传播,需要规定一个正方向。电压波的符号只取决于导线对地电容上相应电荷的符号,和运动方向无关。而电流波的符号不但与相应的电荷符号有关,而且与电荷运动方向有关,根据习惯规定:沿 x 正方向运动的正电荷相应的电流波为正方向。在规定行波电流正方向的前提下,电流前行波 i_q 与电压前行波 u_q 总是同号,而电流反行波 i_f 与电压反行波 u_f 总是异号,即

$$\frac{u_q}{i_q} = Z$$

$$\frac{u_f}{i_f} = -Z$$

必须指出,分布参数线路的波阻抗与集中参数电路的电阻虽然有相同的量纲,但物理意义上有着本质的不同。

① 波阻抗表示向同一方向传播的电压波和电流波之间比值的大小;电磁波通过波阻抗为 Z 的无损线路时,其能量以电磁能的形式储存于周围介质中,而不像通过电阻那样被消耗掉。

② 为了区别不同方向的行波,Z 的前面应有正负号。

③ 如果导线上有前行波,又有反行波,两波相遇时,总电压和总电流的比值不再等于波阻抗,即

$$\frac{u}{i} = \frac{u_q + u_f}{i_q + i_f} = Z\frac{u_q + u_f}{u_q - u_f} \neq Z$$

④ 波阻抗的数值 Z 只与导线单位长度的电感 L_0 和电容 C_0 有关,而与线路长度无关。

5.2 行波的折射与反射

当波沿线路传播,且到达两个不同波阻抗线路的连接点或到达接有集中参数的结点时将会发生折射和反射。

5.2.1 行波的折射、反射规律

当波沿传输线传播,遇到线路参数发生突变,即波阻抗发生突变的节点时,都会在波阻抗发生突变的节点上产生折射和反射。

如图 5-4 所示,当无穷长直角波 u_{1q} 沿线路 1 达到 A 点后,在线路 1 上除 u_q,i_q 外,又会产生新的行波 u_f,i_f,因此线路上总的电压和电流为

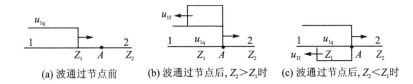

(a) 波通过节点前　　(b) 波通过节点后，$Z_2>Z_1$时　　(c) 波通过节点后，$Z_2<Z_1$时

图 5-4　波通过节点的折反射

$$\left.\begin{array}{l} u_1 = u_{1q} + u_{1f} \\ i_1 = i_{1q} + i_{1f} \end{array}\right\} \tag{5-11}$$

设线路 2 为无限长，或在线路 2 上未产生反射波前，线路 2 上只有前行波没有反行波，则线路 2 上的电压和电流为

$$\left.\begin{array}{l} u_2 = u_{2q} \\ i_2 = i_{2q} \end{array}\right\} \tag{5-12}$$

然而节点 A 只能有一个电压电流，因此其左右两边的电压电流相等，即 $u_1=u_2$，$i_1=i_2$，因此有

$$\left.\begin{array}{l} u_{2q} = u_{1q} + u_{1f} \\ i_{2q} = i_{1q} + i_{1f} \end{array}\right\} \tag{5-13}$$

将 $\dfrac{u_{1q}}{i_{1q}}=Z_1$，$\dfrac{u_{2q}}{i_{2q}}=Z_2$，$\dfrac{u_{1f}}{i_{1f}}=-Z_1$ 代入上式得

$$\left.\begin{array}{l} u_{2q} = \dfrac{2Z_2}{Z_1+Z_2} u_{1q} = \alpha_u u_{1q} \\[6pt] i_{2q} = \dfrac{2Z_1}{Z_1+Z_2} u_{1q} = \alpha_i i_{1q} \\[6pt] u_{2f} = \dfrac{Z_2-Z_1}{Z_1+Z_2} u_{1q} = \beta_u u_{1q} \\[6pt] i_{1f} = \dfrac{Z_1-Z_2}{Z_1+Z_2} i_{1q} = \beta_i i_{1q} \end{array}\right\} \tag{5-14}$$

式中，α——折射系数；β——反射系数。

$$\left.\begin{array}{l} \alpha_u = \dfrac{2Z_2}{Z_1+Z_2} \\[6pt] \alpha_i = \dfrac{2Z_1}{Z_1+Z_2} \\[6pt] \beta_u = \dfrac{Z_2-Z_1}{Z_1+Z_2} \\[6pt] \beta_i = \dfrac{Z_1-Z_2}{Z_1+Z_2} \end{array}\right\} \tag{5-15}$$

以上公式尽管是由两段波阻抗不同的传输线所推导的，也适用于线路末端接有不同负载的情况。

折射系数的值永远是正的，这说明折射电压波 u_{2q} 总是和入射电压波 u_{1q} 同极性的,当 $Z_2=0$ 时,$\alpha_u=0$,当 $Z_2\rightarrow\infty$ 时,$\alpha_u\rightarrow 2$,因此 $0\leqslant\alpha_u\leqslant 2$。反射系数可正可负,当 $Z_2=0$ 时,$\beta_u=-1$,当 $Z_2\rightarrow\infty$ 时,$\beta_u=1$,因此 $-1\leqslant\beta_u\leqslant 1$。同理可知,$0\leqslant\alpha_i\leqslant 2$,$-1\leqslant\beta_i\leqslant 1$。折射系数 α 与反射系数 β 满足下面的关系:

$$\alpha = 1 + \beta \tag{5-16}$$

下面举几个简单的例子。

【例 5-1】 线路 Z_1 末端开路,沿线路 Z_1 有一无限长直角波 u_{1q} 向前传播,如图 5-5 所示。

线路 Z_1 末端开路,相当于末端接有一条 $Z_2\rightarrow\infty$ 的线路,因此根据式(5-14)和式(5-15),可得

$$u_{1f} = u_{1q}, \quad u_{2q} = u_2 = 2u_{1q}$$
$$i_{1f} = -i_{1q}, \quad i_{2q} = i_2 = 0$$

即

$$\alpha_u = 2, \quad \beta_u = 1$$
$$\alpha_i = 0, \quad \beta_i = -1$$

这表明当 u_{1q} 到达末端时将发生折反射,反射电压波等于入射电压波,折射电压波即末端电压将上升一倍,末端电流为零,反射电压波将自末端返回传播,所到之处将使电压上升一倍,电流降为零值。反射电压波到达处的全部磁场能量将转变为电场能量,从而使电压上升一倍。

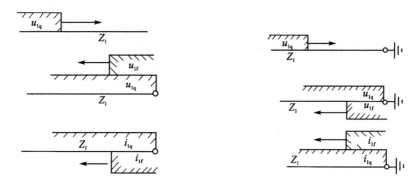

图 5-5 线路末端断开时的折反射　　图 5-6 线路末端短路时的折反射

【例 5-2】 线路 Z_1 末端短路接地,如图 5-6 所示,线路 Z_1 末端短路接地相当于在末端接有一条 $Z_2=0$ 的线路,因此根据式(5-14)和式(5-15),可得

$$u_{1f} = -u_{1q}, \quad u_2 = u_{2q} = 0$$
$$i_{1f} = i_{1q}, \quad i_2 = 2i_{1q}$$

即

$$\alpha_u = 0, \quad \beta_u = -1$$
$$\alpha_i = 2, \quad \beta_i = 1$$

这表明,当 u_{1q} 到达末端时将发生折反射,反射电压波等于负的入射电压波,末端电压即折射电压波 u_{2q} 等于零,末端电流将增加一倍,反射电压波所到之处将使电压

降为零值.使电流上升一倍,反射电压波所到之处的全部电场能量将转变成为磁场能量,从而使电流上升一倍。

【例 5-3】 两条不同波阻抗 Z_1, Z_2 线路的连接,如图 5-7 所示。

若 $Z_2 < Z_1$,则 $\alpha_u < 1$, $\beta_u < 0$,反射电压 $u_{1f} < 0$,折射电压 $u_{2q} < u_{1q}$。

若 $Z_2 > Z_1$,则 $\alpha_u > 1$, $\beta_u > 0$,反射电压 $u_{1f} > 0$,折射电压 $u_{2q} > u_{1q}$。

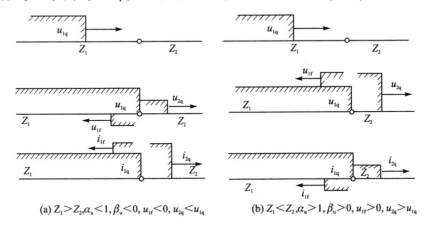

(a) $Z_1 > Z_2$, $\alpha_u < 1$, $\beta_u < 0$, $u_{1f} < 0$, $u_{2q} < u_{1q}$　　(b) $Z_1 < Z_2$, $\alpha_u > 1$, $\beta_u > 0$, $u_{1f} > 0$, $u_{2q} > u_{1q}$

图 5-7　$Z_2 \neq Z_1$ 时波的折反射

下面来讨论线路 Z_1 末端接一集中参数电阻 R 时的情况,如图 5-8(a)所示,u_{1q} 到达电阻 R 处发生折反射,折射电压等于电阻 R 上的电压,此时,电压的折反射系数分别为

$$\alpha_u = \frac{2R}{Z_1 + R}, \quad \beta_u = \frac{R - Z_1}{Z_1 + R}$$

电阻 R 上的电压 u_R 为

$$u_R = \alpha_u u_{1q} = \frac{R}{Z_1 + R} 2u_{1q}$$

等值电路见图 5-8(b)。

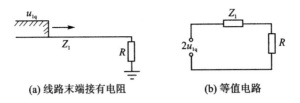

(a) 线路末端接有电阻　　(b) 等值电路

图 5-8　线路末端接有电阻 R 时计算折射电压的等值电路

如果末端电阻 R 等于线路波阻抗 Z_1,则 $\alpha_u = 1$, $\beta_u = 0$,即 u_{1q} 到达 R 处,将不发生折反射。

5.2.2 彼德逊法则

在两条不同波阻抗线路相连的情况下，波阻抗为 Z_1 的线路上有电压行波 u_{1q} 向连接点 A 传播，如图 5-9(a)所示，为了要决定结点 A 上的电压（即线路 Z_2 上的折射电压 u_{2q}），可以根据式(5-14)将此问题化为图 5-9(b)所示的一个集中参数的等值电路来求解，按式(5-14)得

$$u_{2q} = \frac{2u_{1q}}{Z_1 + Z_2} Z_2$$

故此电路可看成由一个内阻值为线路波阻 Z_1，电动势为入射波二倍（即 $2u_{1q}$）的电源连接于一个阻值等于 Z_2 的电阻所构成。在此电路中，Z_2 上的电压即为折射电压波 u_{2q}。这个法则称为彼德逊法则。利用这一法则，可以把分布参数电路中的波过程的许多问题简化成我们所熟悉的集中参数电路的计算。必须强调，使用上述彼德逊法则求解结点电压时，其先决条件是线路 Z_2 中没有反行波或 Z_2 中的反行波尚未到达结点 A。在满足上述条件下，对于入射波 u_{1q} 来说，连接了结点 A 的线路 Z_2 相当于一阻值等于波阻抗 Z_2 的一个集中参数电阻。

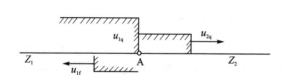
(a) 入射波电压 u_{1q} 在结点A的折反射

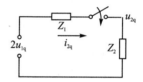
(b) 计算Z_2上折射电压u_{2q}的彼德逊等值电路

图 5-9 彼德逊法则

【例 5-4】 某变电所母线上接有 n 条线路，其中某一线路落雷，电压幅值为 U_0，雷电波自该线路侵入变电所，如图 5-10(a)所示，求母线上的电压。

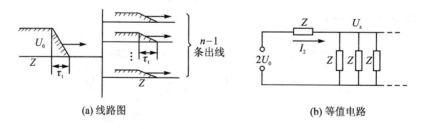

(a) 线路图　　　　　　　　(b) 等值电路

图 5-10 波入侵变电所的等值电路

解：变电所的 n 条出线的波阻抗相等，其值为 Z，在非落雷线路上的反行波尚未到达母线时，根据彼德逊法则可画出等值电路如图 5-10(b)所示，其中 I_2 为

$$I_2 = \frac{2U_0}{Z + \dfrac{Z}{n-1}}$$

母线上电压幅值 $U_2 = I_2 \dfrac{Z}{n-1} = \dfrac{2U_0}{n} = \alpha U_0$,式中 $\alpha = \dfrac{2}{n}$ 为折射系数,从以上分析可知,连在母线上的线路愈多则母线上的电压和其上升速度就愈低。

5.3 行波通过串联电感和并联电容

在电力系统中常常会遇到线路和电感与电容的各种方式的连接。在线路上串联电感和并联电容是常见的方式,电感、电容的存在将使线路上行波的波形和幅值发生变化,下面分析其影响。

5.3.1 无限长直角波通过串联电感

图 5-11 所示为一无限长直角波 u_{1q} 投射到具有串联电感 L 的线路上的情况,L 前后两线路的波阻抗分别为 Z_1 及 Z_2,当 Z_2 中的反行波尚未到达两线连接点时,其等值电路如图 5-11(a)所示,由此可得

$$2u_{1q} = i_{2q}(Z_1 + Z_2) + L\dfrac{\mathrm{d}i_{2q}}{\mathrm{d}t}$$

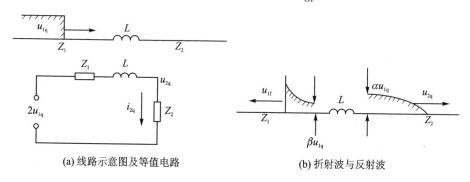

(a) 线路示意图及等值电路 (b) 折射波与反射波

图 5-11 行波通过串联电感

式中,i_{2q} 为线路 Z_2 中的前行电流波,解之得

$$i_{2q} = \dfrac{2u_{1q}}{Z_1 + Z_2}(1 - \mathrm{e}^{-\frac{t}{T}}) \qquad (5-17)$$

沿线路 Z_2 传播的折射电压波 u_{2q} 为

$$u_{2q} = i_{2q}Z_2 = \dfrac{2Z_2}{Z_1 + Z_2}u_{1q}(1 - \mathrm{e}^{-\frac{t}{T}}) = \alpha u_{1q}(1 - \mathrm{e}^{-\frac{t}{T}}) \qquad (5-18)$$

式中,T——该电路的时间常数,$T = \dfrac{L}{Z_1 + Z_2}$;α——电压折射系数,$\alpha = \dfrac{2Z_2}{Z_1 + Z_2}$。

从式(5-18)可知,u_{2q} 由强制分量 αu_{1q} 和自由分量 $-\alpha u_{1q}\mathrm{e}^{-\frac{t}{T}}$ 所组成,自由分量的衰减速度由电路时间常数 T 所决定。

因线路 Z_1 与 Z_2 相串联,故 Z_1 中电流 i_1 与 Z_2 中电流 i_{2q} 相等,即

$$i_1 = \frac{u_{1q}}{Z_1} - \frac{u_{1f}}{Z_1} = i_{2q} = \frac{u_{2q}}{Z_2}$$

式中，u_{1f}——Z_1 中的反射电压波。

由此可解得

$$u_{1f} = \frac{Z_2 - Z_1}{Z_1 + Z_2} u_{1q} + \frac{2Z_1}{Z_1 + Z_2} u_{1q} e^{-\frac{t}{T}} \quad (5-19)$$

从式(5-19)可知，当 $t=0$ 时，$u_{1f} = u_{1q}$，这是由于电感中的电流不能突变，初始瞬间电感相当于开路的缘故，全部磁场能量转变为电场能量，使电压上升一倍，随后根据时间常数按指数变化，见图 5-11(b)，当 $t \to \infty$ 时，$u_{1f} \to \beta u_{1q}$，$\beta = \frac{Z_2 - Z_1}{Z_1 + Z_2}$。

线路 Z_2 中的折射电压 u_{2q} 随时间按指数规律增长。如图 5-11(b)所示，当 $t=0$ 时，$u_{2q}=0$；当 $t \to \infty$ 时，$u_{2q} \to \alpha u_{1q}$，这说明无限长直角波通过电感后改变为一指数波头的行波，串联电感起了降低来波上升速率的作用。在以后将会看到，降低行波的上升速率(即陡度)对电力系统的防雷保护具有很重要的意义。

由式(5-18)可得出折射波 u_{2q} 的陡度为

$$\frac{du_{2q}}{dt} = \frac{2u_{1q} Z_2}{L} e^{-\frac{t}{T}} \quad (5-20)$$

当 $t=0$ 时，陡度最大，即

$$\left(\frac{du_{2q}}{dt}\right)_{max} = \frac{du_{2q}}{dt}\bigg|_{t=0} = \frac{2u_{1q} Z_2}{L} \quad (5-21)$$

式(5-21)表明，最大陡度与 Z_1 无关，而仅由 Z_2 和 L 所决定，L 越大，则陡度降低越多。

5.3.2 无限长直角波通过并联电容

图 5-12 所示为一无限长直角波 u_{1q} 投射到并联电容 C 的线路上的情况，若 Z_2 中的反行波尚未到达两线连接点，则等值电路如图 5-12(a)所示，由此可得

$$2u_{1q} = i_1 Z_1 + i_{2q} Z_2$$

$$i_1 = i_{2q} + C \frac{du_{2q}}{dt} = i_{2q} + CZ_2 \frac{di_{2q}}{dt}$$

两式联合可得

$$i_{2q} = \frac{2u_{1q}}{Z_1 + Z_2}\left(1 - e^{-\frac{t}{T}}\right) \quad (5-22)$$

$$u_{2q} = i_{2q} Z_2 = \frac{2Z_2}{Z_1 + Z_2} u_{1q}\left(1 - e^{-\frac{t}{T}}\right) = \alpha u_{1q}\left(1 - e^{-\frac{t}{T}}\right) \quad (5-23)$$

式(5-22)中，$T = \frac{Z_1 Z_2}{Z_1 + Z_2} C$，为该电路的时间常数。式(5-23)中 $\alpha = \frac{2Z_2}{Z_1 + Z_2}$，为电压折射系数。

因

$$u_1 = u_{1q} + u_{1f} = u_{2q}$$

故
$$u_{1f} = u_{2q} - u_{1q} = \frac{Z_2 - Z_1}{Z_1 + Z_2} u_{1q} - \frac{2Z_2}{Z_1 + Z_2} u_{1q} e^{-\frac{t}{T}} \quad (5-24)$$

式(5-24)表明,当 $t=0$ 时,$u_{1f} = -u_{1q}$,这是由于电容上的电压不能突变,初始瞬间全部电场能量转变为磁场能量,相当于短路的缘故,随后则根据时间常数按指数规律变化,如图 5-12(b)所示。当 $t \to \infty$ 时,$u_{1f} \to \beta u_{1q}$,$\beta = \frac{Z_2 - Z_1}{Z_1 + Z_2}$。

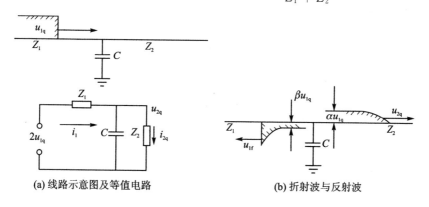

图 5-12 行波通过并联电容

线路 Z_2 中的折射电压 u_{2q} 随时间按指数规律增长。如图 5-12(b)所示,当 $t=0$ 时,$u_{2q} = 0$;当 $t \to \infty$ 时,$u_{2q} \to \alpha u_{1q}$。这表明并联电容的作用和串联电感一样,可以使入侵波的波头变平缓。

从式(5-23)可得 u_{2q} 的陡度为

$$\frac{du_{2q}}{dt} = \frac{2u_{1q}}{Z_1 C} e^{-\frac{t}{T}} \quad (5-25)$$

当 $t=0$ 时,陡度最大,即

$$\left(\frac{du_{2q}}{dt}\right)_{max} = \frac{du_{2q}}{dt}\bigg|_{t=0} = \frac{2u_{1q}}{Z_1 C} \quad (5-26)$$

这表明,最大陡度取决于电容 C 和 Z_1,而与 Z_2 无关。

从上述可知,为了降低入侵波的陡度可以使用串联电感或并联电容的措施。对于波阻抗很大的设备(如发电机),要想用串联电感来降低入侵波陡度一般是很困难的,通常用并联电容的办法。

近年来,利用电感线圈(400~1 000 μH)以降低入侵波陡度,作为配电站进线防雷保护的方法也有所应用。以上只讨论了无限长直角波入侵的情况,对于任意波形入侵波的情况,可应用卷积积分来求解。

5.4 行波的多次折、反射

在前面几节中只限于讨论线路为无限长的情况,而在实际电网中,线路总是有限长的,经常会遇到波在两个或多个节点之间来回多次折、反射的问题。例如,发电机或充气绝缘变电所(GIS)经过电缆段连接到架空线路上,当雷电波入侵时,波将在电缆段间发生多次折、反射。

下面以两条无限长线路之间接入一段有限长线路的情况为例,讨论用网格法研究波的多次折、反射问题。网格法的特点就是用各节点的折、反射系数算出节点的各次折、反射波,按时间的先后次序表示在网格图上,然后用叠加的方法求出各节点在不同时刻的电压值。

根据相邻两线路的波阻抗,求出节点的折、反射系数如下:

$$\alpha_1 = \frac{2Z_0}{Z_0 + Z_1}, \qquad \alpha_2 = \frac{2Z_2}{Z_0 + Z_2}$$
$$\beta_1 = \frac{Z_1 - Z_0}{Z_1 + Z_0}, \qquad \beta_2 = \frac{Z_2 - Z_0}{Z_2 + Z_0}$$

如图 5-13 所示网格图,当 $t=0$ 时,波 $u(t)$ 到达 1 点后,进入 Z_0 的折射波为 $\alpha_1 u(t)$;此折射波于 $t=\tau$ 时到达 2 点后,产生进入 Z_2 的折射波 $\alpha_1\alpha_2 u(t-\tau)$ 和返回 Z_0 的反射波 $\alpha_1\beta_2 u(t-\tau)$,其中 $\tau=l/v$;这一反射波于 $t=2\tau$ 时回到 1 点后又被重新反射回去,成为 $\alpha_1\beta_2\beta_1 u(t-2\tau)$;它于 $t=3\tau$ 时到达 2 点又产生新的折射波 $\alpha_1\alpha_2\beta_2\beta_1 u(t-3\tau)$ 和新的反射波 $\alpha_1\beta_1\beta_2^2 u(t-3\tau)\cdots$,如此继续下去,经过 n 次折射后,进入 Z_2 线路的电压波,即节点 2 上的电压 $u_2(t)$ 是所有这些折射波的叠加,但要注意它们到达时间的先后。其数学表达式为

$$u_2(t) = \alpha_1\alpha_2 u(t-\tau) + \alpha_1\alpha_2\beta_2\beta_1 u(t-3\tau) + \alpha_1\alpha_2(\beta_2\beta_1)^2 u(t-5\tau) + \cdots$$
$$+ \alpha_1\alpha_2(\beta_2\beta_1)^{n-1} u(t-(2n-1)\tau) \tag{5-27}$$

显然 $u_2(t)$ 的数值和波形与外加电压 $u(t)$ 的波形有关。若 $u(t)$ 是幅值为 E 的无穷长

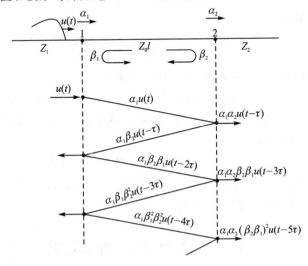

图 5-13 计算多次折、反射的网格图

直角波。则经过 n 次折射后,线路 Z_2 的电压波为

$$U_2 = E\alpha_1\alpha_2 [1 + \beta_1\beta_2 + (\beta_1\beta_2)^2 + \cdots + (\beta_1\beta_2)^{n-1}]$$
$$= E\alpha_1\alpha_2 \frac{1-(\beta_1\beta_2)^{n-1}}{1-\beta_1\beta_2}$$

当 $t\to\infty$ 时,$(\beta_1\beta_2)^n \to 0$,则有

$$U_2 = E\alpha_1\alpha_2 \frac{1}{1-\beta_1\beta_2} \tag{5-28}$$

至于在直角波作用下 $u_2(t)$ 的波形,可由式 $2i_{1f} = u_2/Z_1 + i_2$ 计算得到。从该式中可看到,若 β_1 与 β_2 同号,则 $\beta_1\beta_2 > 0$,$u_2(t)$ 的波形为逐渐递增的;若 β_1 与 β_2 异号,则 $\beta_1\beta_2 < 0$,$u_2(t)$ 的波形呈振荡形。

5.5 无损耗平行多导线中的波过程

前面讨论的是单导线中的波过程,而实际输电线路都是多导线的。例如交流高压线路可能是 5 根(单回路 3 相导线和 2 根避雷线)或 8 根(同杆双回 6 相导线和 2 根避雷线)平行导线,双极直流高压线路可能是 3 根或 4 根平行导线(2 根直流导线、1 根或 2 根避雷线)。这时波在平行多导线系统中传播,将产生相互耦合作用。

设有 n 根平行导线,其静电方程为

$$u_1 = \alpha_{11}q_1 + \alpha_{12}q_2 + \cdots + \alpha_{1k}q_k + \cdots + \alpha_{1n}q_n$$
$$\vdots$$
$$u_k = \alpha_{k1}q_1 + \alpha_{k2}q_2 + \cdots + \alpha_{kk}q_k + \cdots + \alpha_{kn}q_n$$
$$\vdots$$
$$u_n = \alpha_{n1}q_1 + \alpha_{n2}q_2 + \cdots + \alpha_{nk}q_k + \cdots + \alpha_{nn}q_n$$

写成矩阵形式为

$$\boldsymbol{u} = \boldsymbol{A}\boldsymbol{q} \tag{5-29}$$

式中,u——各导线上的电位(对地电压)列向量,$\boldsymbol{u}=(u_1,u_2,\cdots,u_n)^{\mathrm{T}}$;

q——各导线单位长度上的电荷列向量,$\boldsymbol{q}=(q_1,q_2,\cdots,q_n)^{\mathrm{T}}$;

A——电位系数矩阵;

α_{kk}——第 k 根导线的自电位系数;

α_{kn}——第 k 根导线与第 n 根导线的互电位系数。

α_{kk},α_{kn} 可由下式计算:

$$\alpha_{kk} = \frac{1}{2\pi\varepsilon_0}\ln\frac{H_{kk}}{r_k}$$
$$\alpha_{kn} = \frac{1}{2\pi\varepsilon_0}\ln\frac{H_{kn}}{D_{kn}}$$

其中,H_{kk},H_{kn},r_k,D_{kn} 的值如图 5-14 所示。

将静电方程(5-29)右边乘以 v/v,其中 v 为传播速度,$v = 1/\sqrt{\mu_0\varepsilon_0}$;考虑到

$q_k v = i_k$,i_k 为第 k 根导线中的电流,即 $qv = i$,$i = (i_1, i_2, \cdots, i_n)$ 为各导线上的电流列向量,则式(5-29)可改写为

$$u = Zi \quad (5-30)$$

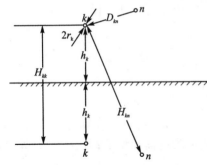

这就是平行多导线系统的电压方程。式中 $Z = A/v$ 为平行多导线系统的波阻抗矩阵,则导线 k 的自波阻抗为

$$Z_{kk} = \frac{\alpha_{kk}}{v} = \frac{1}{2\pi}\sqrt{\frac{\mu_0}{\varepsilon_0}}\ln\frac{H_{kk}}{r_k}$$

导线 k 的互波阻抗为

$$Z_{kn} = \frac{\alpha_{kn}}{v} = \frac{1}{2\pi}\sqrt{\frac{\mu_0}{\varepsilon_0}}\ln\frac{H_{kn}}{D_{kn}}$$

图 5-14 多导线系统电位系数计算

若线路中同时存在前行波 u_f, i_f 和反行波 u_b, i_b,则有

$$\left. \begin{aligned} u_{2f} &= u_{1f} + u_{1b} \\ u &= u_f + u_b \\ i &= i_f + i_b \\ u_f &= Z i_f \\ u_b &= -Z i_b \end{aligned} \right\} \quad (5-31)$$

根据不同的具体边界条件,应用以上各式就可以求解平行多导线系统的波过程。下面我们来分析几个典型的例子。

【例 5-5】 二平行导线系统如图 5-15 所示,雷击于导线 1,导线 2 对地绝缘,雷击时相当于有一很大的电流注入导线 1,此电流引起的电压波 u_1 自雷击点沿导线 1 向两侧运动,试求导线 2 的电压 u_2。

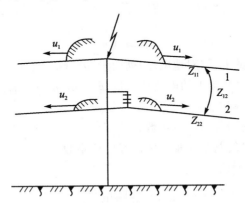

图 5-15 二平行导线系统,导线 1 受雷击,导线 2 对地绝缘

解:对此系统可列出下列方程

$$u_1 = Z_{11}i_1 + Z_{12}i_2$$
$$u_2 = Z_{21}i_1 + Z_{22}i_2$$

因为导线 2 是对地绝缘的,故 $i_2=0$,于是得

$$u_2 = \frac{Z_{12}}{Z_{11}} u_1 = k_0 u_1 \qquad (5-32)$$

式中 $k_0 = Z_{12}/Z_{11}$,称为导线 1,2 间的几何耦合系数,其值仅由导线 1 及导线 2 间的相对位置及几何尺寸所决定。式(5-32)表明,导线 1 上的电压波 u_1 传播时,在导线 2 上将被感应出一个极性和波形都与 u_1 相同的电压波 u_2,耦合系数 k_0 表示导线 2 上的被感应电压 u_2 与导线 1 上的感应电压 u_1 之间的比值。

因为 $Z_{12} < Z_{11}$,故耦合系数永远小于1,即 $k<1$,导线 1,2 间的电位差为 $u_1-u_2=(1-k)u_1$,耦合系数 k 愈大,则导线 1,2 间的电位差愈小。若导线 1 为输电线上的避雷线,导线 2 为相线,则雷击避雷线时,相线与避雷线之间的绝缘所承受的电压值取决于耦合系数 k,k 愈大,则绝缘上所受的电压值愈低,由此可见,耦合系数对防雷保护是有很大影响的。

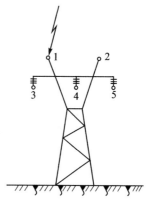

图 5-16　雷击有两根避雷线的线路

【例 5-6】　一带有两根避雷线的输电线路,避雷线受雷击,如图 5-16 所示,求导线与地线间的耦合系数。

解:因为导线 3,4,5 是对地绝缘的,故 $i_3=i_4=i_5=0$,由此可得

$$u_1 = Z_{11}i_1 + Z_{12}i_2$$
$$u_2 = Z_{21}i_1 + Z_{22}i_2$$
$$u_3 = Z_{31}i_1 + Z_{32}i_2$$
$$u_4 = Z_{41}i_1 + Z_{42}i_2$$
$$u_5 = Z_{51}i_1 + Z_{52}i_2$$

两根避雷线是对称的,故 $u_1=u_2$,$i_1=i_2$,$Z_{11}=Z_{22}$。于是可解得边相导线 3 与两避雷线间的耦合系数为

$$k = \frac{u_3}{u_1} = \frac{Z_{13}+Z_{23}}{Z_{11}+Z_{12}} = \frac{Z_{13}/Z_{11}+Z_{23}/Z_{11}}{1+Z_{12}/Z_{11}} = \frac{k_{13}+k_{23}}{1+k_{12}} \qquad (5-33)$$

式中,k_{12} 为导线 1,2 间的耦合系数,k_{13},k_{23} 分别为导线 3,1 间和 3,2 间的耦合系数。

同理,可求得导线 4,5 与两避雷线间的耦合系数,显然,导线 5 与两避雷线间的耦合系数与式(5-33)相同。

【例 5-7】　一对称三相系统,电压波沿二相导线同时入侵,如图 5-17 所示,求此时的三相等值波阻抗。

解:可列出下列方程

$$u_1 = Z_{11}i_1 + Z_{12}i_2 + Z_{13}i_3$$
$$u_2 = Z_{21}i_1 + Z_{22}i_2 + Z_{23}i_3$$

$$u_3 = Z_{31}i_1 + Z_{32}i_2 + Z_{33}i_3$$

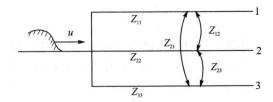

图 5-17 波沿三相导线同时入侵

因三相导线对称分布,故 $u_1 = u_2 = u_3 = u$,$i_1 = i_2 = i_3 = i$,$Z_{11} = Z_{22} = Z_{33} = Z$,$Z_{12} = Z_{23} = Z_{31} = Z'$,代入上述方程后,可解得

$$u = Zi + 2Z'i = (Z + 2Z')i = Z_s i$$

式中,$Z_s = Z + 2Z'$,为三相同时进波时每相导线的等值波阻抗,此值较单相进波时为大,其物理含义是:在相邻导线中传播的电压波在本导线中感应出反电动势,阻碍了电流在导线中的传播,因而使其波阻抗增大。

此三根导线的合成波阻抗 Z_{s3} 为

$$Z_{s3} = \frac{Z_s}{3} = \frac{Z + 2Z'}{3} \tag{5-34}$$

同理,若有 n 根平行导线,其自波阻抗及互波阻抗分别为 Z 及 Z',则 n 根导线的合成波阻抗 Z_{an} 应为

$$Z_{an} = \frac{Z + (n-1)Z'}{n} \tag{5-35}$$

【例 5-8】 试分析电缆芯与电缆外皮的耦合关系。设电缆芯与电缆外皮在始端相连,有一电压波 u 自始端传入,电缆芯的电流波为 i_1,沿电缆外皮中的电流波为 i_2,如图 5-18 所示,缆芯与缆皮为二平行导线系统,由 i_2 产生的磁通完全与缆芯相匝链,电缆外皮上的电位将全部传到缆芯上,故缆皮的自波阻抗 Z_{22} 等于缆皮与缆芯间的互波阻抗 Z_{12},即 $Z_{22} = Z_{12}$。

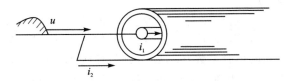

图 5-18 行波沿电缆缆芯缆皮传播

缆芯中的电流 i_1 产生的磁通仅部分与缆皮相匝链,故缆芯的自波阻抗 Z_{11} 大于缆芯与缆皮间的互波阻抗 Z_{12},即 $Z_{11} > Z_{12}$。可列出下列方程:

$$u = Z_{11}i_1 + Z_{12}i_2$$
$$u = Z_{21}i_1 + Z_{22}i_2$$

即

$$Z_{11}i_1 + Z_{12}i_2 = Z_{21}i_1 + Z_{22}i_2$$

但因 $Z_{12}=Z_{22}$，而 $Z_{11}>Z_{12}$，故在此条件下仍要满足上述等式，则 i_1 必须为零，即沿缆芯应无电流流过，全部电流波被"驱逐"到电缆外皮中去了。其物理含义为：当电流在缆皮上传播时，缆芯上就被感应出与电缆外皮电压（即入侵波）相等的电动势，阻止了缆芯中电流的流通，此现象与导线中的集肤效应相似，在直配线发电机的防雷保护接线中得到广泛的应用。

5.6 冲击电晕对线路波过程的影响

在电网中，导线和大地的电阻会引起行波的衰减和变形，线路多数随频率而变的特性也会引起行波的畸变，此外，在过电压作用下导线上出现电晕将是引起行波衰减和变形的主要因素。当雷击或出现操作过电压时，若导线上的冲击电压超过起始电晕电压，则导线上将发生冲击电晕。形成冲击电晕所需的时间极短，约零点零几微秒，可以认为冲击电晕的发生只与电压的瞬时值有关而无时延。

冲击电导的强烈程度与电压大小有关，因此电晕是一个非线性的因素，正负极性的冲击电晕由于空间电荷的分布和作用不同而有差异。实践表明，负极性电晕对过电压波的衰减和变形比较小，对过电压保护不利。而雷击又大部分是负极性的，因而应着重考虑负极性电晕的影响。

5.6.1 对导线耦合系数的影响

出现电晕后，在导线周围形成导电性能较好的电晕套，在此电晕区内，径向电导增大、径向电位梯度减小，相当于扩大了导线的有效半径，因而与其他导线的耦合系数也增大了。前节所述的耦合系数，未考虑电晕，其值仅取决于导线的几何尺寸及其相互位置，所以又称几何耦合系数 k_0。出现冲击电晕后，输电线路与避雷线的耦合系数增大为

$$k = k_1 k_0 \tag{5-36}$$

式中，k_1——电晕校正系数，其值如表 5-1 所示。

表 5-1 耦合系数的电晕校正系数 k_1

线路电压等级/kV	20~35	66~110	154~330	500
双避雷线	1.1	1.2	1.25	1.28
单避雷线	1.15	1.25	1.3	—

5.6.2 对波阻抗和波速的影响

电晕的出现相当于扩大了导线的有效半径，增大了单位长度导线对地的电容 C_0；另一方面，轴向电流仍全部集中在导线内，所以单位长度导线的电感 L_0 基本不变。根据波阻抗的表达式 $Z=1/\sqrt{C_0/L_0}$，有冲击电晕时，波阻抗将减小，一般可减小

20%~30%。根据波速的表达式 $v=1/\sqrt{C_0 L_0}$,有冲击电晕时波速减小。当冲击电晕强烈时,可减小到 0.75 倍光速。

DL/T 620—1997 建议,在雷击杆塔时,导线和避雷线的波阻抗可取为 400 Ω,二根避雷线的波阻抗可取为 250 Ω,此时波速可近似取为光速。由于雷击避雷线档距中央时电位较高,电晕比较强烈,故 DL/T 620—1997 建议,在一般计算时避雷线的波阻抗可取为 350 Ω,波速可取为 0.75 倍光速。

5.6.3 对波形的影响

由于电晕要消耗能量,消耗能量的大小又与电压的瞬时值有关,故将使行波发生衰减的同时伴有波形的畸变,实践表明,由冲击电晕引起的行波衰减和变形的典型图形如图 5-19 所示,曲线 1 表示原始波形,曲线 2 表示行波传播距离 l 后的波形。从图可以看到,当电压高于电晕起始电压后,波形开始衰减和变形,可以把这种变形看成是电压高于 u_k 的各个点由于电晕使线路对地电容增加而以不同的波速向前运动所产生的结果。图中低于 u_k 的部分,由于不发生电晕而仍以光速前进,图中 A 点由于产生了电晕,它就

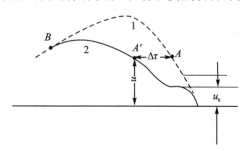

图 5-19 由电晕引起的行波衰减和变形

以比光速小的速度 v_k 前进,在行经 l 距离后它就落后了 Δτ 时间而变成图中 A′点,因电晕的强烈程度与电压 u 有关,故 v_k 就必然是电压 u 的函数,通常称 v_k 为相速度,这种计算由电晕引起的行波变形的方法称为相速度法,显然,Δτ 将是行波传播距离 l 和电压 u 的函数,DL/T 620—1997 建议采用的经验公式为

$$\Delta\tau = l\left(0.5 + \frac{0.008u}{h}\right) \quad (5-37)$$

式中,l——行波传播距离,km;u——行波电压,kV;h——导线对地平均高度,m。

实测表明,电晕在波尾上将停止发展,并且电晕圈逐步消失,衰减后的波形与原始波形的波尾相交点即可近似视为衰减后波形之波幅,如图中 B 点,其波尾与原始波形的波尾大体上相同。

5.7 变压器绕组中的波过程

电力变压器在运行中是与输电线路连在一起的,因此它们经常受到来自线路的过电压波的侵袭,这时在绕组内部将出现很复杂的电磁振荡过程,在绕组的主绝缘(对地和对其他两相绕组的绝缘)和纵绝缘(匝间、层间、线饼间等绝缘)上出现过电压。这种在冲击电压作用下产生的过电压,主要由绕组内部的电磁振荡过程和绕组

之间的静电感应、电磁感应过程引起,这两个过程统称为变压器绕组中的波过程。一般情况下两种过程同时发生,但由于具体条件不同,总是某一过程起主导作用。

5.7.1 单相绕组中的波过程

为了简化计算,便于定性分析,略去绕组损耗和互感,并假定绕组的电感、纵向电容、对地电容都是均匀的分布参数,可得变压器绕组的简化等效电路,如图 5-20 所示。

当幅值为 U_0 的无限长直角波作用于图 5-20 的等效电路时,因电感支路中的电流不能突变,故在 $t=0$ 的初始瞬间,$L_0 \mathrm{d}x$ 支路不会有电流流过,相当于电感支路开路。这时变压器的等值电路可进一步简化为一电容链,如图 5-21 所示。因为绕组的长度不大,位移电流沿纵向电容 $K_0/\mathrm{d}x$ 扩散很快,电位在一瞬间就遍及整个绕组。但由于对地电容的充电作用,使流过 $K_0/\mathrm{d}x$ 的电流不等,越靠近首端,流过的电流越大,因此沿绕组的起始电位分布很不均匀。

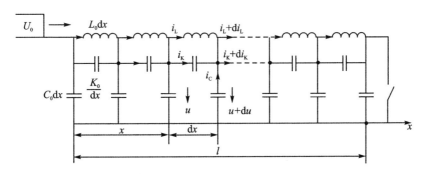

图 5-20 变压器绕组的等效电路

由图 5-21 可列出微分方程

$$\frac{\mathrm{d}^2 u}{\mathrm{d}x^2} - \alpha^2 u = 0 \tag{5-38}$$

式中,α——变压器绕组的空间利用系数,$\alpha = \sqrt{C_0/K_0}$。

方程(5-38)的解为

$$u = A\mathrm{e}^{\alpha x} + B\mathrm{e}^{-\alpha x}$$

根据边界条件定出常数 A,B,即可得出变压器的初始电位分布。

绕组末端(中性点)接地时

$$u = U_0 \frac{\mathrm{sh}\, \alpha(l-x)}{\mathrm{sh}\, \alpha l} \tag{5-39}$$

绕组末端(中性点)不接地时

$$u = U_0 \frac{\mathrm{ch}\, \alpha(l-x)}{\mathrm{ch}\, \alpha l} \tag{5-40}$$

其中
$$\alpha l = \sqrt{\frac{C_0}{K_0}} l = \sqrt{\frac{C}{K}}$$

C,K 分别为绕组的对地总电容、纵向总电容。

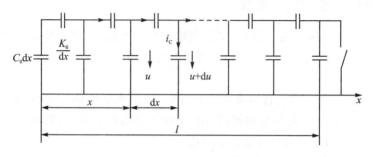

图 5-21　$t=0$ 瞬间变压器等效电路

对于未采取特殊措施的普通连续式绕组，αl 为 5～15，平均约为 10。当 $\alpha l > 5$ 时，$\operatorname{sh} \alpha l \approx \operatorname{ch} \alpha l \approx \mathrm{e}^{\alpha l}/2$，且当 $(x/l) < 0.8$ 时，$\operatorname{sh}\alpha(l-x)$ 和 $\operatorname{ch}\alpha(l-x)$ 也很接近，可以近似认为 $\operatorname{sh}\alpha(l-x) \approx \operatorname{ch}\alpha(l-x) \approx \mathrm{e}^{\alpha(l-x)}/2$，因此，式(5-39)、式(5-40)可以近似地用同一个公式表示：

$$u \approx U_0 \mathrm{e}^{-\alpha x} \tag{5-41}$$

也就是说，不论绕组末端是否接地，在大部分绕组 $(x/l) < 0.8$ 时，起始电位分布实际上接近相同，只是在接近绕组末端，电位分布有些差异。

图 5-22 所示为变压器绕组末端接地时的起始分布曲线。由图可见 α 值越大，曲线下降越快，起始电位分布越不均匀；大部分电压降落在绕组首端附近，且在 $x=0$ 处电位梯度 $\mathrm{d}u/\mathrm{d}x$ 最大。

根据式(5-41)可以算出最大电位梯度

$$\left.\frac{\mathrm{d}u}{\mathrm{d}x}\right|_{\max} \approx \left.\frac{\mathrm{d}u}{\mathrm{d}x}\right|_{x=0} \approx -\alpha U_0 = -\alpha l \frac{U_0}{l}$$

式中，U_0/l——绕组的平均电位梯度，负号表示绕组各点的电位随 x 的增大而降低。

式(5-41)表明，在 $t=0$ 瞬间，绕组首端($x=0$)的电位梯度为平均电位梯度的 αl 倍。αl 越大电位梯度越大，电位梯度分布越不均匀，绕组的冲击性能越差。因此，在变压器内部结构上要采取保护措施，例如，对连续式绕

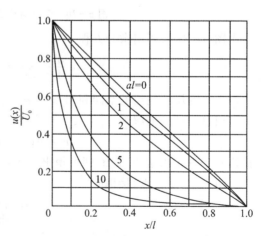

图 5-22　绕组末端接地时的起始分布

组采用电容环、静电线匝，或者改进绕组结构，采用纠结式绕组、内屏蔽绕组等。通

过补偿对地电容 $C_0 dx$ 的影响或增大纵向电容 K_0/dx，以改善初始电位分布，避免匝间绝缘击穿和振荡过程中出现很高的过电压。

如上分析，变压器绕组在 $t=0$ 时的特性由其纵向电容和对地电容组成的电容链决定。此电容链可用一个集中电容 C_T 来等值，C_T 叫做变压器的入口电容。实验表明，在较陡的冲击波作用下变压器绕组的振荡过程一般在 $10\,\mu s$ 以内尚未发展起来，在此期间绕组的电位分布仍与初始电位分布相近。这是由于绕组电感中的电流还很小，可以忽略不计。因此，在雷电冲击波作用下分析变电所的防雷保护时，不论变压器绕组末端是否接地，变压器一般都用入口电容来等值。入口电容是等值于整个电容链的，考虑到 $K_0 \gg C_0$ 的关系，因此它在 U_0 直角波作用下所吸收的电荷几乎等于绕组首端线饼纵向电容所吸收的电荷，即

$$C_T U_0 \approx Q_{x=0} = K \left| \left(\frac{du}{dx} \right)_{x=0} \right| \tag{5-42}$$

将式(5-41)代入式(5-42)得

$$C_T = \frac{K_0}{U_0} \alpha U_0 = K_0 \alpha = \sqrt{C_0 K_0} = \sqrt{CK} \tag{5-43}$$

由式(5-43)可见，变压器的入口电容即是绕组单位长度的或全部的对地电容与纵向电容的几何平均值。

通常变压器的入口电容随其电压等级和容量而增大，相同电压等级的纠结绕组变压器比连续式绕组变压器入口电容大，此外还要注意，同一变压器其不同电压等级的入口电容是不同的。

变压器绕组在幅值为 U_0 无限长直角波作用下的稳态电位分布，发生在 $t=\infty$ 绕组的电磁振荡结束后。此时对于末端接地的绕组，在 $t=\infty$ 时，按绕组的电阻形成均匀的稳态电位分布，即

$$u = U_0 \left(1 - \frac{x}{l} \right)$$

对于末端不接地的绕组，$t=\infty$ 时，绕组的各点电位为

$$u = U_0$$

由于变压器的稳态电位分布与初始电位分布不一致，因此从初始分布到稳态分布，其间必有一个过渡过程。而且由于电感和电容间的能量转换，使过渡过程具有振荡性质。振荡的激烈程度和稳态电位分布与初始电位分布两者之差值密切相关。这个差值就是振荡过程中的自由振荡分量，差值越大，自由振荡分量越大，振荡越激烈，由此产生的对地电位和电位梯度也越高。

图 5-23 画出了 $t=0, t_1, t_2, t_3, t_4$ 和 $t=\infty$ 等不同时刻的绕组电位分布曲线，表明绕组各点的电位由初始分布，经过振荡达到稳态分布的过程。其中，图 5-23(a) 为绕组末端接地电位分布，图 5-23(b) 为绕组末端不接地电位分布。由图可见，绕组各点的电位并非同时达到最大值。将振荡过程中各点出现的最大电位连成曲线，如图中虚线所示，就是绕组的最大电位包络线。可以看出，绕组末端接地时，最高电

位出现在绕组首端附近,其值可达 $1.4U_0$ 左右;末端不接地时,最高电位出现在绕组末端,其值可高达 $1.9U_0$,比末端接地时高。由于波在变压器中传输存在损耗,实际最高电位低于上述数值。此外,在振荡过程中,绕组各点的电位梯度也会变化,绕组末端及其附近也可能出现很大的电位梯度。

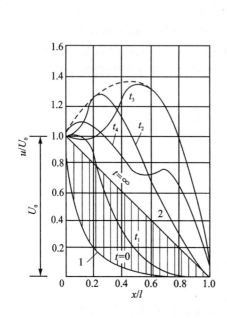
(a) 绕组末端接地时绕组电位分布

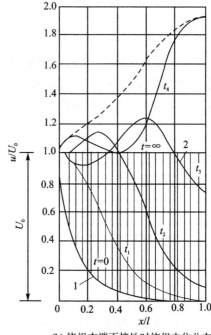
(b) 绕组末端不接地时绕组电位分布

图 5-23 绕组不同时刻电位分布

变压器绕组的振荡过程,与作用在绕组上的冲击电压波形有关。波头陡度越大,振荡越剧烈;陡度越小,由于电感分流的影响,起始分布越稳态分布越接近,振荡就会越缓和,因而绕组各点的对地电位和电位梯度的最大值也将降低。此外,波尾也有影响,在短波作用下,振荡过程尚未充分激发起来,外加电压已经大大衰减,故使绕组各点的对地电位和电位梯度也较低。

5.7.2 三相绕组中的波过程

当绕组接成三相运行时,其中的波过程机理与上述单相绕组基本相同。但随着三相绕组的接线方式和单相、两相或三相进波的不同有所差异,以下分三种情况说明。

(1) 星形接法中性点接地(Y_0)

三相变压器的高压绕组为星形连接且中性点接地时,相间的相互影响不大,可以看做 3 个相互独立的末端接地绕组。无论是单相、两相或三相进波,其波过程没有什么差别,都可以按照单相绕组末端接地的波过程处理。这时三相之间相互影响很小,可以看作三个独立的末端接地的绕组。无论进波情况如何,都可按前面分析过的末端接地单相绕组中的波过程来处理。

(2) 星形接法中性点不接地(Y)

三相变压器的高压绕组为星形连接且中性点不接地时,单相、两相、三相的波过程不相同。当雷电波从 A 相单相侵入变压器时,如图 5-24(a)所示,因为变压器绕组对冲击波的阻抗远大于线路的波阻抗,在冲击波作用下,其他两相绕组与线路连接处的电位接近于零,故可认为 B,C 两相绕组端点接地;绕组的起始电位分布和稳态电位分布如图 5-24(b)中的曲线 1 和 2 所示。起始电位分布受 B,C 两相绕组并联的影响不大,成为一条折线。设进波为幅值等于 U_0 的无限长直角波,且三相绕组的参数完全相同,则中性点的稳态电位为 $\frac{1}{3}U_0$,其起始电位与稳态电位之差约为 $\frac{1}{3}U_0$,故在振荡过程中,中性点 N 的最大对地电位将不超过 $\frac{2}{3}U_0$。

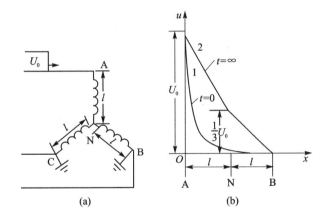

图 5-24 Y 连接变压器单相进波时的电位分布

当雷电波沿两相侵入时,可用叠加法来估计绕组各点的对地电位。例如,A,B 两相分别单独进波时,中性点最高电位为 $\frac{2}{3}U_0$,则 A,B 两相同时进波时,中性点的最高电位不超过 $\frac{4}{3}U_0$,但其值已超过了首端电位。

当三相同时进波时,情况与单相绕组末端不接地时的波过程基本相同,中性点的最高电位可达首端电位的两倍,但其起始电位比单相进波时略高。

(3) 三角形接法(△)

三相变压器高压绕组为三角形连接,当雷电波从 A 相单相侵入时,如图 5-25 所示,同样由于绕组对

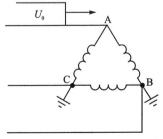

图 5-25 三角形连接单相进波

冲击波的阻抗远大于线路波阻抗，B，C两相端点相当于接地，因此AB，AC两相绕组中的波过程与末端接地时单相绕组波过程相同。当两相或三相进波时可用叠加法进行分析。

5.7.3 变压器绕组之间的波过程

当冲击电压波侵入到变压器某一绕组时，除了在该绕组产生振荡过电压外，由于高、低压各绕组间存在静电感应和电磁感应，可在变压器的其他绕组上出现很高的感应过电压，这就是变压器绕组之间的波过程。

在某些条件下，变压器绕组之间的感应过电压可能超过低压绕组和连接在低压绕组上的电气设备的绝缘水平，造成绝缘击穿事故。如三绕组变压器，如果只有高、中压绕组运行，低压绕组未曾使用（开路），其没有连接至母线或其他设备上，当从高压或中压绕组进波时，由于低压绕组的对地电容很小，故在其上会感应很高的过电压，使绕组或套管的绝缘损坏，因此需采取相应保护措施。同理，在某些条件下，当冲击波侵入低压绕组时，高压绕组上也会产生很高的感应过电压，可能超过其绝缘水平，造成绝缘击穿事故。例如，Yyn12配电变压器雷击损坏主要就是低压绕组对高压绕组的感应过电压造成的。变压器绕组之间的感应过电压包括静电感应电压和电磁感应电压两个分量，近似估算时可以分别计算两个分量然后相加。

第6章 雷电及防雷装置

雷电灾害是最严重的自然灾害之一,常会危及人们的生命和财产安全,给人类生活和生产活动带来巨大影响。人们对雷电本质的认识经历了一个漫长而曲折的过程。人们对雷电现象的科学认识始于18世纪中叶,著名科学家有美国的富兰克林和俄国的罗蒙诺索夫、黎赫曼等,如著名的富兰克林风筝实验,第一次向人们揭示了雷电只不过是一种火花放电的秘密,他们通过大量实验建立了现代雷电说,认为雷击是云层中大量阴电荷和阳电荷迅速中和而产生的现象。雷电放电对于现代的航空、电力、通信、建筑等领域都有很大的影响,促使人们从20世纪30年代开始加强了对雷电及其防护技术的研究,特别是利用高速摄影、自动录波、雷电定向定位等现代测量技术所做的实测研究的成果,大大丰富了人们对雷电的认识。

6.1 雷电放电和雷电过电压

6.1.1 雷云的形成

关于雷云的形成机理曾提出过不少理论,其中比较有代表性的理论有水滴分裂起电、感应起电、对流起电、温差起电等,但目前尚无定论。下面将选择其中获得比较广泛认同的水滴分裂起电理论作简要的介绍。

实验表明:当大水滴分裂成水珠和细微的水沫时,会出现电荷分离现象,大水珠带正电、小水沫带负电。在特定的大气和地形条件下,会出现强大而潮湿的上升热气流,造成云层中的水滴分裂起电,细微的水沫带负电,被上升气流带往高空,形成大片带负电的雷云;带正电的水珠或者凝聚成雨滴落向地面,或者悬浮在云中,形成雷云下部的局部正电荷区,如图6-1所示。

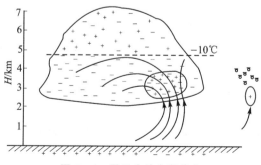

图6-1 雷云中的电荷分布

但是,探测气球所测得的云中电荷分布表明,在雷云的顶部往往充斥着正电荷,这可以用另一种起电机理来解释:在离地面 4~5 km 的高空,大气温度经常处于 $-20\sim-10$ ℃,因而此处的水分均已变成冰晶,它们与空气摩擦时也会起电,冰晶带负电、空气带正电。带正电的气流携带着冰晶碰撞时造成的细微碎片向上运动,使雷云的上部充满正电荷,而带负电的大粒冰晶下降到云的下部时,因此处气温已在 0 ℃ 以上,冰晶融化而成为带负电的水滴。

由上述可知:整块雷云可以有若干个电荷中心,负电荷中心位于雷云的下部、距地面 500~10 000 m 的范围内。直接击向地面的放电通常从负电荷中心的边缘开始。

6.1.2 雷电放电过程

作用于电力系统的雷电过电压最常见的(约 90%)是由带负电的雷云对地放电引起的,称为负下行雷,下面以负下行雷为例分析雷电放电过程。负下行雷通常包括若干次重复的放电过程,而每次可以分为先导放电、主放电和余辉放电三个阶段。

1. 先导放电阶段

天空中出现雷云后,它会随着气流移动或下降,由于雷云下部都带负电荷,所以大多数雷击是负极性的,雷云中的负电荷会在地面感应出大量正电荷。这样一来,在雷云与大地之间或者两块带异号电荷的雷云之间,会形成强电场,二者之间的电位差可高达数兆伏甚至数十兆伏,但因距离很大,平均场强仍很少超过 100 kV/m (1 kV/cm)。但在个别地方出现能使该处空气发生电子崩和电晕的场强(例如 25~30 kV/cm)时,空气便开始电离,形成指向大地的一段电离的微弱导电通道,称为先导放电。开始产生的先导放电是跳跃式向前发展。每段发展的速度为 4.5×10^7 m/s,延续时间为 1 μs,但每段推进 50 m,就有 30~90 μs 的停歇,所以平均发展速度只有 100~1 000 km/s。先导放电常常表现为分枝状,这些分枝状的先导放电通常只有一条放电分支到达大地。整个先导放电时间约 0.005~0.01 s,相应于先导放电阶段的雷电流很小,约为 100 A。

2. 主放电阶段

当先导放电到达大地,或与大地较突出的部分迎面会合后,就进入主放电阶段。主放电过程是逆着负先导的通道由下向上发展的。在主放电中,雷云与大地之间所聚集的大量电荷,通过先导放电所开辟的狭小电离通道发生猛烈的电荷中和,放出巨大的光和热(放电通道温度可达 15 000~20 000 ℃),使空气急剧膨胀,发生霹雳轰鸣,这就是雷电过程中强烈的闪电和震耳的雷鸣。在主放电阶段,雷击点有巨大的电流流过,大多数雷电电流峰值可达数十乃至数百千安,主放电的时间极短,为 50~100 μs,主放电电流的波头时间为 0.5~10 μs,平均时间约为 2.5 μs。

3. 余辉放电

当主放电阶段结束后,雷云中的剩余电荷继续沿主放电通道下移,使通道连续维持着一定余辉,称为余辉放电阶段。余辉放电电流仅数百安,但持续的时间可达 0.03~0.05 s。

雷云中可能存在多个电荷中心,当第一个电荷中心完成上述放电过程后,可能引起其他电荷中心向第一个中心放电,并沿着第一次放电通路发展,因此雷云放电往往具有重复性。每次放电间隔时间约为 30 ms,即多次重复放电。第二次及以后的先导放电速度快,称为箭状先导。图 6-2 所示为负雷云下行雷过程。

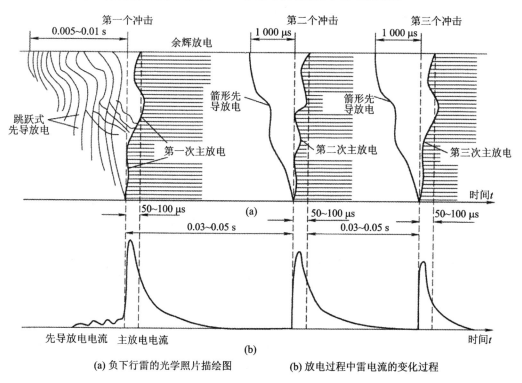

图 6-2 负雷云下行雷的过程

6.1.3 雷电参数

从雷电过电压计算和防雷设计的角度来看,值得注意的雷电参数如下。

1. 雷电活动频度——雷暴日及雷暴小时

电力系统的防雷设计显然应从当地雷电活动的频繁程度出发,对强雷区应加强防雷保护,对少雷区可降低保护要求。

评价一个地区雷电活动的多少通常以该地区多年统计所得到的平均出现雷暴的天数或小时数作为指标。

雷暴日是该地区平均一年内有雷电放电的天数,以听到雷声为准,在一天内只要听到过雷声,无论次数多少,均计为一个雷暴日。雷暴小时是指平均一年内的有雷电的小时数,在一个小时内只要有一次雷电,即计为一个雷电小时。我国的统计表明,对大部分地区来说,一个雷暴日可大致折合为三个雷暴小时。

各个地区的雷暴日数 T_d 或雷暴小时数 T_h 有很大的差别,它们不但与该地区所在纬度有关,而且也与当地的气象条件、地形地貌等因素有关。就全世界而言,雷电最频繁的地区在炎热的赤道附近,雷暴日数平均约为 100～150,最多者达 300 以上。我国长江流域与华北的部分地区,雷暴日数为 40 左右,而西北地区仅为 15 左右。国家根据长期观测结果,绘制出全国各地区的平均雷暴日数分布图,以供防雷设计之需,它可从有关的设计规范或手册中查到。当然,如果有当地气象部门的统计数据,在设计中采用后者将更加合适。为了对不同地区的电力系统耐雷性能(例如输电线路的雷击跳闸率)作比较,必须将它们换算到同样的雷电频度条件下,通常取 40 个雷暴日作为基准。

通常雷暴日数 T_d 等于 15 以下的地区被认为是少雷区、超过 40 的地区为多雷区、超过 90 的地区及运行经验表明雷害特别严重的地区为特殊强雷区。在防雷设计中,应根据雷暴日数的多少因地制宜。

2. 地面落雷密度(γ)和雷击选择性

雷暴日或雷暴小时仅仅表示某一地区雷电活动的频度,它并不区分是雷云之间的放电、还是雷云对地面的放电,但从防雷的观点出发,最重要的是后一种雷击的次数,所以需要引入地面落雷密度(γ)这个参数,它表示每平方公里地面在一个雷暴日中受到的平均雷击次数,世界各国的取值不尽相同,年雷暴日数(T_d)不同地区的 γ 值也各不相同,一般 T_d 较大地区的 γ 值也较大。我国标准对 T_d=40 的地区取 γ=0.07。

运行经验还表明:某些地面的落雷密度远大于上述平均值,它们或者是一块土壤电阻率 ρ 较周围土地小得多的场地,或者在山谷间的小河近旁,或者是迎风的山坡等。它们被称为易击区,在为发电厂、变电所、输电线路选址时,应尽量避开这些雷击选择性特别强的易击区。

3. 雷道波阻抗(Z_0)

主放电过程沿着先导通道由下而上地推进时,使原来的先导通道变成了雷电通道(即主放电通道),它的长度可达数千米,而半径仅为数厘米,因而类似于一条分布参数线路,具有某一等值波阻抗,称为雷道波阻抗。这样一来,我们就可将主放电过程看作是一个电流波沿着波阻抗为 Z_0 的雷道投射到雷击点 A 的波过程。如果这个电流入射波为 I_0,则对应的电压入射波 $U_0=I_0Z_0$。根据理论计算结合实测结果,我国有关规程建议取 $Z_0 \approx 300\ \Omega$。

4. 雷电的极性

根据各国的实测数据,负极性雷击平均占 75%～90%,再加上负极性过电压波沿线路传播时衰减较少较慢,因而对设备绝缘的危害放大。故在防雷计算中一般均按负极性考虑。

5. 雷电流幅值(I)

雷电的强度可用雷电流幅值 I 来表示。由于雷电流的大小除了与雷云中电荷数量有关外，还与被击中物体的波阻抗或接地电阻的量值有关，所以通常把雷电流定义为雷击于低接地电阻（$\leqslant 30\ \Omega$）的物体时流过雷击点的电流。它显然近似等于传播下来的电流入射波 I_0 的 2 倍，即 $I \approx 2I_0$。

雷电流幅值是表示雷电强度的指标，也是产生雷电过电压的根源，所以是最重要的雷电参数，也是人们研究得最多的一个雷电参数。

根据我国长期进行的大量实测结果，在一般雷暴日超过 20 的地区，雷电流幅值超过 I 的概率为

$$\lg P = -\frac{I}{88} \qquad (6-1)$$

式中，I——雷电流幅值，kA；P——幅值大于 I 的雷电流出现概率。

例如，大于 88 kA 的雷电流幅值出现的概率 P 约为 10%。

除陕南以外的西北地区和内蒙古自治区的部分雷暴日小于 20 的地区，雷电流分布概率为

$$\lg P = -\frac{I}{44} \qquad (6-2)$$

6. 雷电流的波前时间、陡度及波长

实测表明：雷电流的波前时间 T_1 处于 1～4 μs 的范围内，平均为 2.6 μs 左右。雷电流的波长（半峰值时间）T_2 处于 20～100 μs 的范围内，多数为 40 μs 左右。我国规定在防雷设计中采用 2.6/40 μs 的波形。与此同时，我们还可以看出，在绝缘的冲击高压试验中，把标准雷电冲击电压的波形定为 1.2/50 μs 已足够严格。

雷电流的幅值和波前时间决定了它的波前陡度 a，它也是防雷计算和决定防雷保护措施时的一个重要参数。实测表明，雷电流的波前陡度 a 与其幅值 I 是密切相关的，二者的相关系数 $\gamma \approx +(0.6\sim 0.64)$。我国规定波前时间 $T_1 = 2.6$ μs，所以雷电流波前的平均陡度

$$a = \frac{I}{2.6} \quad (\mathrm{kA}/\mu\mathrm{s}) \qquad (6-3)$$

实测还表明：波前陡度的最大极限值一般可取 50 kA/μs 左右。

7. 雷电流的计算波形

由上述内容可知，雷电流的幅值、波前时间和陡度、波长等参数都在很大的范围内变化，但雷电流的波形却都是非周期性冲击波。在防雷计算中，可按不同的要求，采用不同的计算波形。经过简化和典型化后可得出如下几种常用的计算波形如图 6-3 所示。

① 双指数波

$$i = I_0(\mathrm{e}^{-at} - \mathrm{e}^{-\beta t}) \qquad (6-4)$$

式中，I_0——某一大于雷电流幅值 I 的电流值。

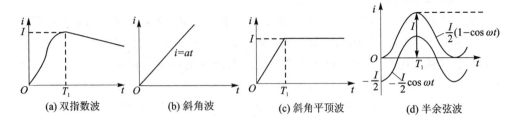

图 6-3 雷电流的等值计算波形

这是与实际雷电流波形最为接近的等值计算波形。

② 斜角波

$$i = at \tag{6-5}$$

式中，a——波前陡度，kA/μs。

这种波形的数学表达式最简单，用来分析与雷电流波前有关的波过程比较方便。

③ 斜角平顶波

$$\left.\begin{array}{l} i = at \ (t \leqslant T_1 \text{ 时}) \\ i = aT_1 = I \ (t > T_1 \text{ 时}) \end{array}\right\} \tag{6-6}$$

用于分析发生在 10 μs 以内的各种波过程，有很好的等值性。

④ 半余弦波

这种波形更接近实际雷电流波前形状，仅在特殊场合（例如特高杆塔的防雷计算）才加以采用，使计算更加接近于实际且偏于从严。

这时雷电流的波前部分可表示为

$$i = \frac{I}{2}(1 - \cos\omega t) \tag{6-7}$$

式中，ω——等值半余弦波的角频率，$\omega = \pi/T_1$。

半余弦波的最大陡度出现在 $t = T_1/2$ 处，其值为

$$a_{\max} = \left(\frac{\mathrm{d}i}{\mathrm{d}t}\right)_{\max} = \frac{I\omega}{2} \tag{6-8}$$

平均陡度

$$a = \frac{I}{T_1} = \frac{I\omega}{\pi} \tag{6-9}$$

由于

$$\frac{a_{\max}}{a} = \frac{I\omega/2}{I\omega/\pi} = \frac{\pi}{2}$$

可见采用半余弦波时的最大波前陡度要比采用斜角波时的波前陡度大 $\pi/2$ 倍。不过在一般涉及波前的计算中，采用斜角波的平均陡度已能满足要求，并可简化计算。

8. 雷电的多重放电次数及总延续时间

如前所述，一次雷电放电往往包含多次重复冲击放电。世界各地 6 000 个实测数据的统计表明：有 55% 的对地雷击包含两次以上的重复冲击；3～5 次冲击者有

25%；10次以上者仍有4%，最多者甚竟达42次。因此，平均重复冲击次数可取3次。

统计还表明：一次雷电放电总的延续时间（包括多重冲击放电），有50%小于0.2 s，大于0.62 s的只占5%。

6.1.4 雷电过电压的形成

1. 雷电放电的计算模型

从雷云向下伸展的先导通道中除了为数相等的大量正、负电荷外，还有一定数量的剩余电荷，其符号与雷云相同，其线密度为 σ(C/m)，它们在地面上感应出异号电荷，如图6-4(a)所示。主放电过程的开始相当于开关 S 的突然闭合，此时将有大量正、负电荷沿着通道相向运动，如图6-4(b)所示，使先导通道中的剩余电荷及云中的负电荷得以中和，这相当于有一电流波 i 由下而上的传播，其值为

$$i = \sigma v \tag{6-10}$$

式中，v——逆向的主放电发展速度，m/s。

在雷击点 A 与地中零电位面之间串接着一只电阻 R，它可以代表被击中物体的接地电阻 R_1，也可以代表被击物体的波阻抗。实测表明：只要 R 之值不大（如 $\geqslant 30\ \Omega$），雷电流的幅值几乎与 R 无关；但当 R 值大到与雷道波阻抗 Z_0（$\approx 300\ \Omega$）可以相比时，雷电流幅值 I 将显著变小。

主放电电流 i 流过电阻 R 时，A 点的电位将突然变为 $u=iR$。实际上，先导通道中的电荷密度 σ 和主放电的发展速度 v 都很难测定，但主放电开始后流过 R 的电流 i 及其幅值 I 却不难测得，而我们最关心的恰恰正是雷击点 A 的电位 $u(u=iR)$，所以可从 A 点的电位出发来建立雷电放电的计算模型。这样一来，上述主放电过程可以看作有一负极性前行波 (u_0, i_0) 从雷云沿着波阻抗为 Z_0 的雷道传播到 A 点的过程，如图6-4(c)所示。这样一来，就可得到图6-4(d)和(e)中的电压源彼德逊等值电

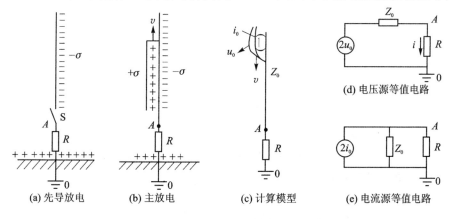

图6-4 雷电放电计算模型和等值电路

路和电流源彼德逊等值电路。

2. 直接雷击过电压的几个典型算例

把上述计算模型和等值电路应用到如下典型场合。

(1) 雷击于地面上接地良好的物体(如图 6-5 所示,例如其接地电阻 $R_i=15\ \Omega$)

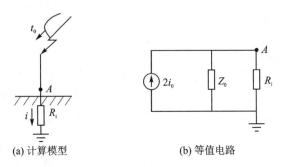

(a) 计算模型　　　　　(b) 等值电路

图 6-5　雷击接地物体

根据雷电流的定义,这时流过雷击点 A 的电流即为雷电流 i。如采用电流源等值电路,则雷电流为

$$i = \frac{Z_0}{Z_0 + R_i} 2i_0 = \frac{2 \times 300}{300 + 15} i_0 = 1.9 i_0 \approx 2 i_0$$

能实际测得的往往是雷电流幅值 I,可见从雷道波阻抗 Z_0 投射下来的电流入射波的幅值为

$$I_0 \approx \frac{I}{2}$$

A 点的电压幅值 $U_A = I R_i$。

(2) 雷击于导线或档距中央避雷线(见图 6-6)

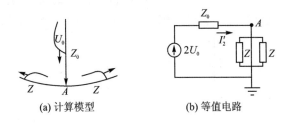

(a) 计算模型　　　　　(b) 等值电路

图 6-6　雷击导线

当避雷线接地点的反射波尚未来到雷击点 A 时,雷击导线和雷击避雷线实际上是一样的,雷击点 A 上出现的雷电过电压可推导如下(采用电压源等值电路):

如果电流电压均以幅值表示,即

$$I'_2 = \frac{2U_0}{Z_0 + \frac{Z}{2}} = \frac{2 I_0 Z_0}{Z_0 + \frac{Z}{2}}$$

导线雷击点 A 的电压幅值为

$$U_A = I'_2 \times \frac{Z}{2} = I \frac{Z_0 Z}{2Z_0 + Z}$$

令 $Z_0 = 300\ \Omega, Z = 400\ \Omega$,可得

$$U_A = I \frac{300 \times 400}{2 \times 300 + 400} = 120I \tag{6-11}$$

在粗略估算时,还可令 $Z_0 \approx Z/2$,即不考虑波在 A 点的反射,那么

$$U_A \approx I \times \frac{Z}{4} = 100I \tag{6-12}$$

这就是我国有关标准中所推荐的简化计算公式。

3. 感应雷击过电压

在两块带异号电荷的雷云之间或在一块雷云中两个异号电荷中心之间发生雷电放电时,均有可能引起一定的感应过电压。但是对电力系统影响较大的情况是雷击于线路附近大地或雷击于接地的线路杆塔顶部时,在绝缘的导线上引起的感应过电压,下面就着重探讨这些情况下的感应过电压的产生机理。

由于雷云对地放电过程中,放电通道周围空间磁场的急剧变化,会在附近的线路上产生过电压。在雷云放电的先导阶段,先导通道中充满了电荷,如图 6-7(a)所示。在导线表面电场强度 E 的切线分量 E_x 的驱动下,与雷云异号的正电荷被吸引到靠近先导通道的一段导线上,排列成束缚电荷;而导线中的负电荷则被排斥到导线两侧远方。由于先导放电的发展速度远小于主放电,上述电荷在导线中的移动比较慢,由此而引起的电流很小,同时由于导线对地泄露电导的存在,导线电位将与远离雷云处的导线电位相同。

当雷电击中线路附近大地或紧靠导线的接地物体(杆塔、避雷线等)而转入主放电阶段后,先导通道中的剩余负电荷被迅速中和,它们所造成的电场迅速消失,导线上的束缚正电荷突然获释,在它们自己所造成的电场切线分量的驱动下,开始以波的形式沿导线向两侧传播,而它们造成的电场法线分量使导线对地形成一定的电压,这种因先导通道中电荷突然中和

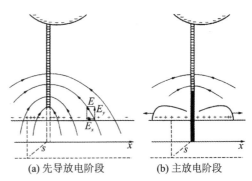

(a) 先导放电阶段 (b) 主放电阶段

图 6-7 感应过电压的产生

而引起的感应过电压称为感应雷击过电压的静电分量。实际上,在发生主放电时,雷电通道中的雷电流还会在周围空间产生强大的磁场,它的磁通若有与导线相交链的情况,就会在导线中感应出一定的电压,称为感应雷击过电压的电磁分量,不过由于主放电通道与导线基本上是互相垂直的,互感不大,所以电磁分量不会太大,通常只

要考虑其静电分量即可。

实测表明：感应雷击过电压的幅值一般为300～400 kV，这可能引起35 kV及以下电压等级线路的闪络，而对110 kV及以上电压等级线路，则一般不会引起闪络。

如果将这里讨论的感应雷击过电压与上一章中介绍的相邻导线间的感应电压作一番对比，即可看到有很大的不同：

① 感应雷击过电压的极性一定与雷云的极性相反，而相邻导线间的感应电压的极性一定与感应源相同。

② 这种感应电压一定要在雷云及其先导通道中的电荷被中和后，才能出现，而相邻导线间的感应电压却与感应源同生同灭。

③ 感应雷击过电压的波前平缓（$T_1=$数微秒到数十微秒）、波长较长（$T_2=$数百微秒）。

④ 感应雷击过电压在三相导线上同时出现，且数值基本相等，故不会出现相间电位差和相间闪络；如幅值较大，也只可能引起对地闪络。

6.2 避雷针和避雷线的保护范围

6.2.1 概　述

雷电过电压的幅值可高达数十万伏、甚至数兆伏，如不采取防护措施和装设各种防雷保护装置，电力设备绝缘一般是难以耐受的，将引起电力系统故障，造成大面积停电。在现代电力系统中实际采用的防雷保护装置主要有：避雷针、避雷线、保护间隙、各种避雷器、防雷接地、电抗线圈、电容器组、消弧线圈、自动重合闸等。

当雷电直接击中电力系统中的导电部分（导线、母线等）时，会产生极高的雷电过电压，任何电压等级的系统绝缘都将难以耐受，所以在电力系统中需要安装直接雷击防护装置，广泛采用的即为避雷针和避雷线（又称架空地线）。

就其作用原理来说，避雷针（线）的名称其实不甚合适，如称为"导闪针（线）"或"接闪针（线）"也许更加贴切。避雷针（线）的基本组成部分是接闪器（引发雷击的部位）、引下线和接地体。因为它们正是通过使雷电击向自身来发挥其保护作用的，为了使雷电流顺利泄入地下和减低雷击点的过电压，它们必须有可靠的引下线和良好的接地装置，其接地电阻应足够小。

避雷针比较适用于像变电所、发电厂那样相对集中的保护对象，而像架空线路那样伸展很广的保护对象应采用避雷线。它们的保护作用可简述如下：

在雷电先导的初始发展阶段，因先导离地面较高，故先导发展的方向不受地面物体的影响，但当先导发展到某一高度时，地面上的避雷针将会影响先导的发展方向，使先导向避雷针定向发展，这是因为针较高并具有良好的接地，在针上因静电感应而积聚了与先导极性相反的电荷使其附近的电场强度显著增强的缘故，此时先导放电电场即开始被针所改变,将先导放电的途径引向针本身,随着先导定向向针发展,针上的电场强度又将大大增加而产生自针向上发展的迎面先导更增强了针的引雷作用。

避雷针一般用于保护发电厂和变电所,可根据不同情况或装设在配电构架上,或独立架设。避雷线主要用于保护线路,也可用以保护发、变电所。

为了表示避雷装置的保护效能,通常采用"保护范围"这一概念。所谓"保护范围"只具有相对的意义,不能认为处于保护范围以内的物体就万无一失、完全不会受到雷电的直击,也不能认为处于保护范围之外的物体就完全不受避雷装置的保护。为此,应该为保护范围规定一个绕击(概)率,所谓绕击指的是雷电绕过避雷装置而击中被保护物体的现象。我国有关规程所推荐的保护范围系对应于 0.1% 的绕击率,这样小的绕击率一般可认为其保护作用已是足够可靠。有些国家还按不同的绕击率给出若干不同的保护范围供设计者选用。

我国有关标准所推荐的避雷针(线)的保护范围是根据高压实验室中大量的模拟试验结果并经多年实际运行经验校核后得出的。

6.2.2 避雷针

(1) 单支避雷针

它的保护范围是一个以其本体为轴线的曲线圆锥体,像一座圆帐篷。它的侧面边界线实际上是曲线,但我国规程建议近似地用折线来拟合,以简化计算,如图 6-8 所示。

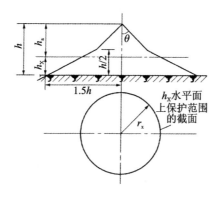

图 6-8 单根避雷针保护范围

与上图相对应的计算公式如下：

在某一被保护物高度 h_x 的水平面上的保护半径 r_x 为

$$\left. \begin{array}{ll} 当 h_x \geqslant \dfrac{h}{2} 时 & r_x = (h - h_x)P \\ 当 h_x < \dfrac{h}{2} 时 & r_x = (1.5h - 2h_x)P \end{array} \right\} \quad (6-13)$$

式中,h——避雷针的高度,m;

P——高度修正系数,是考虑到避雷针很高时 r_x 不与针高 h 成正比增大而引入的一个修正系数。

当 $h \leqslant 30\mathrm{m}$ 时,$P=1$;

当 $30\mathrm{m}<h\leqslant 120\mathrm{m}$ 时,$P=\sqrt{30/h}=5.5/\sqrt{h}$。

本节后面各公式中的 P 值亦同此。

不难看出:最大的保护半径即为地面上($h_x=0$)的保护半径 $r_g=1.5h$。

从 h 越高、修正系数 P 越小可知:为了增大保护范围,而一味提高避雷针的高度并非良策,合理的解决办法应是采用多支(等高或不等高)避雷针作联合保护。

(2) 两支等高避雷针

这时总的保护范围并不是两个单支避雷针保护范围的简单相加,而是两针之间的保护范围有所扩大,但两针外侧的保护范围仍按单支避雷针的计算方法确定,如图 6-9 所示。

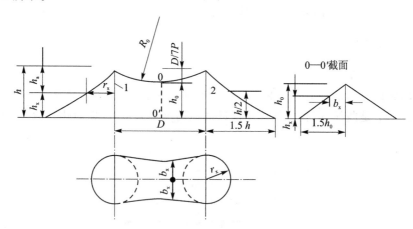

图 6-9 双根等高避雷针保护范围

两针之间的保护范围可计算如下:

$$h_0 = h - \frac{D}{7P} \qquad (6-14)$$

$$b_x = 1.5(h_0 - h_x) \qquad (6-15)$$

式中,h——避雷针的高度,m;

h_0——两针间联合保护范围上部边缘的最低点的高度,m;

$2b_x$——在高度 h_x 的水平面上,保护范围的最小宽度,m。

求得 b_x 后,即可在 h_x 水平面的中央画出到两针连线的距离为 b_x 的两点,从这两点向两支避雷针在 h_x 层面上的半径为 r_x 的圆形保护范围作切线,便可得到这一水平面上的联合保护范围。

此时在 $0-0'$ 截面上的保护范围最小宽度 b_x 与 h_x 的关系如图 6-9 右上角的分

图所示,在地面上$(h_x=0)$,$b_x=1.5h_0$。

应该强调的是,要使两针能形成扩大保护范围的联合保护,两针间的距离 D 不能选得太大,例如当 $D=7P(h-h_x)$时,$b_x=0$。一般两针间距离 D 不宜大于 $5h$。

(3) 两支不等高避雷针

此时的保护范围可按下法确定:首先按两支单针分别作出其保护范围,然后从低针 2 的顶点作一水平线,与高针 1 的保护范围边界交于点 3,再取点 3 为一假想的等高避雷针的顶点,求出等高避雷针 2 和 3 的联合保护范围,即可得到总的保护范围,如图 6-10 所示。

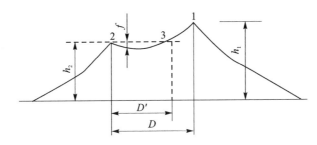

图 6-10 双根不等高避雷针保护范围

(4) 三支或多支避雷针

三支避雷针的联合保护范围可按每两支针的不同组合,分别计算出双针的联合保护范围,只要在被保护物体高度 h_x 的水平面上,各个双针的 b_x 均 $\geqslant 0$,那么三针组成的三角形中间部分能受到三针的联合保护,如图 6-11(a)所示。

四针及多针时,可以按每三支针的不同组合分别求取其保护范围,然后叠加起来得出总的联合保护范围。如各边的保护范围最小宽度 b_x 均$\geqslant 0$,则多边形中间全部面积都处于联合保护范围之内,如图 6-11(b)所示。

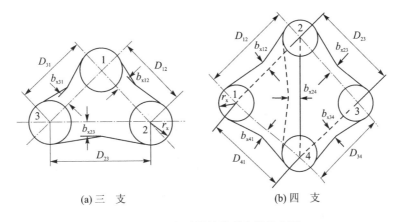

图 6-11 多支避雷针的联合保护范围

6.2.3 避雷线

(1) 单根避雷线

避雷线保护范围的长度与其本身的长度相同,但两端各有一个受到保护的半个圆锥体空间;沿线一侧宽度要比单避雷针的保护半径小一些,这是因为它的引雷空间要比同样高度的避雷针要小,如图 6-12 所示。

单根避雷线的保护范围一侧宽度 r_x 的计算公式如下:

$$\left. \begin{array}{l} 当\ h_x \geqslant \dfrac{h}{2}\ 时, r_x = 0.47(h-h_x)P \\ 当\ h_x < \dfrac{h}{2}\ 时, r_x = (h-1.53h_x)P \end{array} \right\} \quad (6-16)$$

(2) 两根等高避雷线

这时的联合保护范围如图 6-13 所

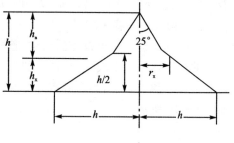
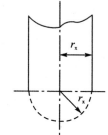

图 6-12 单根避雷线保护范围

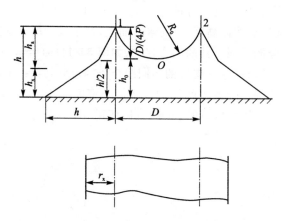

图 6-13 两平行避雷线保护范围

示。两边外侧的保护范围按单避雷线的方法确定;而两线内侧的保护范围横截面则由通过两线及保护范围上部边缘最低点 O 的圆弧来确定。O 点的高度为

$$h_0 = h - \frac{D}{4P}$$

式中,h_0——O 点的高度;

h——避雷线的高度;

D——两根避雷线之间的水平距离。

保护架空输电线路的避雷线保护范围还有一种更简单的表示方式,即采用它的保护角 α,所谓保护角是指避雷线和边相导线的连线与经过避雷线的铅垂线之间的夹角,如图 6-14 所示。显然,保护角越小,避雷线对导线的屏蔽保护作用越有效。

6.3 避雷器

即使采用了避雷针和避雷线对直接雷击进行防护,仍不能完全排除电力设备绝缘上出现危

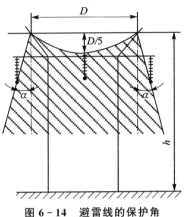

图 6-14 避雷线的保护角

险过电压的可能性。首先,上述避雷装置并不能保证 100% 的屏蔽效果,仍有一定的绕击率;另外,从输电线路上也还可能有危及设备绝缘的过电压波传入发电厂和变电所。所以还需要有另一类与被保护绝缘并联的能限制过电压波幅值的保护装置,统称为避雷器。

对避雷器的基本要求一般有两条:首先,避雷器应具有良好的伏秒特性、较小的冲击系数,从而易于实现合理的绝缘配合;其次,避雷器应具有较强的快速切断工频续流,快速自动恢复绝缘强度的能力。避雷器一旦在冲击电压下放电,就造成了系统对地的短路,此后虽然雷电过电压瞬间就消失,但持续作用的工频电压却在避雷器中形成工频短路接地电流,称为工频续流。工频续流一般以电弧放电的形式存在。一般要求避雷器在第一次电流过零时即应切断工频续流,从而使电力系统在开关尚未跳闸时即能够继续正常工作。

按避雷器发展历史和保护性能,这一类保护装置可分为:保护间隙、管式避雷器、普通阀式避雷器、磁吹避雷器和金属氧化物避雷器等类型。

6.3.1 保护间隙

保护间隙是一种简单的避雷器,按其形状可分为:角形、棒形、环形、球形等,常用的角形保护间隙如图 6-15 所示,采用角形间隙是为了使单相间隙动作时有利于灭弧。保护间隙除主间隙外,在其接地引线中还串接有一个辅助间隙,目的是防止外物使主间隙意外短路而引起接地故障。

保护间隙与被保护设备并联连接,当雷电波侵入时,间隙先被击穿,线路接地,从而保护了电气设备。保护间隙击穿后形成工频续流,

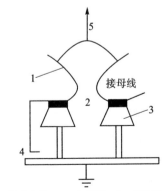

1—角形电极;2—主间隙;3—支柱绝缘子;
4—辅助间隙;5—电弧的运动方向

图 6-15 角形保护间隙

当间隙能自行熄弧时,系统恢复正常运行,当间隙不能自行熄弧时,将引起断路器跳闸。为减少线路停电事故,应加装自动重合闸装置。

保护间隙结构简单,价格便宜,但伏秒特性较陡,放电分散性大,与被保护设备的绝缘配合不理想,且动作后会形成截波,熄弧能力低。保护间隙适用于除有效接地系统和低电阻接地系统外的低压配电系统中,如管式避雷器的灭弧能力不能符合要求时,可采用保护间隙。

6.3.2 管式避雷器

管式(或排气式)避雷器实质上是一只具有较强灭弧能力的保护间隙,其基本元件为装在消弧管内的火花间隙 F_1,在安装时再串接一只外火花间隙 F_2(如图 6-16 所示)。内间隙由一棒极和一圆环形电极构成,消弧管的内层为产气管、外层为增大机械强度用的胶木管,产气管所用的材料是在电弧高温下能大量产生气体的纤维、塑料或特种橡胶。

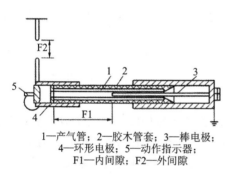

1—产气管;2—胶木管套;3—棒电极;
4—环形电极;5—动作指示器;
F1—内间隙;F2—外间隙

图 6-16 管式避雷器

当雷电波侵入时,内、外火花间隙均被击穿,雷电流经间隙流入大地,限制了过电压的幅值,从而保护了电气设备,过电压消失后,保护间隙中仍有工频续流流过,其值为管式避雷器安装处的短路电流,工频续流电弧高温使产气管分解出大量气体,一时之间,管内气压可达数十甚至上百个大气压,气体从环形电极的开口孔猛烈喷出,造成对弧柱的强烈纵吹,使其在工频续流 1~3 个周波内,在某一过零点时熄灭。

增设外火花间隙 F_2 的目的是为了在正常运行时把消弧管与工作电压隔开,以免管子材料加速老化或在管壁受潮时发生沿面放电。

管式避雷器的灭弧能力与工频续流的大小有关,续流太小时产气不足,反而不能熄弧;续流过大时产气过多,管内气压剧增,可能使管子炸裂而损坏。可见管式避雷器所能熄灭的续流有一定的上下限,通常均在型号中表示出来。例如我国生产的 $\text{GXW} \dfrac{35}{1-5}$ 型管式避雷器的额定电压为 35 kV,能可靠切断的最小续流为 1 kA(有效值),最大续流为 5 kA(有效值),G 代表管式、X 代表线路用、W 代表所用的产气材料为纤维。

由于管式避雷器所采用的火花间隙亦属极不均匀电场,因而在伏秒特性和产生截波方面的缺点与保护间隙相似;续流太小时不能灭弧,太大时产气过多,使管子爆裂;运行维护也较麻烦。这种保护装置不宜大量安装,目前仅装设在输电线路上绝缘比较薄弱的地方和用于变电所、发电厂的进线段保护中,而且采用得越来越少,逐渐被 ZnO 避雷器所取代。

6.3.3 普通阀式避雷器

变电所防雷保护的重点对象是变压器,而前面介绍的保护间隙和管式避雷器显然都不能承担保护变压器的重任(伏秒特性难以配合、动作后出现大幅值截波),因而也就不能成为变电所防雷中的主要保护装置。变电所的防雷保护主要依靠下面要介绍的阀式避雷器,它在电力系统过电压防护和绝缘配合中都起着重要的作用,它的保护特性是选择高压电力设备绝缘水平的基础。

阀式避雷器分为普通阀型避雷器和磁吹阀型避雷器两种,后者通常称为磁吹避雷器。普通型有 FS 和 FZ 两个系列,磁吹型有 FCZ 和 FCD 两个系列。

阀式避雷器主要由火花间隙 F 及与之串联的工作电阻(阀片)R 两大部分组成,如图 6-17 所示。为了避免外界因素(例如大气条件、潮气、污秽等)的影响,火花间隙和工作电阻都被安置在密封良好的瓷套中。

阀型避雷器的基本工作原理如下:

在电力系统正常工作时,间隙将电阻阀片与工作母线隔离,以免由母线的工作电压在电阻阀片中产生的电流使阀片烧坏。当系统中出现过电压且其峰值超过间隙放电电压时,间隙击穿,冲击电流通过阀片流入大地,由于阀片的非线性特性,故在阀片上产生的压降(残压)将得到限制,使其低于被保护设备的冲击耐压,设备就得到了保护。

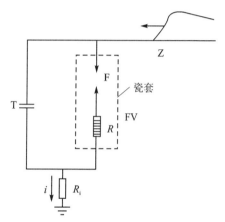

F—火花间隙; R—工作电阻(阀片);
Z—连线波阻抗; T—被保护绝缘;
R_i—接地装置的冲击接地电阻

图 6-17 阀式避雷器示意图

当过电压消失后,间隙中由工作电压产生的工频电弧电流(工频续流)将继续流过避雷器,此续流受阀片电阻的非线性特性所限制远小于冲击电流,使间隙能在工频续流第一次经过零值时就将电流切断。这样避雷器从间隙击穿到工频续流的切断不超过半个工频周期,继电保护来不及动作系统就已恢复正常。

阀型避雷器由多组火花间隙与多组非线性电阻阀片相串联而成。普通阀型避雷器的阀片是由碳化硅(SiC,亦称金刚砂)加结合剂(如水玻璃等)在 300~500 ℃ 的低温下烧结而成的圆饼形电阻片,一般其直径为 55~100 mm,厚度为 20~30 mm。阀片的电阻值呈现非线性,在幅值高的过电压作用下,电流很大而电阻很小;在幅值低的工作电压作用下,电流很小而电阻很大。阀片的伏安特性如图 6-18 所示,亦可用下式表示:

$$u = Ci^a \quad (6-17)$$

式中，C——常数，等于阀片上流过 1 A 电流时的压降，其值取决于阀片的材料及尺寸；

α——非线性指数，普通阀片的 α 一般在 0.2 左右。

目前广泛采用的多重火花间隙中一个单元间隙结构如图 6-19 所示，它由两只冲压成特定形状的黄铜电极和一只 0.5～1.0 mm 厚的云母垫圈构成。从图中可以看出，这种间隙放电区的电场是很均匀的，因而具有平坦的伏秒特性，其冲击系数 $\beta\approx 1$，这种火花间隙按其形状可称为"蜂窝间隙"。

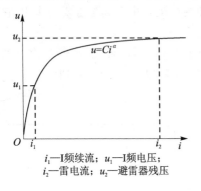

i_1—I频续流；u_1—I频电压；
i_2—雷电流；u_2—避雷器残压

图 6-18 阀片的伏安特性

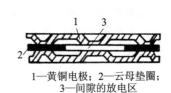

1—黄铜电极；2—云母垫圈；
3—间隙的放电区

图 6-19 阀式避雷器的单元间隙

阀式避雷器的火花间隙由大量单元间隙串联组成，例如 110 kV 避雷器中，上述单元间隙的数目就达到 96 只。由于结构和装配方面的原因，往往先把几只（如 4 只）单元间隙装在一只小瓷筒内，配上分路电阻后，组成一个标准单元间隙组，如图 6-20 所示。

并联分路电阻的作用原理如下：当多个间隙串联使用时，存在电压分布不均匀的问题，这是因为，每一单个间隙都有一定的电容，均为十几个皮法(pF)，如果考虑到对地的杂散电容的影响，则靠近高压端子的间隙中流过的电流就比较大。而由于单个间隙的容抗差不多相等，故它们的电压分布很不均匀。由于电压分布不均匀，使灭弧困难，承受电压比较高的间隙不能灭弧，因而这部分间隙被短路。此外，电压分布不均匀，也会使避雷器的工频放电电压过低，这样，避雷器在较低的内部过电压下就会动作，这也是不允许的。为了解决这个问题，在保护对象比较重要的阀式避雷器（例如我国生产的 FZ 系列避雷器）中，都在火花间隙上加装分路电阻（如图 6-21 中的 2），为了获得更好的均压效果，这些分路电阻亦应是非线性的，其主要原料亦为 SiC。加上分路电阻后，并不会影响冲击电压沿多重间隙的不均匀分布，因为在冲击电压下，电压分布基本上仍取决于电容。图 6-21 即为带分路电阻的阀式避雷器的原理接线图。

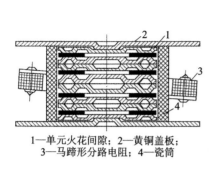

1—单元火花间隙；2—黄铜盖板；
3—马蹄形分路电阻；4—瓷筒

图 6-20　FZ 型阀式避雷器的标准单元间隙组

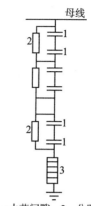

1—火花间隙；2—分路电阻；
3—工作电阻

图 6-21　带分路电阻的阀式
避雷器示意图

我国生产的普通阀式避雷器有 FS 和 FZ 两种系列，它们的结构特点和应用范围见表 6-1。这里仅就其中某些特性参数作一些说明。

表 6-1　普通阀式避雷器的系列

系列名称	系列型号	额定电压/kV	结构特点	应用范围
配电所型	FS	3, 6, 10	有火花间隙和阀片，但无分路电阻，阀片直径 55 mm	配电网中变压器、电缆头、柱上开关等设备的保护
变电所型	FZ	3～220	有火花间隙、阀片和分路电阻，阀片直径 100 mm	220 kV 及以下变电所电气设备的保护

（1）额定电压

指使用此避雷器两端之间施加的工频电压有效值，即避雷器安装点的电力系统额定电压。

（2）灭弧电压

指避雷器能够保证可靠熄灭工频续流电弧的条件下，允许加在避雷器上的最高工频电压有效值。灭弧电压应该大于避雷器安装点可能出现的最大工频电压，否则避雷器可能因为不能灭弧而爆炸。

在中性点有效接地电网中，可能出现的最大工频电压只等于电网额定(线)电压的 80%；而在中性点非有效接地电网中，发生一相接地故障时仍能继续运行，但另外两个非故障相的对地电压会升为线电压，如这两相上的避雷器此时因雷击而动作，作用在它上面的最大工频电压将等于该电网额定(线)电压的 100%～110%。

应该强调指出，灭弧电压才是一只避雷器最重要的设计依据，例如应采用多少只单元间隙、多少个阀片，均系根据灭弧电压、而不是根据其额定电压选定的。

(3) 冲击放电电压 $U_{b(i)}$

对额定电压为 220 kV 及以下的避雷器，指的是在标准雷电冲击波下的放电电压(幅值)的上限。对于 330 kV 及以上的超高压避雷器，除了雷电冲击放电电压外，还包括在标准操作冲击波下的放电电压(幅值)的上限。

(4) 工频放电电压

指工频电压作用下，避雷器将发生放电的电压有效值。由于间隙击穿的分散性，工频放电电压除了应有上限值(不大于)外，还必须规定一个下限值(不小于)。普通阀式避雷器由于通流容量有限，不允许在内部过电压下动作，因此规定其放电电压下限值应高于系统可能出现的内部过电压值。

(5) 残压 U_R

指冲击电流通过避雷器时，在工作电阻上产生的电压峰值。由于避雷器所用的阀片材料的 $\alpha \neq 0$，所以残压仍会随电流幅值的增大而有些升高，为此在规定残压的上限(不大于)时，必须同时规定所对应的冲击电流幅值，我国标准对此所作的规定分别为 5 kA(220 kV 及以下的避雷器)和 10 kA(330 kV 及以上的避雷器)，电流波形则统一取 8/20μs。

此外，还有几个常用的评价阀式避雷器性能的技术指标，亦一并在此加以说明：

(1) 阀式避雷器的保护水平 $U_{P(t)}$

它表示该避雷器上可能出现的最大冲击电压的峰值。我国和国际标准都规定以残压、标准雷电冲击(1.2/50μs)放电电压、陡波放电电压 U_{st} 除以 1.15 后所得电压值三者之中的最大值作为该避雷器的保护水平，即

$$U_{P(t)} = \max[U_R, U_{b(i)}, U_{st}/1.15] \quad (6-18)$$

显然，被保护设备的冲击绝缘水平应高于避雷器的保护水平，且需留有一定的安全裕度。不难理解，阀式避雷器的保护水平越低越有利。

(2) 阀式避雷器的冲击系数

它等于避雷器冲击放电电压与工频放电电压幅值之比。一般希望它接近于 1，这样避雷器的伏秒特性就比较平坦，有利于绝缘配合。

(3) 切断比

它等于避雷器工频放电电压的下限与灭弧电压之比。这是表示火花间隙灭弧能力的一个技术指标，切断比越接近于 1，说明该火花间隙的灭弧性能越好、灭弧能力越强。

(4) 保护比

它等于避雷器的残压与灭弧电压之比。保护比越小，表明残压低或灭弧电压高，意味着绝缘上受到的过电压较小，而工频续流又能很快被切断，因而该避雷器的保护性能越好。

6.3.4 磁吹避雷器

为进一步提高阀型避雷器的保护能力，不仅采用了通流能力较大的碳化硅高温

电阻(1 350～1 390 ℃高温下烧结而成),而且采用了灭弧能力更强的磁吹式火花间隙,利用流过避雷器自身的电流在磁吹线圈中形成的电动力,迫使间隙中的电弧加快运动、旋转或延伸,使间隙的去游离作用增强,从而提高灭弧能力。该类阀型避雷器也称磁吹阀型避雷器,除用以限制雷电过电压外,还可用来限制操作过电压。它的基本结构和工作原理与普通阀式避雷器相似,主要区别在于采用了灭弧能力较强的磁吹火花间隙和通流能力较大的高温阀片。

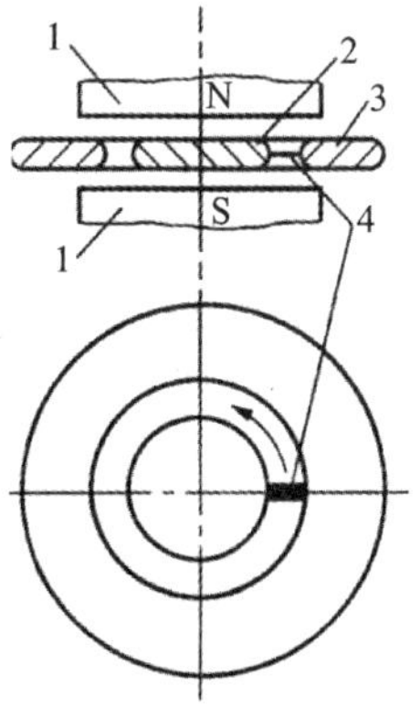

目前各国制造的磁吹避雷器不外乎以下两种类型:

(1) 旋弧型磁吹避雷器

1—永久磁铁;2—内电极;3—外电极;4—电弧(箭头表示电弧旋转方向)

图 6-22 旋弧形磁吹间隙结构示意图

图 6-22 所示为单元磁吹火花间隙的结构示意图,其间隙由两个同心圆式内、外电极所构成,磁场由永久磁铁产生,在外磁场的作用下,电弧受力沿着圆形间隙高速旋转(旋转方向取决于电流方向),使弧柱得以冷却,加速去电离过程,电极表面也不易烧伤。它的灭弧能力提高到能可靠切断 300 A(幅值)的工频续流,其切断比可降至 1.3 左右。这种磁吹间隙用于电压较低的磁吹避雷器中(例如保护旋转电机用的 FCD 系列磁吹避雷器)。

(2) 灭弧栅型磁吹避雷器

图 6-23 所示为这种避雷器的结构示意图。当过电压波袭来时,主间隙 3 和辅助间隙 2 均被击穿而限制了过电压的幅值,避雷器的冲击放电电压由主间隙和辅助间隙共同决定。辅助间隙是必需的,因为如果没有它,冲击电流势必要流过磁吹线圈 1,这时线圈的电感将形成很大的电抗,与工作电阻一起产生很大的残压。

当过电压波顺利入地后,通过避雷器的将是工频续流,因而线圈的感抗变得很小,续流将立即从辅助间隙 2 转入磁吹线圈 1。如果续流 i 的方向如图中所示,那么线圈产生自上往下的磁通,而此时流过主间隙的电流是由左向右的,因此主间隙的续流电弧被磁场迅速吹入灭弧栅 5 的狭缝内(主电极 4、灭弧栅 5 都与线圈 1 平行放置),结果被拉长或分割成许多短弧而迅速熄灭。当续流 i 相反时,磁通方向也相反,因而电弧的运动方向并不改变。

这种磁吹间隙能切断 450 A 左右的工频续流,为普通间隙的 4 倍多。由于电弧被拉长、冷却,电弧电阻明显增大,可以与工作电阻一起来限制工频续流,因而这种火花间隙又称"限流间隙"。计入电弧电阻的限流作用后,就可以适当减少阀片的数目,因而也有助于降低避雷器的残压。这种避雷器的原理接线如图 6-24 所示,它被用于电压较高的磁吹避雷器中(例如保护变电所用的 FCZ 系列磁吹避雷器)。

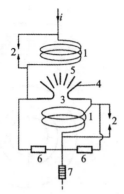 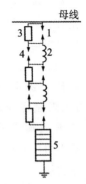

1—磁吹线圈；2—辅助间隙；
3—主间隙；4—主电极；
5—灭弧栅；6—分路电阻；
7—工作电阻

1—主间隙；2—磁吹线圈；
3—分路电阻；4—辅助间隙；
5—工作电阻

图 6-23 灭弧栅型磁吹避雷器的结构示意图

图 6-24 灭弧栅型磁吹避雷器的原理接线图

磁吹避雷器所采用的高温阀片也以碳化硅作为主要原料，但它的焙烧温度高达 1 350～1 390 ℃，通流容量要比低温阀片大得多，能通过 20/40 μs，10 kA 的冲击电流和 2 000 μs，800～1 000 A 的方波各 20 次。它不易受潮，但非线性特性较低温阀片稍差（其 $\alpha \approx 0.24$）。

上述磁吹避雷器的结构特点和应用范围见表 6-2。

表 6-2 磁吹避雷器的系列

系列名称	系列型号	额定电压/kV	结构特点	应用范围
变电所型	FCZ	35～500	灭弧栅型磁吹间隙	变电所电气设备的保护
旋转电机型	FCD	2～15	旋弧型磁吹间隙、部分间隙和并联电容	旋转电机的保护

6.3.5 金属氧化物避雷器(MOA)

新型的氧化物避雷器(MOA)出现于 20 世纪 70 年代，现在已在全世界得到广泛应用，其性能比碳化硅避雷器更好，其阀片是以氧化锌为主要原料，并添加其他微量的氧化铋、氧化钴、氧化锰、氧化锑、氧化铬等金属氧化物烧结而成，具有极其优异的非线性特性，在正常工作电压的作出下，其阻值很大（电阻率高达 $10^{10} \sim 10^{11}\ \Omega \cdot cm$），通过的漏电流很小（$\ll 1\ mA$），而在过电压的作用下，阻值会急剧变小，其伏安特性仍可用下式表示：

$$u = Ci^\alpha$$

其中非线性指数 α 与电流密度有关，用 ZnO 为主要原料制成的氧化锌阀片的 α 一般只有 0.01～0.04，即使在大冲击电流（例如 10 kA）下，α 也不会超过 0.1，可见其非线性要比碳化硅阀片好得多,已接近于理想值($\alpha=0$)。在图 6-25 中将二者的伏安特性绘在一起作比较,可以看出:如果在 $I=10^4$ A 时二者的残压基本相等,那么在相电压下,SiC 阀片将流过幅值达数百安的电流,因而必须要用火花间隙加以隔离;而 ZnO 阀片在相电压下流过的电流数量级只有 10^{-5} A,所以用这种阀片制成的 ZnO 避雷器可以省去串联的火花间隙,成为无间隙避雷器。

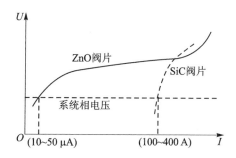

图 6-25 ZnO 阀片与 SiC 阀片的伏安特性比较

与传统的有串联间隙的 SiC 避雷器相比,无间隙 ZnO 避雷器具有一系列优点。

(1) 无间隙

在工作电压作用下,氧化锌实际上相当于一绝缘体,因而工作电压不会使氧化锌阀片烧坏,所以可以不用串联间隙来隔离工作电压。由于无间隙,当然也就没有因串联间隙而带来的一系列问题,如污秽、内部气压变化对间隙的电位分布和放电电压的影响等。同时,因无间隙,故大大改善了陡波下的响应特性,不存在间隙放电电压随雷电波陡度增加而增大的问题,提高了对设备保护的可靠性。

(2) 无续流

当作用在氧化锌阀片上的电压超过某一值(此值称为起始动作电压)时,将发生"导通",其后,氧化锌阀片上的残压受其良好的非线性特性所控制,当系统电压降至起始动作电压以下时,氧化锌的"导通"状态终止,又相当于一绝缘体,因此不存在工频续流。

(3) 电气设备所受过电压可以降低

氧化锌避雷器在整个过电压过程中都有电流流过,因此降低了作用在变电站电气设备上的过电压。

(4) 通流容量大

由于氧化锌阀片的通流能力大(必要时也可采用两柱或三柱阀片并联),提高了避雷器的动作负载能力,因此可以用来限制内部过电压。

(5) 耐污性能好

由于没有串联间隙,因而可避免因瓷套表面不均匀染污使串联火花间隙放电电压不稳定的问题,即这种避雷器具有极强的耐污性能,有利于制造耐污型和带电清洗型避雷器。

由于 ZnO 避雷器具有上述重要优点,因而发展潜力很大,是避雷器发展的主要方向,正在逐步取代普通阀式避雷器和磁吹避雷器。在用作直流输电系统的保护时,这些优异特性更显得特别重要,从而使 ZnO 避雷器成为直流输电系统最理想的过电压保护装置。

由于 ZnO 避雷器没有串联火花间隙,也就无所谓灭弧电压、冲击放电电压等特性参数,但也有自己某些独特的电气特性,简要说明如下。

(1) 避雷器额定电压

它相当于 SiC 避雷器的灭弧电压,但含义不同,它是避雷器能较长期耐受的最大工频电压有效值,即在系统中发生短时工频电压升高时(此电压直接施加在 ZnO 阀片上),避雷器亦应能正常可靠地工作一段时间(完成规定的雷电及操作过电压动作负载、特性基本不变、不会出现热损坏)。

(2) 容许最大持续运行电压(MCOV)

该避雷器能长期持续运行的最大工频电压有效值。它一般应等于系统的最高工作相电压。

(3) 起始动作电压

大致位于 ZnO 阀片伏安特性曲线由小电流上升部分进入大电流平坦部分的转折处,可认为避雷器此时开始进入动作状态以限制过电压。通常以通过 1 mA 电流时的电压 U_{1mA} 作为起始动作电压。

(4) 残 压

指放电电流通过 ZnO 避雷器时,其端子间出现的电压峰值。此时存在三个残压值:

① 雷电冲击电流下的残压 $U_{R(t)}$,电流波形为 7~9/8~22 μs,标称放电电流为 5 kA,10 kA,20 kA;

② 操作冲击电流下的残压 $U_{R(s)}$,电流波形为 30~100/60~200 μs,电流峰值为 0.5 kA(一般避雷器),1 kA(330 kV 避雷器),2 kA(500 kV 避雷器);

③ 陡波冲击电流下的残压 $U_{R(st)}$,电流波前时间为 1 μs,峰值与标称(雷电冲击)电流相同。

(5) 保护水平

ZnO 避雷器的雷电保护水平 $U_{P(t)}$ 为下列二值中的较大者:

① 雷电冲击残压 $U_{R(t)}$;

② 陡波冲击残压 $U_{R(st)}$ 除以 1.15,即

$$U_{P(t)} = \max\left[U_{R(t)}, \frac{U_{R(st)}}{1.15}\right] \quad (6-19)$$

ZnO 避雷器的操作保护水平 $U_{P(s)}$ 等于操作冲击残压,即

$$U_{P(s)} = U_{R(s)} \quad (6-20)$$

(6) 压 比

指 ZnO 避雷器在波形为 8/20 μs 的冲击电流规定值(例如 10 kA)作用下的残压

U_{10kA} 与起始动作电压 U_{1mA} 之比。压比 (U_{10kA}/U_{1mA}) 越小,表明非线性越好、避雷器的保护性能越好。目前产品制造水平所能达到的压比为 1.6~2.0。

(7) 荷电率(AVR)

它的定义是容许最大持续运行电压的幅值与起始动作电压之比,即

$$\mathrm{AVR} = \frac{\mathrm{MCOV}\sqrt{2}}{U_{1mA}} \quad (6-21)$$

它是表示阀片上电压负荷程度的一个参数。设计 ZnO 避雷器时为它选择一个合理的荷电率是很重要的,这时应综合考虑阀片特性的稳定度、漏电流的大小、温度对伏安特性的影响、阀片预期寿命等因素。选定的荷电率大小对阀片的老化速度有很大的影响,一般选用 45%~75% 或更大。在中性点非有效接地系统中,因一相接地时非故障相上的电压会升至线电压,所以一般选用较小的荷电率。

将保护间隙和各种避雷器的有关特性总结于表 6-3,以便进行综合比较,形成完整的概念。

表 6-3 各种避雷器的综合比较

避雷器类型 比较项目	保护间隙	管式避雷器	阀式避雷器		
			普通阀式避雷器	磁吹避雷器	氧化锌避雷器
放电电压 的稳定性	由于火花间隙暴露在大气中,周围的大气条件(气压、气温、湿度、污秽等)对放电电压有影响;由于火花间隙中是不均匀电场,存在极性效应		大气条件和电压极性对放电电压无影响		有十分稳定的起始动作电压
伏秒特性 与绝缘配合	保护间隙和管式避雷器的伏秒特性 3 很陡,难以与设备绝缘的伏秒特性 2 取得良好的配合,但能与线路绝缘的伏秒特性 1 取得配合 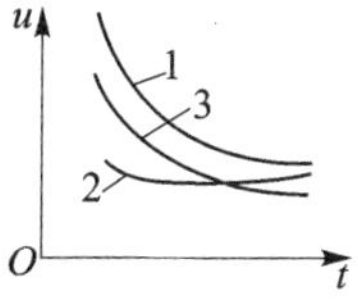		此类避雷器的伏秒特性 2 很平坦,能与设备绝缘的伏秒特性 1 很好地配合 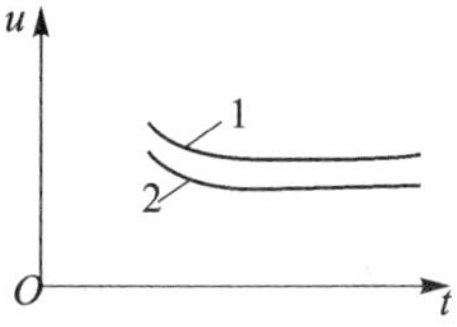		具有最好的陡波响应特性

续表 6-3

避雷器类型 比较项目	保护间隙	管式避雷器	阀式避雷器		
			普通阀式避雷器	磁吹避雷器	氧化锌避雷器
动作后产生的波形	动作后产生陡度很大的截波,对变压器类设备的绝缘(特别是纵绝缘)很不利		动作后电压不会降至零值,因有工作电阻上的压降		
灭弧能力(能否自动切断工频续流)	无灭弧能力,需与自动重合闸配合使用		有	很强	几乎无续流
通流容量	大	相当大	较小		较大
能否对内部过电压实施保护	不能,但在内部过电压下动作,本身并不会损坏		不能(在内部过电压下动作,本身将损坏)	能保护部分内部过电压	能
结构复杂程度	最简单	较复杂	复杂	最复杂	较简单
价格	最便宜	较贵	贵	最贵	较便宜
应用范围	低压配电网、中性点非有效接地电网	输电线路的绝缘弱点、变电所、发电厂的进线段保护	变电所	变电所、旋转电机	所有场合

6.4 防雷接地装置

前面所介绍的各种防雷保护装置都必须配备合适的接地装置才能有效地发挥其保护作用,所以防雷接地装置是整个防雷保护体系中不可或缺的一个重要组成部分。

6.4.1 接地装置一般概念

电工中"地"是指地中不受入地电流的影响而保持着零电位的土地。电气设备导电部分和非导电部分与大地的人为连接称为接地。与大地土壤直接接触的金属导体或金属导体组称为接地体连接电气设备应接地部分与接地体的金属导体称为接地线,接地体和接地线统称为接地装置。电气设备接地的目的主要是保护人身和设备的安全,所有电气设备应按规定进行可靠接地。

电气设备需要接地的部分与大地的连接是靠接地装置来实现的,它由接地体和接地引线组成。接地体有人工和自然两大类,前者专为接地的目的而设置,而后者主要用于别的目的,但也兼起接地体的作用,例如钢筋混凝土基础、电缆的金属外皮、轨道、各种地下金属管道等都属于天然接地体。接地引线也有可能是天然的,例如建筑物墙壁中的钢筋等。

电力系统中的接地可分为三类:

① 工作接地。为了保证电气设备在正常和事故情况下可靠地工作而进行的接地称为工作接地,如中性点直接接地和间接接地以及零线的重复接地等都是工作接地。它的阻值一般在 0.5~10 Ω 的范围内。

② 保护接地。为了保证人身安全,避免发生人体触电事故,将电气设备的金属外壳与接地装置连接的方式称为保护接地。当人体触及外壳已带电的电气设备时,由于接地体的接触电阻远小于人体电阻,绝大部分电流经接地体进入大地,只有很小部分流过人体,不致对人的生命造成危害。它的阻值一般在 1~10 Ω 的范围内。

③ 防雷接地。用来将雷电流顺利泄入地下,以减小它所引起的过电压,它的性质似乎介于前面两种接地之间,它是防雷保护装置不可或缺的组成部分,这有些像工作接地;但它又是保障人身安全的有力措施,而且只有在故障条件下才发挥作用,这又有些像保护接地。它的阻值一般在 1~30 Ω 的范围内。

对工作接地和保护接地而言,通常接地电阻是指流过工频或直流电流时的电阻值,这时电流入地点附近的土壤中均出现了一定的电流密度和电位梯度,所以已不再是电工意义上的"地"。

防雷接地与保护接地、工作接地的两点区别:

区别之一,雷电流幅值大

雷电流幅值大,就会使地中电流密度增大,因而提高了土壤中的电场强度,在接地体附近尤为显著。若此电场强度超过土壤击穿场强时,在接地体周围的土壤中便会发生局部火花放电,使土壤导电性增大,接地电阻减小。因此,同一接地装置在幅值甚高的冲击电流作用下,其接地电阻要小于工频电流下的数值。这种效应称为火花效应。

区别之二,雷电流的等值频率高

雷电流等值频率较高,使接地体自身电感的影响增加,阻碍电流向接地体远端流通,对于长度长的接地体,这种影响更加明显,结果会使接地体得不到充分利用,使接地装置的电阻值大于工频接地装置电阻值。这种现象称为电感影响。

接地电阻 R_e 是表征接地装置功能的一个最重要的电气参数。严格说来,接地电阻包括四个组成部分,即:接地引线的电阻、接地体本身的电阻、接地体与土壤间的过渡(接触)电阻和大地的溢流电阻。不过与最后的溢流电阻相比,前三种电阻要小得很多,一般均忽略不计,这样一来,接地电阻 R_e 就等于从接地体到地下远处零位面之

间的电压 U_e 与流过的工频或直流电流 I_e 之比,即

$$R_e = \frac{U_e}{I_e} \quad (6-22)$$

对防雷接地而言,更需关注的是流过冲击大电流(雷电流或它的一部分)时呈现的电阻,简称冲击接地电阻 R_i。与此相应,将上面工频或直流下的接地电阻 R_e 称为稳态电阻,二者之比称为冲击系数 α_i

$$\alpha_i = \frac{R_i}{R_e} \quad (6-23)$$

其值一般小于1,但在接地体很长时也有可能大于1。

稳态电阻通常用发出工频交流的测量仪器实际测得,但有些几何形状比较简单和规则的接地体的工频(即稳态)接地电阻也可利用一些计算公式近似地求得。这些计算公式大都利用稳定电流场与静电场之间的相似性,以电磁场理论中的静电类比法得出。最常见的一些接地体的工频接地电阻计算公式如下。

(1) 单根垂直接地体

当 $l \gg d$ 时

$$R_e = \frac{\rho}{2\pi l}\left(\ln\frac{8l}{d} - 1\right) \quad (6-24)$$

式中,ρ——土壤电阻率,$\Omega \cdot m$;l——接地体的长度,m;d——接地体的直径,m。

如果接地体不是用钢管或圆钢制成,那么可将别的钢材的几何尺寸按下面的公式折算成等效的圆钢直径,仍可利用式(6-24)进行计算:

如为等边角钢,$d = 0.84b$(b 为每边宽度);

如为扁钢,$d = 0.5b$(b 为扁钢宽度)。

(2) 多根垂直接地体

当单根垂直接地体的接地电阻不能满足要求时,可用多根垂直接地体并联的办法来解决,但 n 根并联后的接地电阻并不等于 R_e/n,而是要大一些,这是因为它们溢散的电流相互之间存在屏蔽影响的缘故,此时的接地电阻

$$R'_e = \frac{R_e}{n\eta} \quad (6-25)$$

式中,η——利用系数,$\eta < 1$。

(3) 水平接地体

$$R_e = \frac{\rho}{2\pi L}\left(\ln\frac{L}{hd} + A\right) \quad (6-26)$$

式中,L——水平接地体的总长度,m;

h——水平接地体的埋深,m;

d——接地体的直径,m,如为扁钢,$d = 0.5b$(b 为扁钢宽度);

A——形状系数,反映各水平接地体之间的屏蔽影响,其值可从表6-4查得。

表 6-4 水平接地体的形状系数

序 号	1	2	3	4	5	6	7	8
接地体形式	─	└	人	○	＋	□	✳	✳
形状系数 A	-0.6	-0.18	0	0.48	0.89	1	3.03	5.65

6.4.2 防雷接地及有关计算

防雷接地装置可以是单独的(例如架空线路各杆塔的接地装置、独立避雷针的接地装置等),也可以与变电所、发电厂的总接地网连成一体。

防雷接地所泄放的电流是冲击大电流,其波前陡度 C_0 很大,如果接地装置的延伸范围足够大(例如很长的水平接地体),接地装置的等值电路与分布参数长线相似。

接地体本身的电感 L_0 在冲击电流下起着重要的作用,而电阻 R_0 的影响可忽略不计;此外,与对地电导 G_0 相比,电容 C_0 的影响也较小,除了在土壤电阻率 ρ 很大的特殊地区外,C_0 的影响通常也可忽略不计。这样一来,可得出图 6-26 中的简化等值电路。

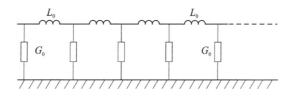

图 6-26 接地装置在冲击波下的简化等值电路

接地体单位长度电感 L_0 虽然不大,但它上面的压降 $L_0 \dfrac{\mathrm{d}i}{\mathrm{d}t}$ 还是很可观的,从而使接地体变成非等电位物体,例如离电流入地点 15 m 处,电压、电流波的幅值就已降低到原始值的 20% 左右,这意味着离雷电流入地点较远的水平接地体实际上已不起作用,总的接地电阻变大,换言之,L_0 的影响是使伸长接地体的冲击接地电阻 R_i 增大。

应该指出,在防雷接地中还有另一个影响冲击接地电阻值的因素:在很大的冲击电流下,经接地体流出的电流密度 J 很大,因而在接地体表面附近的土壤中会引起很大的电场强度 $E(=J\rho)$,当它超过土壤的击穿场强 $E_{b(e)}$ 时,在接地体的周围就会出现一个火花放电区,相当于增大了接地体的有效尺寸,因而使其冲击接地电阻 R_i 变小。如图 6-27 所示为利用一垂直接地体说明这个现象,水平接地体的情况亦与此相似。

上述两个因素(接地体本身的 L_0 和接地体周围的

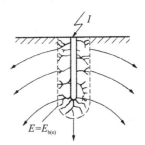

图 6-27 垂直接地体周围的火花区

火花区)对冲击电流下的接地电阻值的影响是相反的,最后形成的冲击接地电阻 R_i 究竟大于还是小于稳态接地电阻 R_e 将视这两个因素影响的相对强弱而定,所以前面式(6-23)中的冲击系数 α_i 可能小于1,也可能大于1(当接地体很长时)。

如果接地装置由 n 根垂直钢管或 n 根水平钢带构成,那么它们的冲击接地电阻 R'_i 应为

$$R'_i = \frac{R_i}{n\eta_i} = \frac{\alpha_i R_e}{n\eta_i} \quad (6-27)$$

式中,η_i 为接地装置的冲击利用系数,它考虑各接地极间的相互屏蔽而使溢流条件恶化的影响,所以 $\eta_i < 1$。

第 7 章 电力系统雷电过电压及其防护

雷害事故在现代电力系统的跳闸停电事故中占有很大的比重,除了那些地处寒带和那些雷暴日数很少的国家和地区外,各国莫不对电力系统的防雷保护给予高度重视。

在整个电力系统的防雷中,输电线路的问题最为突出。这是因为输电线路纵横延伸,地处旷野,易受雷击,雷击线路造成的跳闸事故在电网总事故中占有很大比重。电力系统中的雷电过电压虽大多起源于架空输电线路,但因过电压波会沿着线路传播到变电所和发电厂,而且变电所和发电厂本身也有遭受雷击的可能性,因而电力系统的防雷保护包括了线路、变电所、发电厂等各个环节。

输电线路防雷性能的优劣主要由耐雷水平及雷击跳闸率来衡量。雷击线路时线路绝缘不发生闪络的最大雷电流幅值称为"耐雷水平",以 kA 为单位。低于耐雷水平的雷电流击于线路不会引起闪络,反之,则必然发生闪络。每 100 km 线路每年由雷击引起的跳闸次数称为"雷击跳闸率",这是衡量线路防雷性能的综合指标。

7.1 输电线路的感应雷过电压

输电线路的感应过电压 U_g,可按有无避雷线的情况分别求得。

7.1.1 无避雷线时的感应过电压

根据理论分析和实测结果,我国的技术规程建议,当雷击点离开线路的距离 S 大于 65 m 时,工程计算按 DL/T 620—1997 标准,导线上的感应过电压最大值 U_g 按下式计算:

$$U_g \approx 25 \frac{I_L h_d}{S} (\text{kV}) \qquad (7-1)$$

式中,I_L——雷电流幅值,kA;

h_d——导线悬挂的平均高度,m;

S——雷击点与线路的垂直距离,m。

从式(7-1)可知,感应过电压与雷电流幅值 I_L 成正比,与导线悬挂高度 h_d 成正比,h_d 越高则导线对地电容越小,感应电荷产生的电压就越高;感应过电压与雷击点到导线垂直下方的距离 S 成反比,S 越大,感应过电压 U_g 越小,U_g 的极性同雷电流极性相反。

在设计计算中,由于雷击线路附近地面时,受雷击点的自然接地电阻影响,雷击电流一般先取 $I_L < 100$ kA 的值。实测数据表明:这时线路产生的感应电压一般不会超过 500 kV。这对 110 kV 及以上的线路,由于绝缘水平较高,因此一般不会引起闪络事故。但该值能使 60~80 cm 的空气间隙或 3 片 X-4.5 型悬式绝缘子串闪络,所以 35 kV 及以下水泥杆线路有可能会引起一定的闪络事故。

感应过电压同时存在于三相导线上,由于相间不存在电位差,一般只发生单相对地闪络,如果两相或三相同时对地闪络才形成相间闪络事故。

7.1.2 有避雷线时的感应过电压

线路上方挂有距地面高度 h_b 的避雷线,由于其屏蔽效应,使雷云放电起始阶段的雷云与大地的先导电场场强明显减弱,处于雷云与大地先导电场中的线路上的感应束缚电荷较少,相应的感应过电压也较低。此时感应过电压求解如下:

假设避雷线不接地,据式(7-1)可分别求得避雷线和导线上的感应过电压 U_{gb} 和 U_{gd} 为

$$U_{gb} = 25 \frac{I_L h_b}{S}, \quad U_{gd} = 25 \frac{I_L h_d}{S}$$

所以
$$U_{gb} = U_{gd} \frac{h_b}{h_d} \tag{7-2}$$

事实上,避雷线是通过每基杆塔接地的,为了保证避雷线的零电位,则可以设想避雷线上还存在一个 $-U_{gb}$ 的电压。由于避雷线和导线间的耦合作用,这时将在导线上产生一个耦合电压 $k(-U_{gb})$,k 为避雷线与导线的耦合系数,其值由杆塔的不同类型和导线之间的几何距离所决定。

在避雷线接地的情况下,导线上的电位为

$$U'_{gd} = U_{gd} - k U_{gb} = \left(1 - k \frac{h_b}{h_d}\right) U_{gd} \tag{7-3}$$

式(7-3)表明,接地避雷线可使导线上感应过电压由 U_{gd} 下降到 $\left(1 - k \frac{h_b}{h_d}\right) U_{gd}$。耦合系数 k 越大,则导线上的感应过电压越低。

7.1.3 雷击线路杆塔时线路上的感应电压

当 $S < 65$ m 时,雷云将以直击雷方式作用于线路。雷击杆塔时,不仅流过杆塔并在塔顶产生电位,同时,空中迅速变化的电磁场还在导线上感应一相反符号的感应过电压 U_{gd},对高度约 40 m 以下无避雷线的线路,此感应过电压最大值为

$$U_{gd} = \alpha h_d \tag{7-4}$$

式中,α——感应过电压系数,kV/m,其数值等于以 kA/μs 计的雷电流平均陡度,即

$\alpha = I_L/2.6$。

对高度约 40 m 以下有避雷线的线路,由于屏蔽效应,此感应过电压最大值为

$$U'_{gd} = \alpha h_d (1-k) \tag{7-5}$$

式中,k——避雷线与导线的耦合系数。

7.2 架空输电线路的直击雷过电压和耐雷水平

雷直击于有避雷线的输电线路一般分三种情况,即:雷击杆塔的塔顶,雷击避雷线档距中央和雷绕过避雷线直击于导线(称为绕击导线)。

下面以有避雷线且中性点直接接地系统的线路为例,来分析直击雷过电压和耐雷水平,其他线路的分析原则是相同的。

7.2.1 雷击塔顶时的过电压和耐雷水平

雷击塔顶的次数和雷击线路的总次数之比称为击杆率,记为 g。运行经验表明,在线路落雷总数中,雷击杆塔的次数与避雷线根数及线路经过的地形有直接的关系。DL/T 620—1997 建议的击杆率 g 见表 7-1。

表 7-1 击杆率 g

地 形	避雷线根数		
	0	1	2
平原	1/2	1/4	1/6
山区	—	1/3	1/4

雷击杆塔塔顶时,雷电通道中的负电荷与杆塔及架空线路上的正感应电荷迅速中和形成雷电流。如图 7-1 所示,雷击瞬间自雷击点(即塔顶)有一负雷电流波自塔顶向下运动;另有两个相同的负雷电流波分别自塔顶沿两侧避雷线向相邻杆塔运动;与此同时,自塔顶有一正雷电流波沿雷电通道向上运动,此正雷电流波的数值与三个负雷电流数之总和相等。线路绝缘上的过电压即由这几个电流波所引起。由雷电通道中正电流波的运动在导线上所产生的感应电压已如上节所述,这里主要分析流经杆塔和避雷线中的雷电流所引起的过电压。

1. 塔顶电位

对于一般高度(40 m 以下)的杆塔,在工程近似计算中,常将杆塔和避雷线以集中等效电感 L_{gt} 和 L_b 来代替,这样雷击杆塔时的等效电路如图 7-2 所示(图中 R_{ch} 为杆塔冲击接地电阻),不同类型杆塔的等值电感 L_{gt} 可由表 7-2 查得。单根

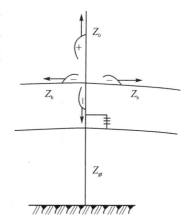

图 7-1 雷击杆塔时雷电流分布

避雷线的等效电感约 $0.67l\ \mu H$(l 为档距长度,单位为 m),双根避雷线约为 $0.42l\ \mu H$。

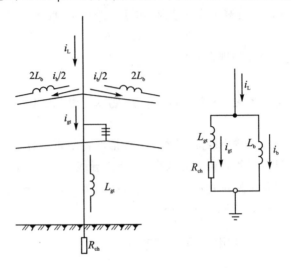

图 7-2 计算塔顶电位的等效电路

考虑到雷击点的阻抗较低,故在计算中可略去雷电通道波阻的影响。由于避雷线的分流作用,流经杆塔的电流 i_{gt} 将小于雷电流 i_L,即

$$i_{gt} = \beta i_L \quad (7-6)$$

式中,β—分流系数,其值可由图 7-2 的等效电路求出,对于不同电压等级一般长度档距的杆塔,β 值可由表 7-3 查得。

表 7-2 杆塔的电感和波阻抗的平均值

杆塔形式	杆塔电感/($\mu H \cdot m^{-1}$)	杆塔波阻/Ω
无拉线水泥单杆	0.84	250
有拉线水泥单杆	0.42	125
无拉线水泥双杆	0.42	125
铁 塔	0.50	150
门型铁塔	0.42	125

表 7-3 一般长度档距的杆塔的线路分流系数

线路额定电压/kV	避雷线根数	β 值
110	1	0.90
	2	0.86
220	1	0.92
	2	0.88
330~500	2	0.88

塔顶电位 U_{td} 可由下式计算:

$$U_{td} = R_{ch} i_{gt} + L_{gt} \frac{di_{gt}}{dt} = \beta R_{ch} i_L + \beta L_{gt} \frac{di_L}{dt} \quad (7-7)$$

以 $\dfrac{di_L}{dt} = \dfrac{I_L}{2.6}$ 代入,则塔顶电位的幅值为

$$U_{td} = \beta I_L R_{ch} + \beta I_L \frac{L_{gt}}{2.6} \quad (7-8)$$

2. 导线电位和线路绝缘子串上的电压

当塔顶电位为 U_{td} 时,则与塔顶相连的避雷线上也将有相同的电位 U_{td},由于避雷线与导线间的耦合作用,导线上将产生耦合电压 kU_{td},此电压与雷电流同极性。此外,由于雷电通道电磁场的作用,根据式(7-5),在导线上还有感应过电压 $\alpha h_d (1-k)$,此电压与雷电流极性相反,所以导线电位的幅值为

$$U_d = kU_{td} - \alpha h_d (1-k) \tag{7-9}$$

线路绝缘子串上两端电压为塔顶电位和导线电位之差,故线路绝缘上的电压幅值为

$$U_j = U_{td} - U_d = U_{td} - kU_{td} + \alpha h_d (1-k) = (U_{td} + \alpha h_d)(1-k) \tag{7-10}$$

以式(7-8)和 $\alpha = \dfrac{I_L}{2.6}$ 代入,得

$$U_j = I_L \left(\beta R_{ch} + \beta \dfrac{L_{gt}}{2.6} + \dfrac{h_d}{2.6} \right)(1-k) \tag{7-11}$$

雷击塔顶时导线、避雷线上电压较高,将出现冲击电晕,k 值应采用电晕校正后的数值。

应该指出,作用在线路绝缘上的电压还有导线的工作电压,对 220 kV 及以下的线路,其值所占比重不大,一般可以略去。但在超高压线路中,随着电压等级的提高,工作电压不应再被忽略,有人建议至少应按照导线运行相电压峰值的一半来考虑,且电压极性与雷电流极性相反,因为任何时刻都至少有一相导线运行在与雷电流相反的极性下。如果按照统计法计算,则雷击时的导线工作电压瞬时值及其极性应作为一个随机变量来考虑。但这些还都没有列入电力行业的相关规程中。

3. 耐雷水平的计算

由式(7-11)可知,线路绝缘上电压的幅值 U_j 随雷电流 I_L 的增大而增大,当 U_j 大于绝缘子串冲击闪络电压时,绝缘子串将发生闪络,由于此时杆塔电位比导线电位高,故此类闪络称为"反击"。雷击杆塔的耐雷水平 I_1 可令 U_j 等于线路绝缘子串的冲击闪络电压 $U_{50\%}$ 时求得,即

$$I_1 = \dfrac{U_{50\%}}{(1-k)\left[\beta \left(R_{ch} + \dfrac{L_{gt}}{2.6} \right) + \dfrac{h_d}{2.6} \right]} \tag{7-12}$$

按 DL/T620—1997 标准,不同电压等级的输电线路,雷击杆塔时的耐雷水平 I_1 不应低于表 7-4 所列数值。从式(7-12)可知,雷击杆塔时的耐雷水平与分流系数 β、杆塔等效电路电感 L_{gt}、杆塔冲击接地电阻 R_{ch}、导线地线间的耦合系数 k 和绝缘子串的冲击闪络电压 $U_{50\%}$ 有关。实际上往往以降低杆塔接地电阻 R_{ch} 和提高耦合系数 k 作为提高耐雷水平的主要手段。对一般高度杆塔,冲击接地电阻 R_{ch} 上的电压降是塔顶电位的主要成分,因此降低接地电阻可有效地减小塔顶电位和提高耐雷水平。

增加耦合系数 k 可以减少绝缘子串上电压和减少感应过电压,因此同样可以提高耐雷水平。常用措施是将单避雷线改为双避雷线,或在导线下方增设架空地线(称为耦合地线),其作用是增强导线、地线间的耦合作用,同时也增加了地线的分流作用。

表 7-4 有避雷线的耐雷水平

额定电压/kV	35	60	110	220	330	500
耐雷水平/kA	20～30	30～60	40～75	80～120	100～150	125～175

距避雷线最远的导线,其耦合系数最小,一般较易发生反击。

7.2.2 雷击避雷线档距中央时的过电压

从雷击引起导、地线间气隙击穿的角度来看,雷击避雷线最严重的情况是雷击点处于档距中央时,因为这时从杆塔接地点反射回来的异号电压波抵达雷击点的时间最长,雷击点上面的过电压幅值最大。

雷击避雷线档距中央如图 7-3 所示,如果雷击点两侧并联后的等效波阻抗为 $Z_b/2$,大致等于雷电通道的波阻抗 Z_0,则流经避雷线的电流约为该雷云对波阻抗(或电阻)小于 30 Ω 的物体放电时的电流(即定义的雷电流)的一半。所以雷击点 A 的电位为

$$u_A = \frac{i_L}{2} \frac{Z_b}{2} \qquad (7-13a)$$

若雷电流取为斜角波头,即 $i_L = \alpha t$,则式(7-13a)可改写为

$$u_A = \frac{\alpha t Z_b}{4} \qquad (7-13b)$$

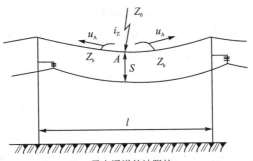

Z_0—雷电通道的波阻抗;
S—中央导线与避雷线间距离

图 7-3 雷击避雷线档距中央

这一雷电波沿避雷线经过 $\frac{l}{2v}$(l 为档距长度,v 为雷电波在避雷线中的波速)时间传到杆塔后,由于杆塔冲击接地电阻 R_{ch} 远小于避雷线的波阻抗 Z_b,将发生负反射。

又经过 $\frac{l}{2v}$ 时间后,负反射波到达 A 点,A 点上的电压于是不再升高,此时 A 点电压为最大值 U_A,即

$$U_A = \frac{\alpha Z_b l}{4v} \tag{7-14}$$

考虑到避雷线与导线间的耦合作用,可求得作用在避雷线与导线间隙 S 上的电压 U_S 为

$$U_S = \frac{\alpha Z_b l}{4v}(1-k) \tag{7-15}$$

式中,k——耦合系数。

从式(7-15)可知,雷击避雷线档距中央时,雷击处避雷线与导线间的空气间隙上的电压 U_S 与雷电流陡度 α 成正比,与档距 l 成正比。当此电压超过空气间隙的放电电压时,间隙将被击穿造成短路事故。为防止空气间隙被击穿,通常采用的处理办法是保证避雷线与导线间有足够的距离 S。经过多年运行经验的修正,DL/T 620—1997 标准认为对于一般档距的线路,如果档距中央处导线、避雷线之间的空气距离满足下述经验公式,则一般不会出现击穿事故:

$$S \geqslant 0.012l + 1(\text{m}) \tag{7-16}$$

经验表明,在档距中间由于雷击避雷线引起跳闸事故是极为罕见的,这与避雷线与导线间的电容值较大和建弧率较小有关。

7.2.3 绕击时的过电压和耐雷水平

装设避雷线的线路,仍然有雷绕过避雷线而击于导线的可能性,称为绕击。虽然绕击的概率很小,但一旦出现此类情况,则往往会引起线路绝缘子串的闪络。

对于一般的工程实际问题,往往采用从模拟试验和现场运行经验中得出的经验公式来求取绕击概率。绕击概率与避雷线对外侧导线保护角 α(如图 7-4 所示)、杆塔高度 h 和线路经过地区的地形地貌和地质条件有关。DL/T 620—1997 标准中用下列公式计算绕击率:

对平原地区

$$\lg P_a = \frac{\alpha \sqrt{h}}{86} - 3.9 \tag{7-17}$$

对山区

$$\lg P_a = \frac{\alpha \sqrt{h}}{86} - 3.35 \tag{7-18}$$

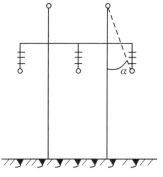

图 7-4 保护角

式中，P_a——绕击率，即一次雷击线路中出现绕击的概率；
α——保护角，(°)；
h——杆塔高度。

山区线路因地面附近的空间电场受山坡地形等影响，其绕击率为平原的3倍，或相当于保护角增大8°。

由式(6-12)可知，绕击导线时的雷电过电压为

$$U_A = 100I(\text{kV}) \tag{7-19}$$

如令 U_A 等于线路绝缘子串的50%冲击放电电压 $U_{50\%}$，则上式中的 I 即为绕击时的耐雷水平 I_2，于是

$$I_2 = \frac{U_{50\%}}{100}(\text{kA}) \tag{7-20}$$

7.3 架空输电线路的雷击跳闸率及防雷措施

输电线路落雷后，如雷电流超过线路的耐雷水平，即发生绝缘子串闪络。雷电流经闪络通道流入大地。由于闪络的时间很短，继电保护装置来不及动作，不会引起跳闸。只有冲击闪络在工作电压的作用下转变为持续的工频电弧时，线路才会发生跳闸。我们把每百千米线路每年由雷害引起的跳闸次数称为线路的雷击跳闸率，记为 n。n 与线路的等效受雷宽度、每个雷暴日每平方千米落雷次数、线路长度以及线路所经过地区的雷电活动程度有关。因此研究输电线路的雷击跳闸率，必须考虑持续工频电弧及线路可能受雷次数等因素的作用。

7.3.1 建弧率

冲击闪络在线路的工作电压作用下转变为工频电弧的概率与闪络通道中的平均电场强度有关，同时也与闪络瞬间工频电压的瞬时值和去游离条件有关。冲击闪络转变为持续工频电弧的概率称为建弧率 η。建弧率 η 的值，根据试验和运行经验，可按下式计算：

$$\eta = (4.5E^{0.75} - 14) \times 10^{-2} \tag{7-21}$$

式中，E——绝缘子的平均耐压梯度，kV/m。

对中性点直接接地系统

$$E = \frac{U_N}{\sqrt{3}l_j} \tag{7-22}$$

对中性点非直接接地系统

$$E = \frac{U_N}{2l_j + l_m} \tag{7-23}$$

式中，U_N——输电线路的额定电压，kV；

　　　l_j——绝缘子串的放电距离，m；

　　　l_m——木横担线路的线间距离，m，对铁横担和钢筋混凝土横担线路，$l_m=0$。

实践证明：当 $E \leqslant 6kV/m$（有效值）时，建弧率很小，可以近似地认为建弧率 $\eta \approx 0$。

7.3.2　有避雷线输电线路雷击跳闸率的计算

1. 雷击杆塔时跳闸率的计算

如前所述，每百千米有避雷线的线路每年（40雷暴日）落雷次数为 $N=0.6h_b$（h_b 为避雷线对地平均高度）。若击杆率为 g，每百千米线路每年雷击杆塔次数为 $N_g=0.6h_b g$。雷击杆塔时的耐雷水平为 I_1，雷电流幅值超过 I_1 的概率为 P_1，建弧率为 η，则每年雷击杆塔的跳闸次数 n_1 为

$$n_1 = 0.6 h_b g \eta P_1 \tag{7-24}$$

2. 绕击跳闸率的计算

对于绕击而言，绕击率为 P_a，每百千米架空线路每年绕击次数为 $0.6 h_b P_a$。绕击时的耐雷水平为 I_2，雷电流超过 I_2 的概率为 P_2，建弧率为 η，则绕击跳闸次数 n_2 为

$$n_2 = 0.6 h_b \eta P_a P_2 \tag{7-25}$$

3. 输电线路雷击跳闸率

对于雷击避雷线档距中央跳闸率的研究表明，只要使档距中央的避雷线与导线的空气间隙距离满足式（7-16），则不会发生跳闸事故，其跳闸率可视为零。

因此，雷击跳闸率 n 按下式计算：

$$n = n_1 + n_2 = 0.6 h_b \eta (g P_1 + P_a P_2) \tag{7-26}$$

7.3.3　输电线路防雷的具体措施

根据前面对雷电产生、发展的分析，在确定不同电压等级的输电线路防雷保护方式时，主要应从线路的重要程度、系统的运行方式、输电线路经过地区雷电活动的强弱、地形地貌的特点、土壤电阻率等条件，结合当地原有线路的运行经验，根据技术经济比较的结果，因地制宜、全面考虑。综合起来主要有下述保护措施。

1. 架设避雷线

避雷线是高压和超高压线路最基本的防雷保护措施，其作用是防止雷直击于导线。此外，由于避雷线的屏蔽作用以及避雷线对雷电流的分流作用，可以有效地减小流入杆塔的雷电流，使塔顶电位下降，而且由于避雷线对导线的耦合作用，可以充分降低导线上的感应过电压。

DL/T 620—1997 标准规定：330 kV 以上的线路应全线装设双避雷线，双避雷线保护角一般取 20°左右，500 kV 一般小于 15°；220 kV 线路应全线装设避雷线，在山

区应全线装设双避雷线；110 kV 线路一般应全线装设避雷线，但在少雷区或运行经验证明雷电活动轻微的地区可以不全线架设避雷线；60 kV 线路视线路负荷的重要程度决定是否装设全线单避雷线，如果线路的负荷重要且年雷暴日在 30 日以上时应全线装设单避雷线，保护角一般采用 25°~30°，在雷电活动较少地区，不必沿全程装设避雷线；35 kV 线路一般不装设避雷线，因 35 kV 线路耐雷水平只有 20 kA，因而雷击避雷线反击导线的可能性随之增大，因此，装避雷线提高线路的可靠性的作用较小。为提高不装设避雷线的 35~60 kV 线路的供电可靠性，一般采用中性点不接地，或采用自动重合闸、环网供电等方式，这样也能使不沿全程架设架空避雷线的 35~60 kV 线路得到较满意的防雷效果。

为了降低正常工作时避雷线中电流所引起的附加损耗和将避雷线兼作通信用，可将避雷线经小间隙对地绝缘起来，雷击时此小隙击穿，避雷线接地。

2. 降低杆塔的接地电阻

对于一般高度的杆塔，降低杆塔接地电阻是提高线路耐雷水平、防止反击的有效措施。DL/T 620—1997 标准规定，有避雷线的线路，每基杆塔（不连避雷线时）的工频接地电阻，在雷雨季节干燥时不宜超过表 7-5 所列数值。

表 7-5 有避雷线输电线路杆塔的工频接地电阻

土壤电阻率/(Ω·m)	100 及以下	100~500	500~1 000	1 000~2 000	2 000 以上
接地电阻/Ω	10	15	20	25	30

土壤电阻率低的地方，应充分利用杆塔的自然接地电阻，采用与线路平行的地中伸长地线的办法。地中伸长地线与导线间的耦合作用可降低绝缘子串上的电压，从而使线路的耐雷水平提高。

3. 架设耦合地线

在降低杆塔接地电阻有困难时，可以采用在导线下方架设地线的措施，其作用是增加避雷线与导线间的耦合作用，以降低绝缘子串上的电压。此外，耦合地线还可增加对雷电流的分流作用。运行经验证明，耦合地线对降低雷击跳闸率的作用是很显著的。

4. 采用不平衡绝缘方式

在现代高压及超高压线路中，同杆架设的双回路线路日益增多，对此类线路在采用通常的防雷措施尚不能满足其要求时，还可采用不平衡绝缘方式来降低双回路雷击同时跳闸率，以保证不中断供电。也就是使两回路的绝缘子串片数有差异，雷击时绝缘子串片少的回路先闪络，闪络后的导线相当于地线，增加了对另一回路导线的耦合作用，提高了另一回路的耐雷水平，不致发生闪络，以保证另一回路可继续供电。一般认为，两回路绝缘水平的差异宜为 $\sqrt{3}$ 倍相电压（峰值），差异过大将使线路总故障率增加。

5. 采用中性点非有效接地方式

对于 35 kV 及以下的线路,一般不采用全线架设避雷线的方式,而采用中性点不接地或经消弧线圈接地的方式。绝大多数的单相接地故障能够自动消除,不致引起相间短路和跳闸;而在两相或三相着雷时,雷击引起第一相导线闪络并不会造成跳闸,闪络后的导线相当于地线,增加了耦合作用,使未闪络相绝缘子串上的电压下降,从而提高了线路的耐雷水平。我国的消弧线圈接地方式运行效果较好,雷击跳闸率可降低 1/3 左右。

6. 装设避雷器

一般在线路交叉处和在高杆塔上装设排气式避雷器以限制过电压。在雷电活动强烈、土壤电阻率很高或降低杆塔接地电阻有困难等地区,装设重量较轻的复合绝缘外套金属氧化物避雷器。该避雷器由氧化锌阀片和串联间隙组成,并接在线路绝缘子两端,雷击造成线路绝缘闪络,串联间隙放电,由于非线性电阻的限流作用,通常能在 1/4 工频周期内把工频电弧切断,断路器不必动作。运行经验表明,线路型复合绝缘外套金属氧化物避雷器能够消除或大大减少线路的雷击跳闸率。

7. 加强绝缘

由于输电线路个别地段需采用大档距跨越杆塔,也就增加了杆塔的落雷机会。高塔落雷时塔顶电位高,感应过电压高,而且受绕击的概率也较大。为降低线路跳闸率,可以增加绝缘子串片数,加大档距跨越避雷线与导线之间的距离,以加强线路绝缘。在 35 kV 以下线路可采用磁横担等冲击闪络电压较高的绝缘子串来降低雷击跳闸率。

8. 装设自动重合闸

由于雷击造成的闪络大多数能在跳闸后自动恢复绝缘性能,因此重合闸成功率较高。据统计,我国 110 kV 及以上高压线路重合成功率为 75%～95%,35 kV 及以下线路约为 50%～80%。因此各电压等级线路应尽量装设自动重合闸。

7.4 发电厂和变电所的直击雷保护

发电厂、变电所是电力系统防雷的重要保护部位,如果发生雷击事故,将造成较大面积的停电,严重影响社会生产和人民生活,因此要求发电厂和变电所的防雷措施必须十分可靠。发电厂和变电所遭受雷击主要来自两个方面:一是雷直击于发电厂、变电所的电气设备上;二是架空线路的感应雷过电压或直击雷过电压形成的雷电波沿线路侵入发电厂、变电所(也称侵入波)。

发电厂、所由于设备相对集中,采用避雷针、避雷线后可以非常有效地防护直击雷过电压。我国的运行经验表明，凡按规程要求正确安装了避雷针、避雷线和接地装置的厂、所，发生绕击和反击的事故率非常低，防雷效果是很可靠的。

因此，对发电厂、变电所而言，侵入波过电压的危害是主要的，相应的防护措施主要是合理确定厂、所内避雷器的类型、参数、数量及位置，同时在厂、所的进线段上采取辅助措施，以限制流过避雷器的雷电流的幅值，降低侵入波的陡度。变压器、旋转电机的防雷保护各有特点，此处不再详述。对于直接与架空线路相连的发电机（一般称直配机），除在电机母线上装设避雷器外，还应装设并联电容器，以降低电机绕组侵入波的陡度，保证电机匝间绝缘和中性点绝缘的安全。

7.4.1 发电厂和变电所装设避雷针的原则

① 所有被保护设备（如电气设备、烟囱、冷却塔，水电厂的水工建筑，易燃易爆装置等）均应处于避雷针（线）的保护范围之内，以免遭受雷击。

② 不出现反击。当雷击避雷针时，避雷针对地面的电位可能很高，如它们与被保护电气设备之间的绝缘距离不够，就有可能在避雷针遭受雷击后，使避雷针与被保护电气设备之间发生放电现象，这种现象叫反击。此时避雷针仍能将雷电波的高电位加至被保护的电气设备上，造成事故。不发生反击事故的避雷针与电气设备之间的距离称为避雷针与电气设备之间防雷的最小距离。

7.4.2 避雷针与电气设备之间防雷的最小距离的确定

雷击避雷针时，雷电流流经避雷针及其接地装置，如图 7-5 所示。在避雷针的 h 高度处和接地装置上，将出现高电位 u_k 和 u_d，即

$$u_k = L_{gt}h \frac{di_L}{dt} + i_L R_{ch} \quad (7-27)$$

$$u_d = i_L R_{ch} \quad (7-28)$$

式中，L_{gt}——避雷针高度为 h 段的等效电感；

R_{ch}——避雷针的冲击接地电阻；

i_L——流经避雷针的雷电流；

$\dfrac{di_L}{dt}$——流经避雷针的雷电流的平均上升速度。

实际中取雷电流 i_L 幅值为 100 kA，雷电流的平均上升速度 $\dfrac{di_L}{dt} = \dfrac{100}{2.6}$ kA/μs = 38.5 kA/μs，避雷针单位电感为 1.3 μH/m，则可得相应电位幅值为

$$\left. \begin{aligned} u_k &= 100R_{ch} + 50h \text{ (kV)} \\ u_d &= 100R_{ch} \text{ (kV)} \end{aligned} \right\} \quad (7-29)$$

式（7-29）表明，避雷针与避雷针接地装置上的电位幅值 u_k 和 u_d 与冲击接地电阻

R_{ch} 有关，R_{ch} 越小则 u_k 和 u_d 越低。

为了防止避雷针与被保护设备或构架之间的空气间隙 S_k 被击穿而造成反击事故，S_k 必须大于设备最小安全净距。若取空气的平均击穿场强 E_1 为 500 kV/m，则最小安全净距 $S_{k,min}$ 应为

$$S_{k,min} \geqslant \frac{U_k}{E_1} = 0.2R_{ch} + 0.1h (\text{m})$$
(7-30)

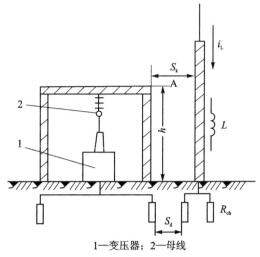

图 7-5 独立避雷针与配电构架应有的距离
1—变压器；2—母线

为了防止避雷针接地装置与被保护设备或构架之间在土壤中的间隙 S_d 被击穿，要求 S_d 设定必须大于设备接地最小安全净距。若取土壤的击穿场强 E_2 为 300 kV/m，则与设备接地最小安全净距，应满足下式要求：

$$S_{d,min} \geqslant \frac{U_d}{E_2} = 0.3R_{ch} (\text{m})$$
(7-31)

在一般情况下，$S_{k,min}$ 不应小于 5 m，$S_{d,min}$ 不应小于 3 m。

7.4.3 装设避雷针(线)的有关规定

对于 35 kV(60 kV)及以下的变电所，因其绝缘水平较低，必须装设独立的避雷针，并满足不发生反击的要求。

对于 110 kV 及以上的变电所，由于此类电压等级配电装置的绝缘水平较高，可以将避雷针直接装设在配电装置的构架上，因雷击避雷针所产生的高电位不会造成电气设备的反击事故。构架避雷针具有节约投资、便于布置等优点，但更应注意反击问题，在土壤电阻率不高的地区，雷击避雷针时在配电构架上出现的高电位不会造成反击事故，但在土壤电阻率大于 2 000 Ω·m 的地区，宜架设独立避雷针。变压器是变电所中最重要而绝缘水平又较弱的设备，一般变压器的门形构架上不允许装设避雷针(线)。要求在其他装置避雷针的构架埋设辅助集中接地装置，且避雷针与主接地网的地下连接点沿接地体的距离不小于 15 m。

由于变电所的配电装置至变电所出线的第一个杆塔之间的距离可能比较大，如允许将杆塔上的避雷线引至变电所的构架上，这段导线将受到保护，比用避雷针保护经济。由于避雷线的两端分流作用，当雷击时，要比避雷针引起的电位升高小一些。因此，DL/T 620—1997 标准建议：110 kV 及以上的配电装置，可将线路避雷线引接至出线门型构架上，但土壤电阻率 ρ 大于 1 000 Ω·m 的地区，应装设集中接地装置。

对于 35~60 kV 配电装置,土壤电阻率 ρ 不大于 500 Ω·m 的地区,允许将线路的避雷线引接至出线门型构架上,但应装设集中接地装置,当 ρ>500 Ω·m 时,避雷线应中止于线路终端杆塔,进变电所一档线路保护可用避雷针保护。

7.5 变电所雷电侵入波过电压保护

变电所中限制雷电侵入波过电压的主要措施是装设避雷器,需要正确选择避雷器的类型、参数,合理确定避雷器的数量和安装位置。如果三台避雷器分别直接连接在变压器的三个出线套管端部,只要避雷器的冲击放电电压和残压低于变压器的冲击绝缘水平,变压器就能得到可靠的保护。

但在实际中,变电所有许多电气设备需要防护,而电气设备总是分散布置在变电所内,常常要求尽可能减少避雷器的组数(一组三台避雷器),又要保护全部电气设备的安全,加上布线上的原因,避雷器与电气设备之间总有一段长度不等的距离。在雷电侵入波的作用下,被保护电气设备上的电压将与避雷器上的电压不相同。下面以保护变压器为例,分析避雷器与被保护电气设备间的距离对其保护作用的影响。

如图 7-6 所示,设侵入波为波头陡度为 a、波速为 v 的斜角波 $u(t)=at$,避雷器与变压器间的距离为 l,不考虑变压器的对地电容,点 B、T 的电压可用网格法求得,如图 7-7 所示,避雷器动作前看作开路,动作后看作短路,分析时不取统一的时间起点,而以各点开始出现电压时为各点的时间起点。行波从 B 点到达 T 所需时间 $\tau = l/v$。

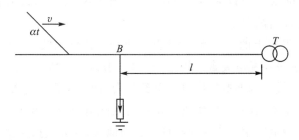

图 7-6 避雷器保护变压器的简单接线

先分析 B 点电压:

T 处反射波尚未到达 B 点时,$u_B(t)=at\ (t<2\tau)$;

T 处反射波到达 B 点后至避雷器动作前(假设避雷器的动作时间 $t_p>2\tau$)

$$u_B(t) = at + a(t-2\tau) = 2a(t-\tau)$$

在避雷器动作瞬间,即

$$u_B(t) = 2a(t_p - \tau);$$

避雷器动作后,避雷器上的电压就是避雷器的残压 U_r,相当于在 B 点加上一个

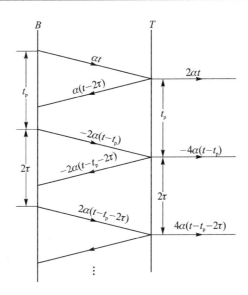

图 7-7 分析避雷器和变压器上电压的行波网格图

负电压波 $-2a(t-t_p)$，此时

$$u_B(t) = 2a(t-\tau) - 2a(t-t_p) = 2a(t_p-\tau) = U_r$$

电压 $u_B(t)$ 的分析波形如图 7-8(a) 所示。

再分析 T 点电压：

雷电侵入波到达变压器端点之后

$$u_T(t) = 2at \quad (t < t_p)$$

在避雷器动作瞬间，即

$$u_T(t) = 2at_p = 2a(t_p - \tau + \tau) = 2a(t_p - \tau) + 2a\tau = U_r + 2a\tau$$

当 $t_p < t < t_p + 2\tau$ 时

$$u_T(t) = 2at - 4a(t-t_p) = -2a(t-2t_p)$$

当 $= t_p + 2\tau$ 时

$$u_T(t) = 2a(t_p + 2\tau) - 4a(t_p + 2\tau - t_p) = 2a(t_p - 2\tau) = U_r - 2a\tau$$

电压 $u_T(t)$ 的分析波形如图 7-8(b) 所示。

通过分析，得出变压器上所受最大电压 U_T 为

$$U_T = U_r + 2a\tau = U_r + 2a\frac{l}{v}$$

无论变压器处于避雷器之前还是之后，上式的分析结果都是一样的。在实际情况下，由于变电所接线方式比较复杂，出线可能不止一路，再考虑变压器的对地电容的作用，冲击电晕和避雷器电阻的衰减作用等，变电所的波过程将十分复杂。实测表明，雷电波侵入变电所时变压器上实际电压的典型波形如图 7-9 所示。它相当于在

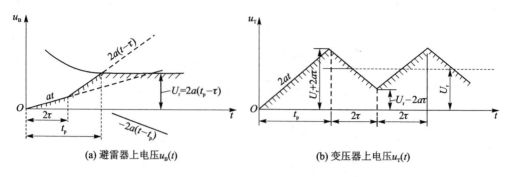

(a) 避雷器上电压 $u_B(t)$ (b) 变压器上电压 $u_T(t)$

图 7-8 避雷器保护变压器的各点电压波形分析

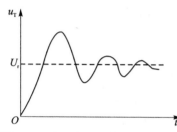

图 7-9 变压器实际电压的典型波形

避雷器的残压上叠加一个衰减的振荡波,这种波形和全波波形相差较大,对变压器绝缘结构的作用与截波的作用较为接近,因此常以变压器绝缘承受截波的能力来说明在运行中该变压器承受雷电波的能力。变压器承受截波的能力称为冲击耐压值 U_j,根据实践经验,对变压器而言,$U_j = 0.87U_{j3}$,U_{j3} 为变压器三次截波冲击试验电压。

取变压器的冲击耐压强度为 U_j,可求出避雷器与变压器的最大允许电气距离,即避雷器的保护距离 l_m 为

$$l_m = \frac{U_j - U_r}{2a/v} = \frac{U_j - U_r}{2a'} \quad (7-32)$$

式中,a'——电压沿导线升高的空间陡度,$a' = a/v$,kV/m。

高压变电所一般在每组母线上装设一组避雷器。普通阀式避雷器和金属氧化物避雷器与主变压器间的电气距离可分别参照表 7-6 和表 7-7 确定,全线有避雷线进线长度取 2 km,进线长度在 1~2 km 时的电气距离按补插法确定。电气距离超过表中的参考值,可在主变压器附近增设一组避雷器。表 7-7 中数据是 110 kV 及 220 kV 金属氧化物避雷器在标称放电电流下的残压分别取 260 kV 及 520 kV 时得到。其他电器的绝缘水平高于变压器,对其他电器的最大距离可相应增加 35%。

表 7-6 普通阀式避雷器至主变压器间的最大电气距离

m

系统额定电压/kV	进线段长度/km	进线路数			
		1	2	3	≥4
35	1	25	40	50	55
	1.5	40	55	65	75
	2	50	75	90	105

续表 7-6

系统额定电压/kV	进线段长度/km	进线路数			
		1	2	3	≥4
66	1	45	65	80	90
	1.5	60	85	105	115
	2	80	105	130	145
110	1	45	70	80	90
	1.5	70	95	115	130
	2	100	135	160	180
220	2	105	165	195	220

说明:1) 全线有避雷线时按进线段长度为 2 km 选取;进线段长度在 1~2 km 时按补插法确定,表 7-7 亦然。

2) 35 kV 也适用于有串联间隙金属氧化物避雷器的情况。

表 7-7 金属氧化物避雷器至主变压器间的最大电气距离

m

系统额定电压/kV	进线段长度/km	进线路数			
		1	2	3	≥4
110	1	55	85	105	115
	1.5	90	120	145	165
	2	125	170	205	230
220	2	125 (90)	195 (140)	235 (170)	265 (190)

说明:1) 本表也适用于电站碳化硅磁吹避雷器(FM)的情况。

2) 本表括号内距离所对应的雷电冲击全波耐受电压为 850 kV。

超高压、特高压变电所由于限制线路上操作过电压的要求,在变电所线路断路器的线路侧必然安装有金属氧化物避雷器,变压器回路也要求安装有金属氧化物避雷器,至于变电所母线上是否安装金属氧化物避雷器以及各避雷器与被保护设备的电气距离,则需要通过数字仿真计算予以确定。

7.6 变电所进线段保护

为了限制流经避雷器的雷电流幅值和雷电波的陡度,需采取一定的保护接线。当线路上出现过电压时,将有行波沿导线向变电所运动,其幅值为线路绝缘的 50% 冲击闪络电压。线路的冲击耐压比变电所设备的冲击耐压要高得多。

如果没有架设避雷线,那么当靠近变电所线路上受雷击时,流过避雷器的雷电流幅值可能超过 5 kA,且其陡度也会超过允许值。因此,这种线路在靠近变电所的一段进线上必须加装避雷线。这样,可尽量减少在这一段进线上出现绕击或反击的次数。

7.6.1 未沿全线架设避雷线的 35 kV 以上变电所的进线段保护

对于 35～110 kV 无避雷线的架空输电线路,当雷直击于变电所附近线路上时,流经避雷器的雷电流幅值将可能超过 5 kA,而且陡度也可能超过允许值。因此,对 35～110 kV 无避雷线的线路在靠近变电所的一段进线上必须架设避雷线,以保证雷电波只在此进线段以外的线路上出现,而在该进线段以内线路出现雷电过电压的概率将大大减少。架设避雷线的这段进线称为进线段保护,其长度一般为 1～2 km,如图 7-10 所示。进线段的耐雷水平见表 7-8。

表 7-8 进线段的耐雷水平

额定电压/kV	35	66	110	220	330	500
耐雷水平/kV	30	60	75	120	140	175

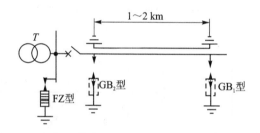

图 7-10 无避雷线线路的变电所进线段保护接线图

由于受线路绝缘的限制,可以认为,所有从进线段以外来的雷电过电压,幅值不会超过线路绝缘的 50% 冲击闪络电压。由于在进线段内冲击电晕的作用,将使雷电入侵波的陡度和幅值下降。

1. 进线段首端落雷时流经避雷器雷电流的计算

当进线段首端落雷时,由于进线段波阻抗的作用,流过避雷器的冲击电流减小。设入侵波的幅值为线路绝缘的 50% 冲击闪络电压,则行波在 $l=1\sim 2$ km 的进线保护段内往返一次所用的时间为

$$\frac{2l}{v} = \frac{2\times(1\,000\sim 2\,000)}{300} = 6.7\sim 13.3(\mu s)$$

而入侵波的波前又较短,平均为 2.6 μs。故避雷器动作后,产生的负电压波折回雷击点产生的反射波到达避雷器前,流经避雷器的雷电流已过了峰值。因此,可用图 7-11 所示的等效电路按下式计算流过避雷器雷电流的最大值 I_b:

$$2U_{50\%} = I_b Z + U_{bm}$$
$$U_{bm} = f(i_b) \tag{7-33}$$

式中，U_{bm}——避雷器的残压幅值；$U_{50\%}$——线路的50%冲击闪络电压。

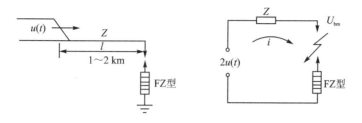

图7-11 流经避雷器的雷电流计算等效电路

式(7-33)可用图解法求解。不同电压等级的 I_b 见表7-9，也可近似计算。

表7-9 进线段外落雷流经单路进线变电所避雷器雷电流的最大值

额定电压/kV	避雷器型号	线路绝缘的 $U_{50\%}$/kV	I_b/kA
35	FZ-35	350	1.41
110	FZ-110J	700	2.67
220	FZ-220J	1200～1400	4.35～5.38
330	FCZ-330J	1645	7.06
500	FCZ-500J	2060～2310	8.63～10.0

2. 侵入变电所雷电波陡度的计算

考虑最不利的情况，在进线段首端落雷，其幅值为线路的 $U_{50\%}$，$U_{50\%}$ 大大超过电晕的起始电压，近似为直角波头。由于电晕的产生，雷电波在行进的过程中将发生变形，波头变缓，进入变电所的波前可按下式计算：

$$\alpha = \frac{u}{\Delta \tau} = \frac{u}{\left(0.5 + \frac{0.008u}{h_d}\right)l}(\text{kV}/\mu\text{s}) \tag{7-34}$$

$$\alpha' = \frac{\alpha}{v} = \frac{\alpha}{300}(\text{kV/m})$$

式中，h_d——导线平均悬挂高度，m；

l——进线段长度，km；

α'——侵入波计算陡度，kV/m。

在最不利的情况下，计算出的变电所侵入波计算陡度见表7-10，根据此表可计算变压器或其他电气设备到避雷器的最大允许电气距离 l_m。

表 7-10　变电所侵入波计算陡度

额定电压/kV	入侵波计算陡度/(kV/m)	
	1 km 进线段	2.0 km 进线段全线有避雷线
35	1.0	0.5
110	1.5	0.75
220	1	1.5
330	1	2.2
500	—	2.5

3. 各元件的作用

对于耐雷水平特别高的线路，如林区的木杆、木横担线路，其冲击闪络电压 $U_{50\%}$ 相当高，这个入侵波进入变电所时，有可能使流过避雷器的电流大于 5 kA，从而使避雷器保护的可靠性下降，此时需装设管型避雷器 GB1 以限制入侵波的幅值，对于其他线路就不需要装设 GB1。对于进线断路器或隔离开关在雷雨季中可能处于开路状态，而线路侧又经常带电的线路，需要装设 GB2，否则，沿线路的雷电波入侵时，在开路点将发生电压波的正全反射，使电压波升高 1 倍，有可能使开路状态的断路器或隔离开关对地产生闪络。由于线路侧带电，这将导致工频短路，烧毁断路器或隔离开关的绝缘部位。但是装有 GB2 而断路器又在合闸位置运行时，入侵波不应使 GB2 动作，即 GB2 应处于变电所阀型避雷器 FZ 的保护范围（即最大允许电气距离）之内，否则入侵波使 GB2 动作，就要产生截波，危及变压器的纵绝缘。在需要装设 GB1 或 GB2 而又选不到参数合适的管型避雷器时，可用阀型避雷器和保护间隙代替。

7.6.2　35 kV 小容量变电所的进线段保护

对于容量在 5 000 kV·A 以下的 35 kV 小容量变电所，可根据供电的重要性和当地的雷电活动的强弱等情况，采用简化的进线段保护。35 kV 小容量变电所接线简单，占地面积小，避雷器与变压器之间电气距离一般可保持在 10 m 以内，这样允许有较高的入侵波陡度。进线段长度可缩短到 500～600 m。接线如图 7-12 所示。其各元件的作用与图 7-10 中元件作用一致。

7.6.3　土壤高电阻率地区变电所的进线段保护

35～110 kV 变电所，如进线段装设避雷线有困难或处在土壤电阻率 $\rho>500\ \Omega\cdot m$ 的地区，进线段难以达到表 7-8 所要求的耐雷水平时，可在进线段的终端杆上装设一组电抗线圈 L 以代替进线段的避雷线。接线如图 7-13 所示。电抗线圈的电感可采用 1 000 μH 左右，此电抗器既能限制侵入波的陡度又能限制流过避雷器电流的幅值。

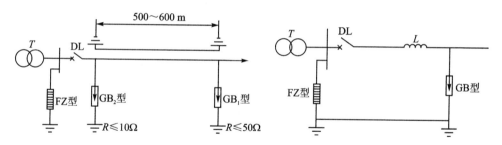

图 7-12　35kV 小容量变电所简化的进线段保护　　图 7-13　以电抗线圈代替进线段的保护接线

7.6.4　全线有避雷线的变电所的进线段保护接线

对于沿全线已架设避雷线的 35～220 kV 变电所,也将变电所附近的 2 km 长的一段列为进线保护段,此段的耐雷水平也应满足表 7-8 的要求,保护角为 20°左右,以尽量减小绕击的机会。如果其进线断路器在雨季可能经常断开运行,亦宜在断路器外侧安装一组保护间隙或阀式避雷器。

第 8 章　内部过电压

电力系统在运行过程中,各种电气设备应工作在其额定电压附近,但由于种种原因,在特定条件下会出现超过工作电压的异常现象,称之为过电压。雷电引起的过电压是其中典型的一类,此外还有一类比较常见的过电压是由系统内部参数发生变化时电磁能量的振荡和积累所引起的,因而称为内部过电压,本章将对后一类过电压进行介绍。

内部过电压按其产生原因和性质可分为操作过电压和暂时过电压,前者是由于倒闸操作或系统故障而引起的过电压,比较典型的情况有:

① 切断空载线路或电容性负载而引起的过电压;
② 空载线路的合闸过电压,特别是带自动重合闸的线路在重合时的过电压;
③ 切除空载变压器引起的过电压;
④ 系统故障后断续电弧接地引起的过电压。

操作过电压的持续时间较短,一般在 0.1 s 以内,其幅值在很大程度上受系统中性点接地方式的影响。这一类过电压可设法采用某些限压保护装置和其他技术措施来加以限制。

受电力系统的接线方式、设备参数及故障类型等因素的影响,内部过电压的幅值、振荡频率和持续时间各不相同,通常将持续时间较长、频率为工频的过电压称为暂时过电压,当系统发生不对称短路或突然甩负荷时所产生的过电压是暂时过电压的典型情况,可将这种过电压称为工频电压升高。此外当系统中电感、电容元件的参数满足一定条件时会形成振荡回落,从而产生谐振过电压,也属于暂时过电压的一种。

一般工频电压升高引起的过电压幅值不大,不会破坏电气设备的绝缘,但操作过电压往往与工频电压升高相伴产生,二者叠加会产生很高的过电压幅值,所以对工频电压升高仍需采取措施加以限制和降低。

谐振过电压的持续时间较长,危害性较大。为尽可能地防止此类过电压的产生,在对电力系统进行设计时应进行必要的计算和分析,采取适当的防止谐振的措施(如参数补偿)以避免形成不利的谐振回路。一般在选择电力系统的绝缘水平时,要求各种绝缘均能可靠地耐受可能出现的谐振过电压的作用,而不再专门设置限压保护措施。谐振过电压的典型情况有:

① 线性谐振过电压,系统中的参数是线性的;
② 铁磁谐振(非线性谐振)过电压,由系统中变压器、电压互感器、消弧线圈等铁芯电感的磁路饱和作用而激发起的过电压;

③ 参数谐振过电压，系统中的电感参数随时间作周期性的变化。

8.1 工频过电压

一般而言，工频电压升高对 220 kV 等级以下、线路不太长的系统是没有危险的，但是它在绝缘裕度较小的超高压输电系统中仍受到很大的注意，这是因为：

① 工频电压升高的幅值是决定保护电器工作条件的主要依据，例如金属氧化物避雷器的额定电压就是按照电网中工频电压升高来确定的，同时，工频电压升高幅值越大，对断路器并联电阻热容量的要求也越高，从而给制造低值并联电阻带来困难。

② 由于工频电压升高大都在空载或轻载条件下发生，与多种操作过电压的发生条件相同或相似，所以它们有可能同时出现、相互叠加，也可以说多种操作过电压往往就是在工频电压升高的基础上发生和发展的，所以在设计高压电网的绝缘时，应考虑它们的联合作用。

③ 工频电压升高持续时间长，对设备绝缘及其运行性能有重大影响。例如，可导致油纸绝缘内部游离、污秽绝缘子的闪络、铁芯的过热、电晕等。

常见的几种工频过电压有：空载长线路的电容效应引起的工频电压升高；不对称短路时正常相上的工频电压升高；甩负荷引起发电机加速而产生的电压升高等。下面分别对其进行讨论。

8.1.1 空载长线路的电容效应

对于长度不很大的输电线路，可用集中参数的 T 型等值电路来表示，如图 8-1(a)所示，图中 $e(t)$ 为电源相电势，R_0，L_0 为电源的内电阻和内电感，R_T，L_T，C_T 为线路的等值电阻、电感和电容。当线路空载时，等值电路可进一步简化为图 8-1(b)的形式。一般 R 要比 X_L 和 X_C 小得多，而空载线路的容抗 X_C 又要大于感抗 X_L，因此在电动势 $\dot{E}$ 的作用下，线路上将流过容性电流，该电流在电感上的压降 $\dot{U}_L$ 与电容上的压降 $\dot{U}_C$ 反相，回路电压方程为

$$\dot{E} = \dot{U}_R + \dot{U}_L + \dot{U}_C = R\dot{I} + jX_L\dot{I} - jX_C\dot{I} \tag{8-1}$$

相应的相量图如图 8-1(c)所示。若忽略电阻 R，则有

$$\dot{E} = \dot{U}_L + \dot{U}_C = j\dot{I}(X_L - X_C) \tag{8-2}$$

可见电容上的压降大于电源电动势，这种现象称为电容效应。

对于长线路(如图 8-2 所示)的情况，需要采用分布参数的等值电路来表示，对于 π 型链式电路，线路任一点 x 处的电压表示为

$$U_x = \frac{E\cos\varphi}{\cos(\lambda+\varphi)}\cos\mu \tag{8-3}$$

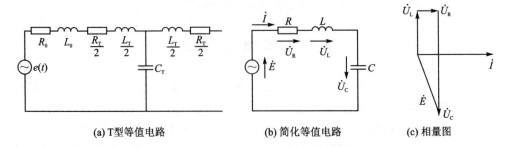

(a) T型等值电路　　　　(b) 简化等值电路　　　　(c) 相量图

图 8-1　空载长线路的等值电路与相量图

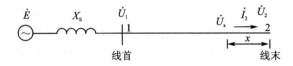

图 8-2　长线路示意图

其中，x 为到线路末端的距离，E 为电源电压，$\varphi=\arctan(X_S/Z)$，X_S 为电源等值电抗，Z 为导线波阻抗，$\lambda=\omega l/v$，ω 为电源角频率，l 为线路长度，v 为光速，$\mu=\omega x/v$。

由式(8-3)可见，由线路末端开始，沿线各处的电压 U_x 按余弦规律变化。显然，在线路末端 $x=0$ 处电压最高，记为 U_2，则

$$U_2 = \frac{E\cos\varphi}{\cos(\lambda+\varphi)} \tag{8-4}$$

若忽略电源电抗，即令 $X_S=0$，则 $\varphi=0$，从而有

$$\frac{U_2}{E} = \frac{1}{\cos\lambda} = \frac{1}{\cos(\omega l/v)} \tag{8-5}$$

显然，线路末端电压 U_2 随线路长度 l 的增加而增大。当 $\lambda=\omega l/v=\pi/2$，即 1/4 波长时，末端电压 U_2 将趋于无穷大，与此对应的线路长度为 $l=\pi v/2\omega=1\,500$ km。

图 8-3 所示为不同长度线路的末端电压升高倍数。

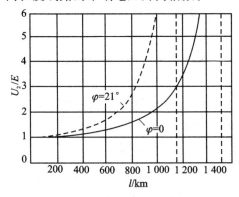

图 8-3　空载线路末端电压升高曲线

为了限制这种工频电压升高现象,大多采用并联电抗器来补偿线路的电容电流以削弱电容效应,效果十分显著。

8.1.2 不对称短路引起的工频电压升高

当系统中发生单相或两相对地短路时,健全相的电压都会升高,其中单相接地引起的电压升高更大一些。考虑到不对称短路往往是由雷击引起的,当健全相上的避雷器动作后,必须能在不对称短路引起的工频电压升高作用下顺利熄弧,因而单相接地时的工频电压升高幅值是确定避雷器灭弧电压的依据。

对不对称故障,通常可采用对称分量法和复合序网进行分析。当 A 相接地时,可求得 B,C 两健全相上的电压为

$$\left.\begin{array}{l}\dot{U}_B = \dfrac{(a^2-1)Z_0 + (a^2-a)Z_2}{Z_0+Z_1+Z_2}\dot{U}_{A0} \\ \dot{U}_C = \dfrac{(a-1)Z_0 + (a-a^2)Z_2}{Z_0+Z_1+Z_2}\dot{U}_{A0}\end{array}\right\} \qquad (8-6)$$

式中,$\dot{U}_{A0}$——系统正常运行时故障点处的相电压;

Z_1,Z_2,Z_0——分别为从故障点看进去的电网正序、负序和零序阻抗;

a——常数,$a=e^{j\frac{2\pi}{3}}$。

对于电源容量较大的系统,$Z_1 \approx Z_2$,如再忽略各序阻抗中的电阻分量 R_0,R_1,R_2,则式(8-6)可改写成

$$\left.\begin{array}{l}\dot{U}_B = \left(-\dfrac{1.5\dfrac{X_0}{X_1}}{2+\dfrac{X_0}{X_1}} - j\dfrac{\sqrt{3}}{2}\right)\dot{U}_{A0} \\ \dot{U}_C = \left(-\dfrac{1.5\dfrac{X_0}{X_1}}{2+\dfrac{X_0}{X_1}} + j\dfrac{\sqrt{3}}{2}\right)\dot{U}_{A0}\end{array}\right\} \qquad (8-7)$$

相量 $\dot{U}_B,\dot{U}_C$ 的模值为

$$U_B = U_C = \sqrt{3}\dfrac{\sqrt{\left(\dfrac{X_0}{X_1}\right)^2 + \left(\dfrac{X_0}{X_1}\right) + 1}}{\dfrac{X_0}{X_1}+2}U_{A0} = KU_{A0} \qquad (8-8)$$

式中

$$K = \sqrt{3}\dfrac{\sqrt{\left(\dfrac{X_0}{X_1}\right)^2 + \left(\dfrac{X_0}{X_1}\right) + 1}}{\dfrac{X_0}{X_1}+2} \qquad (8-9)$$

K 称为接地系数,它表示单相接地故障时健全相的最高对地工频电压有效值与无故障

时对地电压有效值之比。根据式(8-9)即可画出图 8-4 中的接地系数 K 与 X_0/X_1 的关系曲线。

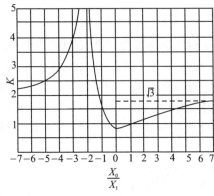

图 8-4 单相接地时健全相的电压升高

下面按电网中性点接地方式分别分析健全相电压升高的程度。

对中性点不接地的 3～10 kV 系统，X_0 主要由线路容抗决定，为负值。单相接地时健全相上的工频电压升高约为额定(线)电压 U_n 的 1.1 倍，避雷器的灭弧电压按 110% U_n 选择，可称为"110%避雷器"。

对中性点经消弧线圈接地的 35～60 kV 系统，在过补偿状态下运行时，X_0 为很大的正值，单相接地时健全相电压接近于额定电压 U_n，故采用"100%避雷器"。

对中性点有效接地的 110～220 kV 电网，X_0 为不大的正值，其 $X_0/X_1 \leq 3$。单相接地时健全相上的电压升高不大于 $1.4U_{A0}(\approx 0.8U_n)$，故采用的是"80%避雷器"。

8.1.3 甩负荷引起的工频电压升高

电力系统在运行过程中，断路器因某种原因而突然跳闸甩掉负荷时，附近的发电机组会产生一系列的机电暂态过程，可能会引起系统中某些位置的工频电压升高。

根据磁链守恒原则，在发电机突然失去部分或全部负荷瞬间，通过激磁绕组的磁通不会发生突变，与其对应的内电势 E'_d 维持原来的数值。但由于负荷的电感电流对发电机主磁通的去磁效应突然消失，而空载线路的电容电流对主磁通起助磁作用，使 E'_d 趋于增大。

此外，发电机突然甩掉一部分有功负荷后，发电机输出的电磁功率迅速降低，而原动机及其调速器有一定惯性，在短时间内原动机的机械功率基本不变，从而出现过剩转矩，将使发电机转速及电源频率上升，这样一方面导致发电机的内电势随转速的增大而升高，另一方面还会加剧线路的电容效应，从而引起较大的电压升高。

如果空载线路的电容效应、单相接地及突然甩负荷等几种情况同时发生，那么工频电压升高可达到相当大的数值(例如 2 倍相电压)，但这种同时发生电压升高的概率非常小。我国的"电力设计技术规范"中规定，不考虑多种形式工频过电压同时发生的情况，规定 220 kV 及以下的电网中不需要采取特殊措施来限制工频电压升高；但在 330～500 kV 超高压电网中，应采用并联电抗器或静止补偿装置等措施，将工频电压升高限制到 1.3～1.4 倍相电压以下。

8.2 谐振过电压

电力系统中有大量储能元件,包括储存磁场能量的电感元件(如变压器、互感器、发电机、消弧线圈、电抗器及各种杂散电感等)和储存电场能量的电容元件(如导线的对地电容和相间电容,串、并联补偿电容器组,过电压保护用电容器,各种设备的杂散电容等),它们的组合可构成具有不同自振频率的振荡回路。而电源中除基波外,也往往含有一系列的谐波成分,当某部分电路的自振频率与电源的基波或某谐波频率接近或相等时,这部分电路就会产生谐振现象,导致在系统的某些部分或某些设备上出现危险的谐振过电压。

电力系统的谐振往往在开关操作或发生事故时出现,但由此引起的谐振过电压不仅存在于操作或发生故障后的过渡过程中,而且也会存在于过渡过程结束后的较长时间内,直到谐振条件被破坏为止,所以谐振过电压的持续时间一般很长,往往会造成严重后果。鉴于此,在对电力系统进行设计或操作前应进行必要的计算和安排,避免形成不利的谐振回路,或采取一定的附加措施,防止谐振的产生、降低谐振过电压的幅值和缩短其存在时间。

在不同结构和不同参数的电网中可以产生不同形式的谐振过电压,按其性质可分为线性谐振、铁磁谐振和参数谐振三类。

8.2.1 线性谐振过电压

这种电路中的电感 L 与电容 C、电阻 R 一样,都是线性参数,即它们的值都不随电流、电压而变化。这些或者是磁通不经过铁芯的电感元件,或者是铁芯的励磁特性接近线性的电感元件。

它们与电网中的电容元件形成串联回路,当电网的交流电源频率接近于回路的自振频率时,回路的感抗和容抗相等或相近而互相抵消,回路电流只受回路电阻的限制而可达很大的数值,这样的串联谐振将在电感元件和电容元件上产生远远超过电源电压的过电压。

限制这种过电流和过电压的方法是使回路脱离谐振状态或增加回路的损耗。在电力系统设计和运行时,应设法避开谐振条件以消除这种线性谐振过电压。

8.2.2 铁磁谐振过电压

电力系统中的变压器、互感器、消弧线圈等一般均带有铁芯,当加在这些元件的电压或流过的电流达到一定条件时,就会出现磁路饱和现象,这时电感不再是常数,而是随着电流或磁通的变化而变化,在满足一定条件时,就会产生铁磁谐振现象,从而激发起幅值较高的铁磁谐振过电压,它具有一系列不同于其他谐振过电压的特点。铁磁谐振可以是基波谐振、高次谐波谐振,也可以是分次谐波谐振,其表现形式可能是一相或多相对地电压升高,或低频摆动从而引起绝缘闪络,或产生较高零序电压分量,或在电压互感器中出现危险的过电流等,危害电力系统的正常运行。

以图 8-5 中的 $L-C$ 串联电路为例说明铁磁谐振过电压的基本物理过程。设 L 是一只带铁芯的非线性电感,由于磁路饱和现象,电感值不再是常数,因而回路也就没有固定的自振频率,同一回路中,既可能产生振荡频率等于电源频率的基波谐振,也可以产生高次谐波(例如 2 次、3 次、5 次等)和分次谐波(例如 $\frac{1}{2}$ 次、$\frac{1}{3}$ 次、$\frac{1}{5}$ 次等)谐振,具有各种谐波谐振的可能性是铁磁谐振的一个重要特点。为分析简便,此处重点讨论基波铁磁谐振现象。

图 8-6 中分别画出了电感上的电压 U_L 及电容上的电压 U_C 与电流 I 的关系曲线(电压、电流均以有效值表示)。由于电容是线性的,所以 $U_C(I)$ 是一条直线 $U_C = \frac{1}{\omega C} I$;对电感 L,在铁芯未饱和前,$U_L(I)$ 也基本是一条直线,但随着电流的增大,铁芯出现饱和现象,电感 L 不断减小,$U_L(I)$ 不再保持直线,其与 $U_C(I)$ 相交于 P 点。

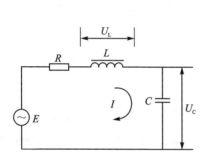

图 8-5 串联铁磁谐振电路

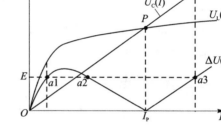

图 8-6 串联铁磁谐振电路的特性曲线

当 $\omega L > \frac{1}{\omega C}$,即 $U_L > U_C$ 时,电路中的电流是感性的;但当 $I > I_P$ 以后,$U_C > U_L$,电流变为容性。由回路各元件上的压降与电源电势的平衡关系可得

$$\dot{E} = \dot{U}_L + \dot{U}_C \tag{8-10}$$

以上电压平衡方程也可以用各相量的大小来表示,考虑 $\dot{U}_L$ 与 $\dot{U}_C$ 的相位相反,电源电势 E 与回路元件的电压降总和 ΔU 相等,即

$$E = \Delta U = |U_L - U_C| \tag{8-11}$$

ΔU 与电流 I 的关系曲线 $\Delta U(I)$ 亦在图 8-6 中绘出。

电动势 E 和 ΔU 曲线的相交点,就是满足上述平衡方程的点。由图 8-6 中可以看出,有 $a1,a2,a3$ 三个平衡点,但这三点并不都是稳定的。研究某一点是否稳定,可假定回路中有一微小的扰动,分析此扰动是否能使回路脱离该点。例如 $a1$ 点,若回路中电流稍有增加,$\Delta U > E$,即电压降大于电动势,使回路电流减小,回到 $a1$ 点。反之,若回路中电流稍有减小,$\Delta U < E$,电压降小于电动势,使回路电流增大,同样回到

$a1$ 点。因此 $a1$ 点是稳定点。用同样的方法分析 $a2,a3$ 点,即可发现 $a3$ 也是稳定点,而 $a2$ 是不稳定点。

同时,从图中可以看出,当电动势较小时,回路存在着两个可能的工作点 $a1,a3$,而当 E 超过一定值以后,可能只存在一个工作点。当有两个工作点时,若电源电动势是逐渐上升的,则能处在非谐振工作点 $a1$。为了建立起稳定的谐振点 $a3$,回路必须经过强烈的扰动过程,例如发生故障,断路器跳闸,切除故障等。这种需要经过过渡过程建立的谐振现象称为铁磁谐振的"激发"。而且一旦"激发"起来以后,谐振状态就可以保持很长时间,不会衰减。

根据以上分析,基波的铁磁谐振有下列特点:

① 产生串联铁磁谐振的必要条件是,电感和电容的伏安特性必须相交,即

$$\omega L > \frac{1}{\omega C} \tag{8-12}$$

因而,铁磁谐振可以在较大范围内产生。

② 对铁磁谐振电路,在同一电源电动势作用下,回路可能有不只一种稳定工作状态。在外界激发下,回路可能从非谐振工作状态跃变到谐振工作状态,电路从感性变为容性,发生相位反倾,同时产生过电压与过电流。

③ 铁磁元件的非线性是产生铁磁谐振的根本原因,但其饱和特性本身又限制了过电压的幅值,此外,回路中的损耗,会使过电压降低,当回路电阻值大到一定数值时,就不会出现强烈的谐振现象。

电力系统中的铁磁谐振过电压常发生在非全相运行状态中,其中电感可以是空载变压器或轻载变压器的激磁电感、消弧线圈的电感、电磁式电压互感器的电感等。电容是导线的对地电容、相间电容以及电感线圈对地的杂散电容等。

为了限制和消除铁磁谐振过电压,人们已找到了许多有效的措施:

① 改善电磁式电压互感器的激磁特性,或改用电容式电压互感器;

② 在电压互感器开口三角绕组中接入阻尼电阻,或在电压互感器一次绕组的中性点对地接入电阻;

③ 在有些情况下,可在 10 kV 及以下的母线上装设一组三相对地电容器,或用电缆段代替架空线段,以增大对地电容,从参数搭配上避开谐振;

④ 在特殊情况下,可将系统中性点临时经电阻接地或直接接地,或投入消弧线圈,也可以按事先规定投入某些线路或设备以改变电路参数,消除谐振过电压。

8.2.3 参数谐振过电压

系统运行中某些元件的电感会发生周期性变化,例如凸极发电机旋转时,其同步电抗的大小随着转子位置的不同而周期性地变化。当外电路的等值电抗呈容性(如带有电容性负载或空载长线路),且容抗大小介于发电机同步电抗的最大值和最小值之间时,则在电感参数周期性变化的过程中将不断地经过回路感抗等于容抗的谐振

点,从而可激发起一种特殊性质的参数谐振现象,导致发电机端电压及回路电流的幅值急剧上升,有时将这种现象称为发电机的自励磁,产生的过电压称为自激过电压。

由于回路中有损耗,所以只有当参数变化所吸收的能量(由原动机供给)足以补偿回路中的损耗时,才能保证谐振的持续发展。从理论上来说,这种谐振的发展将使振幅无限增大,而不像线性谐振那样受到回路电阻的限制;但实际上当电压增大到一定程度后,电感一定会出现饱和现象,而使回路自动偏离谐振条件,使过电压不致无限增大。

发电机在正式投入运行前,设计部门要进行自激的校核,避开谐振点,因此一般不会出现参数谐振现象。

8.3 切除空载线路过电压

电网运行过程中经常会出现切除空载线路的情况,这一方面是对电网进行正常操作的需要,另一方面在事故情况下,由于线路两侧的开关动作时间总存在一定的差异,对后动作的开关而言,就会出现切除空载线路的问题。

空载线路在被切除前通常只有幅值不大的容性电流,远远低于短路电流的水平,但对能切断同一位置短路电流的断路器而言,却未必能顺利地切断空载线路,这主要是因为空载线路中的断路器在分闸过程中会遇到上升速度较快的恢复电压,从而导致电弧重燃,引起持续时间较长、幅值较高的过电压,危害设备的绝缘。我国在 35~220 kV 电网中,因切除空载线路时过电压引起过多次故障。多年的运行经验证明:若使用的断路器的灭弧能力不够强,以致电弧在触头间重燃时,切除空载线路的过电压事故就比较多,因此,电弧重燃是产生这种过电压的根本原因。

8.3.1 物理过程

首先从电路分析的角度认识切空线时过电压的产生机理。图 8-7 所示为空载线路的 T 形等值电路和简化等值电路,L_T 和 C_T 分别为线路电感和对地电容,L_S 为系统等值电感,电源电势为 $e(t) = U_\varphi \cos \omega t$,$U_\varphi$ 为电力系统的最大工作相电压幅值。若线路对地电容足够大,则开关 K 处于闭合状态时,回路中将流过容性电流,其值为

$$i(t) = \frac{U_\varphi}{X_C - X_S} \cos(\omega t + 90°) \quad (8-13)$$

在开关 K 断开前电容 C_T 上的电压 $u_C(t)$ 可近似认为等于电源电压 $e(t)$。如图 8-8 所示,设开关 K 在 t_1 时刻动作,此时电容 C_T 上的电压 $U_{C0} = U_\varphi$,而回路中流过的电流恰好为零,开关中发生第一次断弧(若不考虑截流现象,交流电弧一般均在电流过零时熄灭),开关暂时断开后,一方面由于电容 C_T 的作用使得线路保持残余电压 U_φ,另一方面电源电压 U_φ 仍按余弦规律变化,于是在开关 K 两侧出现压差,即恢复电压 u_{AB},其表达式为

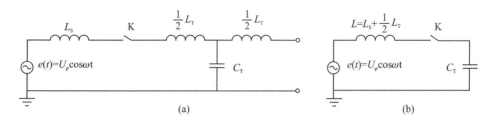

图 8-7 空载线路等值电路

$$u_{AB} = e(t) - U_\varphi = U_\varphi(\cos\omega t - 1) \quad (8-14)$$

如果开关中灭弧介质的强度恢复较快,则电弧会被顺利熄灭,回路中各元件也不会产生过电压。而如果开关的灭弧性能不良,则在上述恢复电压的作用下,开关触头间可能发生电弧的重燃。

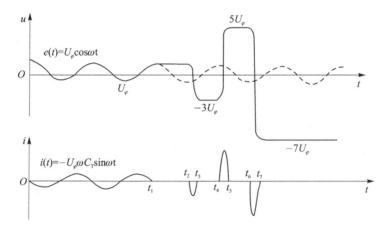

图 8-8 切除空载线路时的过电压

考虑最危险的情况,假定电弧重燃发生在恢复电压 u_{AB} 取最大值的时刻 t_2,此时电源电压 $e(t) = -U_\varphi$,$u_{AB} = e(t) - U_\varphi = -2U_\varphi$。在电弧重燃瞬间,电源电压 $-U_\varphi$ 加在由电感 L_S 和电容 C_T 组成的 LC 振荡回路上,引发该电路的过渡过程,一般而言该振荡回路的固有振荡频率远高于工频,因而可近似认为在高频振荡过程中电源电势保持初值 $-U_\varphi$ 不变,而电容 C_T 在过渡过程中所能达到的最高电压为

$$U_{Cmax} = U_{Cw} + (U_{Cw} - U_{C0}) \quad (8-15)$$

其中,$U_{Cw} = U_\varphi$ 为 C_T 在过渡过程结束后的稳定值,则 $U_{Cmax} = -U_\varphi + (-U_\varphi - U_\varphi) = -3U_\varphi$,该电压即为加在线路上的过电压幅值。

在线路电压达最大值 $-3U_\varphi$ 的瞬间 t_3 时刻,由于回路中流过的高频振荡电流是容性电流,电流恰好过零点,因而电弧在 t_3 时刻再次熄灭,而电容 C_T 和线路上则保持了残余电压 $-3U_\varphi$,开关 K 两侧再次出现恢复电压 u_{AB},到 t_4 时刻,u_{AB} 可达 $-4U_\varphi$,若开关触头间的介质恢复仍不够快,则会再次发生电弧的重燃,同样的分析方法可知,电容 C_T 和线路上产生 $5U_\varphi$ 的过电压。

假如每隔半个工频周期后电弧重燃一次,则过电压将按 $-3U_\varphi, 5U_\varphi, -7U_\varphi \cdots$ 的规律变化,幅值愈来愈高。不过由于现代断路器的灭弧能力已有很大提高,在绝大多数情况下,电弧重燃次数在 1~2 次以内,国内外大量实测数据表明:这种过电压的最大值超过 $3U_\varphi$ 的概率很小(<5%)。

8.3.2 影响因素和降压措施

以上分析都是按最严重的条件来进行的,实际上电弧的重燃不一定要等到电源电压到达异极性半波的幅值时才发生,重燃的电弧也不一定在高频电流首次过零时就立即熄灭,电源电压在 2τ 的时间内会稍有下降,线路上的电晕放电、泄漏电导等也会使过电压的最大值有所降低。除了这些因素外,还有一些因素也会影响这种过电压的最大值:

①中性点接地方式。中性点非有效接地电网的中性点电位有可能发生位移,所以某一相的过电压可能特别高一些,一般可比中性点有效接地电网中的切空线过电压高 20% 左右。

②断路器的性能。重燃次数对这种过电压的最大值有决定性的影响。采用灭弧性能优异的现代断路器,可以防止或减少电弧重燃的次数,因而使这种过电压的最大值降低。

③母线上的出线数。当母线上同时接有几条出线,而只切除其中的一条时,这种过电压将较小。

④在断路器外侧是否接有电磁式电压互感器等设备,它们的存在将使线路上的剩余电荷有了附加的泄放路径,因而能降低这种过电压。

切空线过电压在 220 kV 及以下高压线路绝缘水平的选择中有重要的影响,所以设法采取适当措施以消除或降低这种操作过电压是有很大的技术、经济意义的,主要措施如下:

①采用不重燃断路器

如前所述,断路器中电弧的重燃是产生这种过电压的根本原因,如果断路器的触头分离速度很快,断路器的灭弧能力很强,熄弧后触头间隙的电气强度恢复速度大于恢复电压的上升速度,则电弧不再重燃,当然也就不会产生很高的过电压了,在 20 世纪 80 年代之前,由于断路器制造技术的限制,往往不能完全排除电弧重燃的可能性,因而这种过电压曾是按操作过电压选择 220 kV 及以下线路绝缘水平的控制性因素;伴随着现代断路器设计制造水平的提高,已能基本上达到不重燃的要求,从而使这种过电压在绝缘配合中降至次要的地位。

②加装并联分闸电阻

这也是降低触头间的恢复电压、避免重燃的有效措施。以图 8-9 来说明它的作用原理。在切断空载线路时,应先打开主触头 Q1,使并联电阻 R 串联接入电路,然后经 1.5～2 个周期后再将辅助触头 Q2 打开,完成整个拉闸操作。

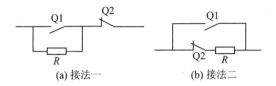

图 8-9 并联分闸电阻的接法

分闸电阻 R 的降压作用主要包括:a. 在打开主触头 Q1 后,线路仍通过 R 与电源相连,线路上的剩余电荷可通过 R 向电源释放。这时 Q1 上的恢复电压就是 R 上的压降;只要 R 值不太大,主触头间就不会发生电弧的重燃。b. 经过一段时间后再打开 Q2 时,恢复电压已较低,电弧一般也不会重燃。即使发生了重燃,由于 R 上有压降,沿线传播的电压波远小于没有 R 时的数值;此外,R 还能对振荡起阻尼作用,因而亦能减小过电压的最大值。实测表明,当装有分闸电阻时,这种过电压的最大值不会超过 $2.28U_\varphi$。

为了兼顾降低两个触头恢复电压的需要,并考虑 R 的热容量,这种分闸电阻应为中值电阻,其阻值一般处于 1 000～3 000 Ω 的范围内。

③利用避雷器来保护

安装在线路首端和末端的 ZnO 或磁吹避雷器,亦能有效地限制这种过电压的幅值。

8.4 合空载线路过电压

将一条空载线路合闸到电源上去,也是电力系统中一种常见的操作,这时出现的操作过电压称为合空线过电压或合闸过电压,空载线的合闸又可分为两种不同的情况,即正常合闸和自动重合闸,重合闸过电压是合闸过电压中最严重的一种。与许多别的操作过电压相比,合闸过电压的倍数其实并不算大,但在现代的超高压和特高压输电系统中,由于采取了种种措施将其他幅值更高的操作过电压一一加以抑制或降低(例如采用不重燃断路器、新的变压器铁芯材料等),而这种过电压却很难找到限制保护措施,因而它在超/特高压系统的绝缘配合中上升为主要矛盾,成为选择超/特高压系统绝缘水平的决定性因素。

8.4.1 发展过程

让我们用集中参数等值电路暂态计算的方法来分析这种过电压的发展机理。

在正常合闸时,若断路器的三相完全同步动作,则可按单相电路进行分相研究,于是可画出图 8-10(a)所示的等值电路,其中空载线路用一 T 型等值电路来代替,R_T,L_T,C_T 分别为其等值电阻、电感和电容,u 为电源相电压,R_0,L_0 分别为电源的电阻和电感。在作定性分析时，还可忽略电源电阻和线路电阻的作用，这样就可进一步简化成图 8-10(b)所示的简单振荡回路，其中电感 $L=L_0+L_T/2$。若取合闸瞬间为时间起算点($t=0$)，则电源电压的表达式为

$$u(t) = U_\varphi \cos \omega t$$

在正常合闸时，空载线路上没有残余电荷，初始电压 $U_{C(0)}=0$，也不存在接地故障。

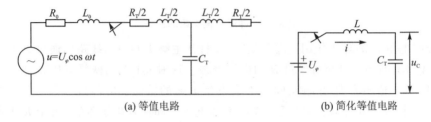

(a) 等值电路　　　　　　　　　(b) 简化等值电路

图 8-10　合空线过电压时的集中参数等值电路

图 8-10(b)的回路方程为

$$L\frac{di}{dt} + u_C = u(t)$$

由于 $i = C_T \dfrac{du_C}{dt}$，代入后得

$$LC_T \frac{d^2 u_C}{dt^2} + u_C = u(t) \quad (8-16)$$

先考虑最不利的情况，即在电源电压正好经过幅值 U_φ 时合闸，由于回路的自振频率 f_0 要比 50 Hz 的电源频率高得多，所以可认为在振荡的初期，电源电压基本上保持不变，即近似地视为振荡回路合闸到直流电源 U_φ 的情况，于是式(8-16)变成

$$LC_T \frac{d^2 u_C}{dt^2} + u_C = U_\varphi \quad (8-17)$$

式(8-17)的解为

$$u_C = U_\varphi + A\sin \omega_0 t + B\cos \omega_0 t \quad (8-18)$$

式中，ω_0——振荡回路的自振角频率，$\omega_0 = \dfrac{1}{\sqrt{LC_T}}$；$A,B$——积分常数。

按 $t=0$ 时的初始条件

$$u_C(0) = 0$$

$$i = C_T \frac{du_C}{dt} = 0$$

可求得 $A=0, B=-U_\varphi$。代入式(8-18)可得

$$u_C = U_\varphi(1 - \cos \omega_0 t) \quad (8-19)$$

当 $t=\pi/\omega_0$ 时，$\cos \omega_0 t = -1$，u_C 达到其最大值，即

$$U_C = 2U_\varphi \quad (8-20)$$

实际上，回路存在电阻与能量损耗，振荡将是衰减的，通常以衰减系数 δ 来表示，

式(8-19)将变为

$$u_C = U_\varphi(1 - e^{-\delta t}\cos\omega_0 t) \quad (8-21)$$

式中衰减系数 δ 与图 8-10(a)中的总电阻 $(R_0 + R_T/2)$ 成正比。U_C 波形见图 8-11(a),最大值 U_C 将略小于 $2U_\varphi$。

再者,电源电压并非直流电压 U_φ,而是工频交流电压 $u(t)$,这时的 $u_C(t)$ 表达式将为

$$u_C = U_\varphi(\cos\omega t - e^{-\delta t}\cos\omega_0 t) \quad (8-22)$$

其波形见图 8-11(b)。

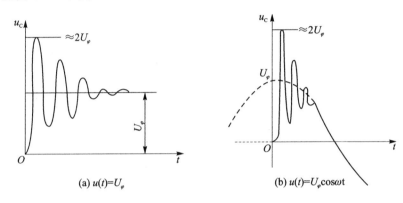

图 8-11 合闸过电压的波形

如果按分布参数等值电路中的波过程来处理,设合闸也发生在电源电压等于幅值 U_φ 的瞬间,且忽略电阻与能量损耗,则沿线传播到末端的电压波 U_φ 将在开路末端发生全反射,使电压增大为 $2U_\varphi$,与式(8-20)的结果是一致的。

以上是正常合闸的情况,空载线路上没有残余电荷,初始电压 $u_C(0)=0$。如果是自动重合闸的情况,那么条件将更为不利,主要原因在于这时线路上有一定残余电荷和初始电压,重合闸时振荡将更加激烈。

例如在图 8-12 中,线路的 A 相发生了接地故障,设断路器 QF2 先跳闸,然后断路器 QF1 再跳闸。在 QF2 跳闸后,流过 QF1 健全相的电流为线路的电容电流,所以 QF1 动作后,B、C 两相的触头间的电弧将分别在该相电容电流过零时熄灭,这时 B、C 两相导线上的电压绝对值均为 U_φ(极性可能不同)。经过约 0.5s 左右,QF1 或 QF2 自动重合,如果 B、C 两相导线上的残余电荷没有泄漏掉,仍然保持着原有的对地电压,那么在最不利的情况下,B、C 两相中有一相的电源电压在重合闸瞬间($t=0$)正好经过幅值,而且极性与该相导线上的残余电压(设为"$-U_\varphi$")相反,那么重合闸后出现的振荡将使该相导线上出现最大的过电压,其值可按下式求得:

$$U_{最大} = 2U_{稳态} - U_{初始} = 2U_\varphi - (-U_\varphi) = 3U_\varphi$$

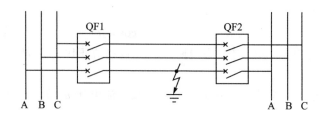

图 8-12 中性点有效接地系统中的单相接地故障和自动重合闸示意图

如果计入电阻及能量损耗的影响,振荡分量也将逐渐衰减,过电压波形将如图 8-13(a)所示;如果再考虑实际电源电压为工频交流电压,则实际过电压波形将如图 8-13(b)所示。

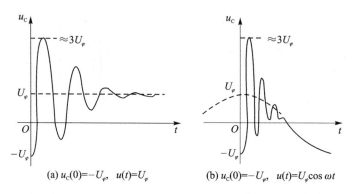

图 8-13 自动重合闸过电压波形

如果采用的是单相自动重合闸,只切除故障相,而健全相不与电源电压相脱离,那么当故障相重合闸时,因该相导线上不存在残余电荷和初始电压,就不会出现上述高幅值重合闸过电压。

由上述可知:在合闸过电压中,以三相重合闸的情况最为严重,其过电压理论幅值可达 $3U_\varphi$。

8.4.2 影响因素和限制措施

以上对合闸过电压的分析也是考虑最严重的条件、最不利的情况。实际出现的过电压幅值会受到一系列因素的影响,其中最主要的有:

① 合闸相位。电源电压在合闸瞬间的瞬时值取决于它的相位,它是一个随机量,遵循统计规律。如果合闸不是在电源电压接近幅值 $+U_\varphi$ 或 $-U_\varphi$ 时发生,出现的合闸过电压当然就较低了。

② 线路损耗。实际线路上的能量损耗主要来源,一是线路及电源的电阻(见图 8-10(a))中的 R_T 和 R_0,二是当过电压超过导线的电晕起始电压后,导线上出现电晕损耗。线路损耗能减弱振荡,从而降低过电压。

③ 线路残余电压的变化。在自动重合闸之前,大约有 0.5 s 的间歇期,导线上的

残余电荷在这段时间内会泄放掉一部分,从而使线路残余电压下降,因而有助于降低重合闸过电压的幅值。如果在线路侧接有电磁式电压互感器,那么它的等值电感和等值电阻与线路电容构成一阻尼振荡回路,使残余电荷在几个工频周期内即泄放一空。

限制和降低合闸过电压的措施主要有:

① 装设并联合闸电阻

它是限制这种过电压最有效的措施。并联合闸电阻的接法与图 8-9 中的分闸电阻相同,不过这时应先合 Q2(辅助触头)、后合 Q1(主触头)。整个合闸过程的两个阶段对阻值的要求是不同的,在合 Q2 的第一阶段,R 对振荡起阻尼作用,使过渡过程中的过电压最大值有所降低,R 越大,阻尼作用越大、过电压就越小,所以希望选用较大的阻值;经过 8~15 ms,开始合闸的第二阶段,Q1 闭合,将 R 短接,使线路直接与电源相连,完成合闸操作。在第二阶段,R 值越大,过电压也越大,所以希望选用较小的阻值。在同时考虑两个阶段互相矛盾的要求后,可找出一个适中的阻值,以便同时照顾到两方面的要求,这个阻值一般处于 400~1 000 Ω 的范围内,与前面介绍的分闸电阻(中值)相比,合闸电阻应属低值电阻。

② 同电位合闸

所谓同电位合闸,就是自动选择在断路器触头两端的电位极性相同、甚至电位也相等的瞬间完成合闸操作,以降低甚至消除合闸和重合闸过电压。具有这种功能的同电位合闸断路器已研制成功,它既有精确、稳定的机械特性,又有检测触头间电压(捕捉同电位瞬间)的二次选择回路。

③ 利用避雷器来保护

安装在线路首端和末端(线路断路器的线路侧)的 ZnO 或磁吹避雷器,均能对这种过电压进行限制,如果采用的是现代 ZnO 避雷器,就有可能将这种过电压的倍数限制到 1.5~1.6,因而可不必再在断路器中安装合闸电阻。

8.5 切除空载变压器过电压

切除空载变压器也是电力系统中常见的一种操作。空载变压器在正常运行时表现为一激磁电感,因此切除空载变压器就是开断一个小容量电感负荷,这时会在变压器上和断路器上出现很高的过电压。可以预期:在开断并联电抗器、消弧线圈等电感元件时,也会引起类似的过电压。

8.5.1 发展过程

产生这种过电压的原因是流过电感的电流在到达自然零值之前就被断路器强行切断,从而迫使储存在电感中的磁场能量转为电场能量而导致电压的升高。实验研究表明:在切断 100 A 以上的交流电流时,开关触头间的电弧通常都是在工频电流自然过零时熄灭的；但当被切断的电流较小时(空载变压器的激磁电流很小，一般只是额定电流的 0.5%～5%，约数安到数十安)，电弧往往提前熄灭，亦即电流会在过零之前就被强行切断(截流现象)。

为了具体说明这种过电压的发展过程，可利用图 8-14 中的简化等值电路，图中 L_T 为变压器的激磁电感，C_T 为变压器绕组及连接线的对地电容(其值处于数百到数千微法的范围内)。在工频电压作用下，$i_C \ll i_L$，因而开关要切断的电流 $i = i_L + i_C \approx i_L$。

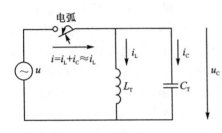

图 8-14 切除空载变压器等值电路

假如电流 i_L 是在其自然过零时被切断，电容 C_T 和电感 L_T 上的电压正好等于电源电压 u 的幅值 U_φ。这时 $i_L = 0$，$L_T i_L^2 / 2 = 0$，因此 i_L 被切断后的情况是电容 C_T 上的电荷($q = C_T U_\varphi$)通过电感 L_T 作振荡性放电，并逐渐衰减至零(因为存在铁芯损耗和电阻损耗)，可见这样的拉闸不会引起大于 U_φ 的过电压。

如果电流 i_L 在自然过零之前就被提前切断，设此时 i_L 的瞬时值为 I_0，u_C 的瞬时值为 U_0，则切断瞬间在电感和电容中所储存的能量分别为

$$W_L = \frac{1}{2} L_T I_0^2, \qquad W_C = \frac{1}{2} C_T U_0^2$$

此后即在 L_T，C_T 构成的振荡回路中发生电磁振荡，在某一瞬间，全部电磁能量均变为电场能量，这时电容 C_T 上出现最大电压 $U_{\max}$，因而

$$\frac{1}{2} C_T U_{\max}^2 = \frac{1}{2} L_T I_0^2 + \frac{1}{2} C_T U_0^2$$

$$U_{\max} = \sqrt{\frac{L_T}{C_T} I_0^2 + U_0^2} \qquad (8-23)$$

若略去截流瞬间电容上所储存的能量 $\frac{1}{2} C_T U_0^2$，则

$$U_{\max} \approx \sqrt{\frac{L_T}{C_T} I_0^2} = Z_T I_0 \qquad (8-24)$$

式中，$Z_T = \sqrt{L_T / C_T}$——变压器的特性阻抗。在一般变压器中，Z_T 值很大，因而 $\frac{L_T}{C_T} I_0^2 \gg U_0^2$，可见在近似计算中，完全可以忽略 $\frac{1}{2} C_T U_0^2$。

截流现象通常发生在电流曲线的下降部分，设 I_0 为正值，则相应的 U_0 必为负值。当开关中突然灭弧时，L_T 中的电流 i_L 不能突变，将继续向 C_T 充电，使电容上的电压从"$-U_0$"向更大的负值方向增大，如图 8-15 所示，此后在 L_0-C_T 回路中出现衰减性振荡，其频率为

$$f = \frac{1}{2\pi \sqrt{L_T C_T}}$$

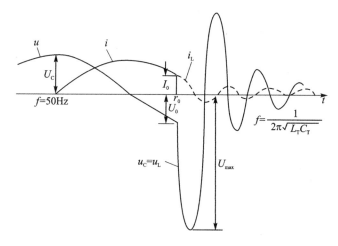

图 8-15 切除空载变压器过电压

以上介绍的是理想化的切除空载变压器过电压的发展过程,实际过程往往要复杂得多,断路器触头间会发生多次电弧重燃,不过与切空线时相反,这时电弧重燃将使电感中的储能越来越小,从而使过电压幅值变小。

8.5.2 影响因素与限制措施

这种过电压的影响因素及限制措施主要有:

① 断路器性能

由式(8-24)可知,这种过电压的幅值近似地与截流值 I_0 成正比,每种类型的断路器每次开断时的截流值 I_0 有很大的分散性,但其最大可能截流值 $I_{0(max)}$ 有一定的限度,且基本上保持稳定,因而成为一个重要的指标,并使每种类型的断路器所造成的切空变过电压最大值亦各不相同。一般来说,灭弧能力越强的断路器,其对应的切空变过电压最大值也越大。

② 变压器特性

首先是变压器的空载激磁电流 $I_L(=U_\varphi/(\omega L_T))$ 或电感 L_T 的大小,对 U_{max} 会有一定的影响。令 I_L 为 i_L 的幅值,如果 $I_L \leqslant I_{0(max)}$,则过电压幅值 U_{max} 将随 I_L 的增大而增高,最大的过电压幅值将出现在 $i_L = I_L$ 时;如果 $I_L > I_{0(max)}$,则最大的 U_{max} 将出现在 $i_L = I_{0(max)}$ 时。空载激磁电流的大小与变压器容量有关,也与变压器铁芯所用的导磁材料有关。近年来,随着优质导磁材料的应用日益广泛,变压器的激磁电流减小很多;此外,变压器绕组改用纠结式绕法以及增加静电屏蔽等措施亦使对地电容 C_T 有所增大,使过电压有所降低。

③ 采用避雷器保护

这种切空变过电压的幅值是比较大的,国内外大量实测数据表明,通常它的倍数为 2~3 倍,有 10% 左右可能超过 3.5 倍,极少数更高达 4.5~5.0 倍甚至更高。但是这种过电压持续时间短、能量小,因而要加以限制并不困难,甚至采用普通阀式避雷器也能有效地加以限制和保护。如果采用磁吹避雷器或 ZnO 避雷器,效果更好。

④装设并联电阻

在断路器的主触头上并联一线性或非线性电阻,也能有效地降低这种过电压,不过为了发挥足够的阻尼作用和限制激磁电流的作用,其阻值应接近于被切电感的工频激磁阻抗(数万欧姆),故为高值电阻,这对于限制切、合空线过电压都显得太大了。

8.6 断续电弧接地过电压

如果中性点不接地电网中的单相接地电流(电容电流)较大,接地点的电弧将不能自熄,而以断续电弧的形式存在,就会产生另一种严重的操作过电压——断续电弧接地过电压。

8.6.1 发展过程

这种过电压的发展过程和幅值大小都与熄弧的时间有关。有两种可能的熄弧时间,一种是电弧在过渡过程中的高频振荡电流过零时即可熄灭;另一种是电弧要等到工频电流过零时才能熄灭。

下面就用工频电流过零时熄弧的情况来说明这种过电压的发展机理。

为了使分析不致过于复杂,可作下列简化:略去线间电容的影响;设各相导线的对地电容均相等,即 $C_1=C_2=C_3=C$。这样就可得出图 8-16(a)中的等值电路,其中故障点的电弧以发弧间隙 F 来代替,中性点不接地方式相当于图中中性点 N 处的开关 S 呈断开状态。设接地故障发生于 A 相,而且是正当 $\dot{U}_A$ 经过正幅值 U_φ 时发生,这样 A 相导线的电位立即变为零,中性点电位 $\dot{U}_N$ 由零升至相电压,即 $\dot{U}_N = -\dot{U}_A$,B、C 两相的对地电压都升高到线电压 $\dot{U}_{BA}$、$\dot{U}_{CA}$。

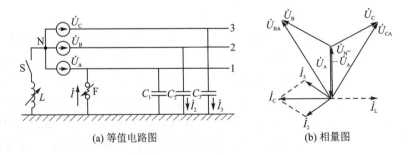

(a) 等值电路图　　　(b) 相量图

图 8-16　中性点不接地系统中的单相接地故障

流过 C_2 和 C_3 的电流 $\dot{I}_2$ 和 $\dot{I}_3$ 分别较 $\dot{U}_{BA}$ 和 $\dot{U}_{CA}$ 超前 90°,其幅值为

$$I_2 = I_3 = \sqrt{3}\omega C U_\varphi$$

因为 $\dot{I}_2$ 与 $\dot{I}_3$ 在相位上相差 60°，所以故障点的电流幅值为

$$I_C = \sqrt{3} I_2 = 3\omega C U_\varphi \propto U_n l \qquad (8-25)$$

式中，U_n——电网的额定(线)电压，kV；

l——线路总长度，km；

C——每相导线的对地电容，$C = C_0 l$，F；

C_0——单位长度的对地电容，F/km。

由此可知：①流过故障点的电流是线路对地电容所引起的电容电流，其相位较 $\dot{U}_A$ 滞后 90°（较 $\dot{U}_N$ 超前 90°）；②故障电流的大小与电网额定电压和线路总长度成正比。

如以 u_A, u_B, u_C 代表三相电源电压；以 u_1, u_2, u_3 代表三相导线的对地电压，即 C_1, C_2, C_3 上的电压，则通过以下分析即可得出图 8-17 所示的过电压发展过程（图中 u 为标幺值）。

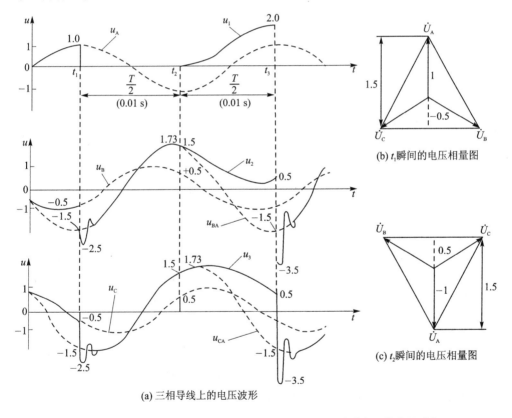

(a) 三相导线上的电压波形

图 8-17 在工频电流过零时熄弧条件下，断续电弧接地过电压的发展过程

设 A 相在 $t = t_1$ 瞬间（此时 $u_A = +U_\varphi$）对地发弧，如图 8-17(b) 所示，发弧前瞬间（以 t_1^- 表示）三相电容上的电压分别为

$$u_1(t_1^-) = +U_\varphi$$
$$u_2(t_1^-) = -0.5U_\varphi$$
$$u_3(t_1^-) = -0.5U_\varphi$$

发弧后瞬间(以 t_1^+ 表示),A 相 C_1 上的电荷通过电弧泄入地下,其电压降为零;而两健全相电容 C_2,C_3 则由电源的线电压 u_{BA},u_{CA} 经过电源的电感(图中未画出)进行充电,由原来的电压"$-0.5U_\varphi$"向 u_{BA},u_{CA} 此时的瞬时值"$-1.5U_\varphi$"变化。显然,这一充电过程是一个高频振荡过程,其振荡频率取决于电源的电感和导线的对地电容 C。

可见三相导线电压的稳态值分别为
$$u_1(t_1^+) = 0$$
$$u_2(t_1^+) = u_{BA}(t_1) = -1.5U_\varphi$$
$$u_3(t_1^+) = u_{CA}(t_1) = -1.5U_\varphi$$

在振荡过程中,C_2,C_3 上可能达到的最大电压均为
$$u_{2m}(t_1) = u_{3m}(t_1) = 2 \times (-1.5U_\varphi) - (-0.5U_\varphi) = -2.5U_\varphi$$

过渡过程结束后,u_2 和 u_3 将等于 u_{BA} 和 u_{CA},如图 8-17(a)所示。

故障点的电弧电流包含有工频分量和迅速衰减的高频分量。如果在高频电流分量过零时,电弧不熄灭,则故障点的电弧将持续燃烧半个工频周期($T/2$),直到工频电流分量过零时才熄灭(t_2 瞬间),由于工频电流分量 $\dot{I}_C$ 与 $\dot{U}_A$ 的相位差为 $90°$,t_2 正好是 $u_A = -U_\varphi$ 的瞬间。

如果故障电流很大,那么在工频电流过零时(t_2),电弧也不一定能熄灭,这是稳定电弧的情况,不属于断续电弧的范畴。

t_2 瞬间熄弧后,又会出现新的过渡过程。这时三相导线上的电压初始值分别为
$$u_1(t_2^-) = 0$$
$$u_2(t_2^-) = u_3(t_2^-) = 1.5U_\varphi$$

由于中性点不接地,各相导线电容上的初始电压在熄弧后仍将保留在系统内(忽略对地泄漏电导),但将在三相电容上重新分配,这个过程实际上是 C_2,C_3 通过电源电感给 C_1 充电的过程,其结果是三相电容上的电荷均相等,从而使三相导线的对地电压亦相等,亦即使对地绝缘的中性点上产生一对地直流偏移电压 $U_N(t_2)$,即

$$U_N(t_2) = \frac{0 \times C_1 + 1.5U_\varphi C_2 + 1.5U_\varphi C_3}{C_1 + C_2 + C_3} = U_\varphi$$

可见,在故障点熄弧后,三相电容上的电压可由对称的三相交流电压分量和一直流电压分量叠加而得,即熄弧后的电压稳态值分别为
$$u_1(t_2^+) = u_A(t_2) + U_N = -U_\varphi + U_\varphi = 0$$
$$u_2(t_2^+) = u_B(t_2) + U_N = 0.5U_\varphi + U_\varphi = 1.5U_\varphi$$
$$u_3(t_2^+) = u_C(t_2) + U_N = 0.5U_\varphi + U_\varphi = 1.5U_\varphi$$

所以
$$u_1(t_2^+) = u_1(t_2^-)$$

$$u_2(t_2^+) = u_2(t_2^-)$$
$$u_3(t_2^+) = u_3(t_2^-)$$

可见，三相电压的新稳态值均与起始值相等，因此在 t_2 瞬间熄弧时将没有振荡现象出现。

再经过半个周期($T/2$)，即在 $t_3 = t_2 + T/2$ 时，故障相电压达到最大值 $2U_\varphi$，如果这时故障点再次发弧，u_1 又将突然降为零，电网中将再一次出现过渡过程。

这时在电弧重燃前，三相电压初始值分别为

$$u_1(t_3^-) = 2U_\varphi$$
$$u_2(t_3^-) = u_3(t_3^-) = U_N + u_B(t_3) = U_\varphi + (-0.5U_\varphi) = 0.5U_\varphi$$

新的稳态值为

$$u_1(t_3^+) = 0$$
$$u_2(t_3^+) = u_{BA}(t_3) = -1.5U_\varphi$$
$$u_3(t_3^+) = u_{CA}(t_3) = -1.5U_\varphi$$

振荡过程中过电压的最大值可达

$$u_{2m}(t_3) = u_{3m}(t_3) = 2 \times (-1.5U_\varphi) - (0.5U_\varphi) = -3.5U_\varphi$$

显然，此后的"熄弧—重燃"过程均将与此相同，故过电压最大值亦相同 ($3.5U_\varphi$)。

由上述分析可知，按工频电流过零时熄弧的理论所做的分析结论是：①两健全相的最大过电压倍数为 3.5；②故障相上不存在振荡过程，最大过电压倍数等于 2.0。

不过，长期以来大量试验研究表明：故障点电弧在工频电流过零时和高频电流过零时熄灭都是可能的。一般来说，发生在大气中的开放性电弧往往要到工频电流过零时才能熄灭；而在强烈去电离的条件下(例如发生在绝缘油中的封闭性电弧或刮大风时的开放弧)，电弧往往在高频电流过零时就能熄灭。在后一种情况下，理论分析所得到的过电压倍数将比上述结果更大。

还应指出，电弧的燃烧和熄灭会受到发弧部位的周围媒质和大气条件等的影响，具有很强的随机性质，因而它所引起的过电压值具有统计性质。在实际电网中，由于发弧不一定在故障相上的电压正好为幅值时，熄弧也不一定发生在高频电流第一次过零时，导线相间存在一定的电容，线路上存在能量损耗，过电压下将出现电晕而引起衰减等因素的综合影响，这种过电压的实测值不超过 $3.5U_\varphi$，一般在 $3.0U_\varphi$ 以下。但由于这种过电压的持续时间可以很长(例如数小时)，波及范围很广，在整个电网某处存在绝缘弱点时，即可在该处造成绝缘闪络或击穿，因而是一种危害性很大的过电压。

8.6.2 防护措施

为了对付这种过电压，最根本的防护办法就是不让断续电弧出现，这可以通过改变中性点接地方式来实现。

(1) 采用中性点有效接地方式

这时单相接地将造成很大的单相短路电流,断路器将立即跳闸,切断故障,经过一段短时间歇让故障点电弧熄灭后再自动重合。如能成功,可立即恢复送电;如不能成功,断路器将再次跳闸,不会出现断续电弧现象。我国 110 kV 及以上电网均采用这种中性点接地方式,除了避免出现这种过电压外,还能降低所需的绝缘水平,缩减建设费用。

(2) 采用中性点经消弧线圈接地方式

如果在电压等级较低的配电网中,其单相接地故障率相对很大,如采用中性点直接接地方式,必将引起断路器频繁跳闸,这不仅要增加大量的重合闸装置,增加断路器的维修工作量,又影响供电的连续性。所以我国 35 kV 及以下电压等级的配电网采用中性点经消弧线圈接地的运行方式。

消弧线圈是一个具有分段铁芯(带间隙的)的可调线圈,其伏安特性不易饱和,如图 8-18(a)所示。假设 A 相发生了电弧接地。A 相接地后,流过接地点的电弧电流除了原先的非故障相通过对地电容 C_2、C_3 的电容电流相量和 $(\dot{I}_2+\dot{I}_3)$ 外,还包括流过消弧线圈 L 的电感电流 $\dot{I}_L$(A 相接地后,消弧线圈上的电压即为 A 相的电源电压)。相量分析如图 8-18(b)所示。由于 $\dot{I}_L$ 和 $(\dot{I}_2+\dot{I}_3)$ 相位反向,所以可通过适当选择电感电流 $\dot{I}_L$ 的值,使得接地点中流过的电流 $\dot{I}_d=\dot{I}_L+(\dot{I}_2+\dot{I}_3)$ 的数值足够小,使接地电弧能很快熄灭,且不易重燃,从而限制断续电弧接地过电压。

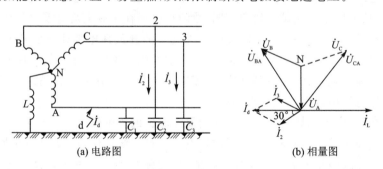

(a) 电路图　　　　　　　(b) 相量图

图 8-18　中性点经消弧线圈接地后的电路图及相量图

通常把消弧线圈电感电流补偿系统对地电容电流的百分数称为消弧线圈的补偿度。根据补偿度的不同,消弧线圈可以处于三种不同的运行状态。

① 欠补偿 $I_L<I_C$

表示消弧线圈的电感电流不足以完全补偿电容电流,此时故障点流过的电流(残流)为容性电流。

② 全补偿 $I_L=I_C$

表示消弧线圈的电感电流恰好完全补偿电容电流,此时消弧线圈与并联后的三相对地电容处于并联谐振状态,流过故障点的电流为非常小的电阻性泄漏电流。

③ 过补偿 $I_L > I_C$

表示消弧线圈的电感电流不仅完全补偿电容电流而且还有数量超出,此时流过故障点的电流(残流)为感性电流。

通常消弧线圈采用过补偿 5%～10% 运行。之所以采用过补偿是因为电网发展过程中可以逐渐发展成为欠补偿运行,不至于出现采用欠补偿时因为电网的发展而导致脱谐度过大,失去消弧作用;其次,若采用欠补偿,在运行中因部分线路退出而可能形成全补偿,产生较大的中性点偏移,可能引起零序网络中产生严重的铁磁谐振过电压。

第9章 电力系统绝缘配合

9.1 绝缘配合的概念和原则

9.1.1 绝缘配合的概念

各种电气设备的绝缘在电力系统的运行中发挥着举足轻重的作用,它们一方面要长期承受工作电压的作用,另一方面要能够经受各种过电压的考验,以保证系统得以安全可靠地运行。但随着电力系统电压等级的提高,电气设备的绝缘部分占总设备投资的比重越来越大,如何正确处理过电压与绝缘的关系,既能保证设备在过电压作用下可靠运行,又能适度降低绝缘水平和投资费用,成为电力系统设计部门和电气设备制造部门十分关心的问题,而解决这一问题的关键就在于电气设备的绝缘配合。

所谓绝缘配合是指综合考虑电气设备在电力系统中可能承受的各种电压、保护装置的特性和设备绝缘对各种作用电压的耐受特性,合理地确定设备必要的绝缘水平,使设备的造价、维修费用和设备绝缘故障引起的事故损失,达到在经济上和安全运行上效益最高的目的。这就需要正确处理过电压、设备绝缘、限压措施之间的配合关系,另外在经济方面需要综合考虑投资费用、运行维护费用和事故损失三方面的关系。由于过电压的出现与电网结构和气象条件等因素密切相关,因而具有较强的随机性,另外各种电气设备、限压措施及保护装置在运行过程中相互影响,使得绝缘配合成为一个相当复杂的问题。

9.1.2 绝缘配合的原则

从电力系统绝缘配合的发展阶段来看,大体经历了三个过程。

(1) 多级配合

1940年以前,避雷器的保护性能及电气特性较差,不能把它的特性作为绝缘配合的基础,因此采用多级配合的方法。多级配合的原则是:价格越昂贵、修复越困难、损坏后果严重的绝缘结构,其绝缘水平应选的越高。如图9-1所示,变电站的绝缘水平分成4个等级。多级配合的缺点是:由于冲击闪络和击穿电压的分散性,为了使上一级伏秒特性的下限高于下一级,如图9-1以50%伏秒特性表示的四级配合特性的上限,相邻两级的50%伏秒特性之间应保持15%~20%的距离。因此,采用多级配合的方法会把处于图中最高位置的内绝缘水平提的很高。

(2) 惯用法

首先确定设备上可能出现的最危险的过电压,然后根据运行经验乘上一个考虑各种因素的影响和一定裕度的系数,从而决定绝缘应耐受的电压水平。

惯用法对有自恢复能力的绝缘(如气体绝缘)和无自恢复能力的绝缘(如固体绝缘)都是适用的。

阀式避雷器的保护特性变成了绝缘配合的基础,只要将它的保护水平乘上一个综

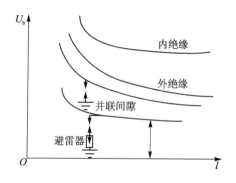

图 9-1 变电站的绝缘水平四等级示意图

合考虑各种影响因素和必要裕度的系数,就能确定绝缘应有的耐压水平。从这一基本原则出发,经过不断修正与完善,终于发展成为直至今日仍在广泛应用的绝缘配合惯用法。

(3) 统计法

由于对非自恢复绝缘性能进行绝缘放电概率的测定费用很高,难度也很大,目前难于使用统计法,仍主要采用惯用法。对于降低绝缘水平经济效益不是很显著的 220 kV 及以下系统,通常仍采用惯用法。对 330 kV 及以上系统,设备的绝缘强度在操作过电压下的分散性很大,降低绝缘水平具有显著的经济效益,因而自 20 世纪 70 年代以来,国际上推荐采用统计法对设备的自恢复绝缘性能进行绝缘配合,从而也可以用统计法对各项可靠性指标进行预估。

统计法是根据过电压幅值和绝缘的耐电强度都是随机变量的实际情况,在已知过电压幅值和绝缘闪络电压的概率分布后,用计算的方法求出绝缘闪络的概率和线路的跳闸率,在进行了技术经济比较的基础上,正确地确定绝缘水平。这种方法不只定量地给出设计的安全程度,并能按照使设备费、每年的运行费以及每年的事故损失费的总和为最小的原则,确定一个输电系统的最佳绝缘性能设计方案。

设 $f(u)$ 为过电压的概率密度函数,$p(u)$ 为绝缘结构的放电概率函数,如图 9-2 所示,出现过电压 u 并损坏绝缘结构的概率为 $p(u)f(u)\mathrm{d}u$,将此函数积分得

$$A = \int_0^\infty p(u)f(u)\mathrm{d}u \tag{9-1}$$

这就是图 9-2 中阴影部分的总面积,即为绝缘结构在过电压下遭到损坏的可能性,也就是由某种过电压造成的事故的概率,即故障率。

从图 9-2 中可以看到,增加绝缘强度,即曲线 $p(u)$ 向右方移动,绝缘故障概率将减小,但投资成本将增加。因此统计法可能需要进行一系列试验性设计与故障率的估算,根据技术经济的比较,在绝缘成本和故障概率之间进行协调,在满足预定故障率的前提下,选择合理的绝缘水平。

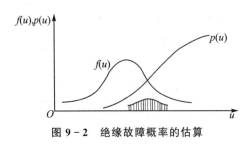

图 9-2 绝缘故障概率的估算

利用统计法进行绝缘配合时,绝缘裕度不是选定的某个固定数,而是与绝缘故障率的一定概率相对应的。统计法的主要困难在于随机因素较多,而且各种统计数据的概率分布有时并非已知,因而实际上采用得更多的是对某些概率进行一些假定后的简化统计法。

(4) 简化统计法

在简化统计法中,对过电压和绝缘特性两条概率曲线的形状做出一些通常认为合理的假定(如正态分布),并已知其标准偏差。根据这些假定,上述两条概率分布曲线就可以用与某一参考概率相对应的点表示出来,称为"统计过电压"和"统计耐受电压",在此基础上可以计算绝缘结构的故障率。在此说明,绝缘配合的统计法至今只能用于自恢复绝缘性能,主要是输变电的外绝缘。

9.2 中性点接地方式对绝缘水平的影响

电力系统中性点接地方式也是一个涉及面很广的综合性技术课题,它对电力系统的供电可靠性、过电压与绝缘配合、继电保护、通信干扰、系统稳定等方面都有很大的影响。通常将电力系统中性点接地方式分为非有效接地($x_0/x_1>3,r_0/x_1>1$;包括不接地、经消弧线圈接地等)和有效接地($x_0/x_1\leqslant 3,r_0/x_1\leqslant 1$;包括直接接地等)两大类。这样的分类方法从过电压和绝缘配合的角度来看也是特别合适的,因为在这两类接地方式不同的电网中,过电压水平和绝缘水平都有很大的差别。

(1) 最大长期工作电压

在非有效接地系统中,由于单相接地故障时并不需要立即跳闸,而可以继续带故障运行一段时间(例如 2 h),这时健全相上的工作电压升高到线电压,再考虑最大工作电压可比额定电压 U_n 高 10%~15%,可见其最大长期工作电压为 $(1.1\sim 1.15)U_n$。

在有效接地系统中,最大长期工作电压仅为 $(1.1\sim 1.15)\dfrac{U_n}{\sqrt{3}}$。

(2) 雷电过电压

不管原有的雷电过电压波的幅值有多大,实际作用到绝缘上的雷电过电压幅值均取决于阀式避雷器的保护水平。由于阀式避雷器的灭弧电压是按最大长期工作电压选定的,因而有效接地系统中所用避雷器的灭弧电压较低,相应的火花间隙数和阀片数较少,冲击放电电压和残压也较低,一般约比同一电压等级的中性点为非有效接地系统中的避雷器低 20% 左右。

(3) 内部过电压

在有效接地系统中,内部过电压是在相电压的基础上发生和发展的,而在非有效接地系统中,则有可能在线电压的基础上发生和发展,因而前者也要比后者低 20%~30%。

综合以上三方面的原因,中性点有效接地系统的绝缘水平可比非有效接地系统低 20% 左右。但降低绝缘水平的经济效益大小与系统的电压等级有很大的关系:在 110 kV 及以上的系统中,绝缘费用在总建设费用中所占比重较大,因而采用有效接地方式以降低系统绝缘水平在经济上好处很大,成为选择中性点接地方式时的首要因素;在 66 kV 及以下的系统中,绝缘费用所占比重不大,降低绝缘水平在经济上的好处不明显,因而供电可靠性上升为首要考虑因素,所以一般均采用中性点非有效接地方式(不接地或经消弧线圈接地)。不过,6~35 kV 配电网往往发展很快,采用电缆的比重也不断增加,且运行方式经常变化,给消弧线圈的调谐带来困难,并易引发多相短路。故近年来有些以电缆网络为主的 6~10 kV 大城市或大型企业配电网,不再像过去那样一律采用中性点非有效接地的方式,有一部分改用了中性点经低值或中值电阻接地的方式,它们属于有效接地系统,发生单相接地故障时立即跳闸。

9.3 绝缘配合惯用法

到目前为止,惯用法仍是采用得最广泛的绝缘配合方法,除了在 330 kV 及以上的超高压线路绝缘(均为自恢复绝缘)的设计中采用统计法以外,在其他情况下主要采用的仍均为惯用法。

根据两级配合的原则,确定电气设备绝缘水平的基础是避雷器的保护水平,就是避雷器上可能出现的最大电压,如果再考虑设备安装点与避雷器间的电气距离所引起的电压差值、绝缘老化所引起的电气强度下降、避雷器保护性能在运行中逐渐劣化、冲击电压下击穿电压的分散性、必要的安全裕度等因素,而在保护水平上再乘以一个配合系数,即可得出应有的绝缘水平。

由于 220 kV(其最大工作电压为 252 kV)及以下电压等级(高压)和 220 kV 以上电压等级(超高压)电力系统在过电压保护措施、绝缘耐压试验项目、最大工作电压倍数、绝缘裕度取值等方面都存在差异,所以在作绝缘配合时,将它们分成如下两个电压范围(以系统的最大工作电压 U_m 来表示):

范围 I ,$3.5 \text{ kV} \leqslant U_m \leqslant 252 \text{ kV}$;

范围 II ,$U_m > 252 \text{ kV}$。

1. 雷电过电压下的绝缘配合

电气设备在雷电过电压下的绝缘水平通常用它们的基本冲击绝缘水平(BIL)来表示(有时亦称为额定雷电冲击耐压水平),它可由下式求得:

$$\mathrm{BIL} = K_1 U_{p(l)} \tag{9-2}$$

式中，$U_{p(l)}$——阀式避雷器在雷电过电压下的保护水平，kV；

K_1——雷电过电压下的配合系数，其值处于 1.2～1.4 的范围内。

$U_{p(l)}$ 通常简化为配合电流下的残压 U_R，在惯用法中该值按避雷器通过 5 kA（对超高压用 10～15 kA）雷电流时的残压决定；国际电工委员会（IEC）规定 $K_1 \geqslant 1.2$，而我国根据自己的传统与经验，规定在电气设备与避雷器相距很近时取 1.25、相距较远时取 1.4，即

$$\mathrm{BIL} = (1.25 \sim 1.4) U_R \tag{9-3}$$

2. 操作过电压下的绝缘配合

在按内部过电压作绝缘配合时，通常不考虑谐振过电压，因为在系统设计和选择运行方式时均应设法避免谐振过电压的出现；此外，也不单独考虑工频电压升高，而把它的影响包括在最大长期工作电压内。这样一来，就归结为操作过电压下的绝缘配合了。

这时要分为两种不同的情况来讨论。

① 变电所内所装的阀式避雷器只用作雷电过电压的保护，对于内部过电压，避雷器不动作以免损坏，但依靠别的降压或限压措施（例如改进断路器的性能等）加以抑制，而绝缘本身应能耐受可能出现的内部过电压。

我国标准对范围 I 的各级系统所推荐的操作过电压计算倍数 K_0 如表 9-1 所列。

表 9-1 操作过电压的计算倍数 K_0

系统额定电压/kV	中性点接地方式	相对地操作过电压计算倍数
35 及以下	有效接地（经小电阻）	3.2
66 及以下	非有效接地	4.0
110～220	有效接地	3.0

对于这一类变电所中的电气设备来说，其操作冲击绝缘水平（SIL，有时亦称额定操作冲击耐压水平）可按下式求得

$$\mathrm{SIL} = K_s K_0 U_\varphi \tag{9-4}$$

式中，K_s——操作过电压下的配合系数。

② 对于范围 II（EHV）的电力系统，过去虽然也分别采用过以下的操作过电压计算倍数：

330kV，2.75 倍

500kV，2.0 或 2.2 倍

但目前由于普遍采用氧化锌或磁吹避雷器来同时限制雷电与操作过电压，故不再采用上述计算倍数，因为这时的最大操作过电压幅值将取决于避雷器在操作过电压下的保护水平 $U_{p(s)}$。对于 ZnO 避雷器，它等于规定的操作冲击电流下的残压值；

而对于磁吹避雷器,它等于下面两个电压中的较大者:①在 250/2500μs 标准操作冲击电压下的放电电压;②规定的操作冲击电流下的残压值。

对于这一类变电所的电气设备来说,其操作冲击绝缘水平应按下式计算:

$$\mathrm{SIL} = K_s U_{p(s)} \tag{9-5}$$

式中操作过电压下的配合系数 K_s 取 $1.15\sim1.25$。

操作配合系数 K_s 较雷电配合系数 K_l 为小,主要是因为操作波的波前陡度远小于雷电波,被保护设备与避雷器之间的电气距离所引起的电压差值很小,可以忽略不计。

3. 工频绝缘水平的确定

为了检验电气设备绝缘是否达到了以上所确定的 BIL 和 SIL,就需要进行雷电冲击和操作冲击耐压试验,这对试验设备和测试技术提出了很高的要求。对于 330 kV 及以上的超高压电气设备来说,这样的试验是完全必需的,但对于 220 kV 及以下的高压电气设备来说,应该设法用比较简单的高压试验去等效地检验绝缘耐受雷电冲击电压和操作冲击电压的能力。对高压电气设备普遍施行的工频耐压试验实际上就包含着这方面的要求和作用。

假如我们在进行工频耐压试验时所采用的试验电压仅仅比被试品的额定相电压稍高,那么它的目的将只限于检验绝缘在工频工作电压和工频电压升高下的电气性能。但是实际上,短时(1 min)工频耐压试验所采用的试验电压值往往要比额定相电压高出数倍,可见它的目的和作用是代替雷电冲击和操作冲击耐压试验、等效地检验绝缘在这两类过电压下的电气强度。对于这一点,只要看一下图 9-3 所表示的确定工频试验耐压值的流程图,就不难理解了。

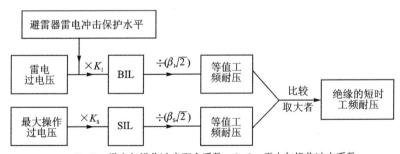

K_l, K_s —雷电与操作冲击配合系数;β_l, β_s —雷电与操作冲击系数

图 9-3 确定工频试验电压值的流程图

由此可知,凡是合格通过工频耐压试验的设备绝缘在雷电和操作过电压作用下均能可靠地运行。尽管如此,为了更加可靠和直观,国际电工委员会(IEC)仍作如下规定:

① 对于 300 kV 以下的电气设备

绝缘在工频工作电压、暂时过电压和操作过电压下的性能用短时(1 min)工频耐压试验来检验;绝缘在雷电过电压下的性能用雷电冲击耐压试验来检验。

② 对于 300kV 及以上的电气设备

绝缘在操作过电压下的性能用操作冲击耐压试验来检验;绝缘在雷电过电压下的性能用雷电冲击耐压试验来检验。

4. 长时间工频高压试验

当内绝缘的老化和外绝缘的染污对绝缘在工频工作电压和过电压下的性能有影响时,需作长时间工频高压试验。显然,由于试验的目的不同,长时间工频高压试验时所加的试验电压值和加压时间均与短时工频耐压试验不同。

根据我国的电气设备制造水平,结合我国电力系统的运行经验,并参考 IEC 推荐的绝缘配合标准,我国国家标准 GB 311.1—1997 中对各种电压等级电气设备以耐压值表示的绝缘水平做出表 9-2 的规定。

表 9-2　3～500 kV 输变电设备的标准绝缘水平
A. 电压范围 Ⅰ (1 kV<U_m≤252 kV)的设备　　　　　　　　kV

系统标称电压 (有效值)	设备最高电压 (有效值)	额定雷电冲击耐受电压(峰值)		额定短时工频 耐受电压(有效值)
		系列Ⅰ	系列Ⅱ	
3	3.5	20	40	18
6	6.9	40	60	25
10	11.5	60	75 95	30/42③;55
15	17.5	75	95 105	40;45
20	23.0	95	125	50;55
35	40.5	185/200①		80/95③;85
66	72.5	325		140
110	126	450/480①		185;200
220	252	(750)②		(325)②
		850		360
		950		395
		(1050)②		(460)②

① 斜线下之数据仅用于变压器类设备的内绝缘;

② 220 kV 设备,括号内的数据不推荐使用;

③ 为设备外绝缘在干燥状态下之耐受电压。

说明:系统标称电压,3～15 kV 所对应设备的系列Ⅰ的绝缘水平,在我国仅用于中性点
　　　有效接地系统。

B. 电压范围Ⅱ ($U_m>252$ kV)的设备

系统标称电压（有效值）/kV	设备最高电压（有效值）/kV	额定操作冲击耐受电压(峰值)				额定雷电冲击耐受电压(峰值)		额定短时工频耐受电压（有效值）
		相对地/kV	相间/kV	相间与相对地之比	纵绝缘②/kV	相对地/kV	纵绝缘/kV	相对地/kV
1	2	3	4	5	6	7	8	9	10③
330	363	850	1 300	1.50	950	850 (+295)①	1 050	见GB 311.1—1997中 4.7.1.3 条的规定	(460)
		950	1 425	1.50			1 175		(510)
500	550	1 050	1 675	1.60	1 175	1 050 (+450)①	1 425		(630)
		1 175	1 800	1.50			1 550		(680)
							1 675		(740)

① 括号内数值是在同一极对应相端子上的反极性工频电压的峰值；
② 纵绝缘的操作冲击耐受电压取哪一栏数值，决定于设备的工作条件，在有关设备标准中规定；
③ 括号内之短时工频耐受电压值，仅供参考。

依据表9-2可知：

① 对 3～20 kV 的设备给出了绝缘水平的两个系列，即系列Ⅰ和系列Ⅱ。系列Ⅰ适用于下列场合：在不接到架空线的系统和工业装置中，系统中性点经消弧线圈接地，且在特定系统中安装适当的过电压保护装置；在经变压器接到架空线上去的系统和工业装置中，变压器低压侧的电缆每相对地电容至少为 0.05 μF，如不足此数，应尽量靠近变压器接线端增设附加电容器，使每相总电容达到 0.05 μF，并应用适当的避雷器保护。在所有其他场合，或要求很大的安全裕度时，均须采用系列Ⅱ。

② 对 220～500 kV 的设备，给出了多种基准绝缘水平，由用户根据电网特点和过电压保护装置的性能等具体情况加以选用，制造厂按用户要求提供产品。

9.4 架空输电线路的绝缘配合

本节将以惯用法分析架空输电线路的绝缘配合，主要内容为：线路绝缘子串的选择、确定线路上各空气间隙的极间距离——空气间距。虽然架空线路上这两种绝缘都属于自恢复绝缘，但除了某些 500 kV 线路采用简化统计法作绝缘配合外，其余 500 kV 以下线路至今大多仍采用惯用法进行绝缘配合。

9.4.1 绝缘子串的选择

线路绝缘子串应满足三方面的要求：① 在工作电压下不发生污闪；② 在操作过电压下不发生湿闪；③ 具有足够的雷电冲击绝缘水平，能保证线路的耐雷水平与雷击跳闸率满足规定要求。

通常按下列顺序进行选择:①根据机械负荷和环境条件选定所用悬式绝缘子的型号;②按工作电压所要求的泄漏距离选择串中片数;③按操作过电压的要求计算应有的片数;④按上面②、③所得片数中的较大者,校验该线路的耐雷水平与雷击跳闸率是否符合规定要求。

(1) 按工作电压要求

为了防止绝缘子串在工作电压下发生污闪事故,绝缘子串应有足够的沿面爬电距离。我国多年来的运行经验证明,线路的闪络率[次/(100km·年)]与该线路的爬电比距 λ 密切相关,如果根据线路所在地区的污秽等级、按 GB/T 16434—1996 规定的爬电比距数据选定 λ 值,就能保证必要的运行可靠性。

设每片绝缘子的几何爬电距离为 L_0(cm),即可按爬电比距的定义写出

$$\lambda = \frac{nK_e L_0}{U_m} \quad (\text{cm/kV}) \tag{9-6}$$

式中,n——绝缘子片数;

U_m——系统最高工作(线)电压有效值,kV;

K_e——绝缘子爬电距离有效系数。

K_e 值主要由各种绝缘子几何泄漏距离对提高污闪电压的有效性来确定,并以 XP-70(或 X-4.5)型和 XP-160 型普通绝缘子为基准,即取它们的 K_e 为 1,其他型号绝缘子的 K_e 估算方法可参阅国家标准 GB/T 16434—1996。

可见为了避免污闪事故,所需的绝缘子片数应为

$$n_1 \geq \frac{\lambda U_m}{K_e L_0} \tag{9-7}$$

应该注意,GB/T 16434—1996 中的 λ 值是根据实际运行经验得出的,所以:按式(9-7)求得的片数 n_1 中已包括零值绝缘子(指串中已丧失绝缘性能的绝缘子),故不需再增加零值片数;式(9-6)能适用于中性点接地方式不同的电网。

【例 9-1】 处于清洁区(0 级,$\lambda = 1.39$)的 110 kV 线路采用的是 XP-70(或 X-4.5)型悬式绝缘子(其几何爬电距离 $L_0 = 29$ cm),试按工作电压的要求计算应有的片数 n_1。

解:
$$n_1 \geq \frac{1.39 \times 110 \times 1.15}{29} = 6.06$$

取 7 片。

(2) 按操作过电压要求

绝缘子串在操作过电压的作用下,也不应发生湿闪。在没有完整的绝缘子串在操作波下的湿闪电压数据的情况下,只能近似地用绝缘子串的工频湿闪电压来代替,对于最常用的 XP-70(或 X-4.5)型绝缘子来说,其工频湿闪电压幅值 U_w 可利用下面的经验公式求得:

$$U_w = 60n + 14 \quad (\text{kV}) \tag{9-8}$$

式中，n——绝缘子片数。

电网中操作过电压幅值的计算值等于 $K_0 U_\varphi$(kV)，其中 K_0 为操作过电压计算倍数。

设此时应有的绝缘子片数为 n_2'，则由 n_2' 片组成的绝缘子串的工频湿闪电压幅值应为

$$U_w = 1.1 K_0 U_\varphi \quad \text{(kV)} \tag{9-9}$$

式中，1.1——综合考虑各种影响因素和必要裕度的一个综合修正系数。

只要知道各种类型绝缘子串的工频湿闪电压与其片数的关系，就可利用式(9-9)求得应有的 n_2' 值。再考虑需增加的零值绝缘子片数 n_0 后，最后得出的操作过电压所要求的片数为

$$n_2 = n_2' + n_0 \tag{9-10}$$

我国规定应预留的零值绝缘子片数见表9-3。

表9-3 零值绝缘子片数 n_0

额定电压/kV	35~220		330~500	
绝缘子串类型	悬垂串	耐张串	悬垂串	耐张串
n_0	1	2	2	3

【例9-2】 试按操作过电压的要求，计算110 kV 线路的 XP-70 型绝缘子串应有的片数 n_2'。

解：该绝缘子串应有的工频湿闪电压幅值为

$$U_w = 1.1 K_0 U_\varphi = \left(1.1 \times 3 \times \frac{1.15 \times 110 \times \sqrt{2}}{\sqrt{3}}\right) = 341 \text{ kV}$$

将应有的 U_w 值代入式(9-8)，即得

$$n_2' = \frac{341 - 14}{60} = 5.45$$

取6片。

最后得出的应有片数 $n_2 = n_2' + n_0 = 6\text{片} + 1\text{片} = 7\text{片}$。

现将按以上方法求得的不同电压等级线路应有的绝缘子片数 n_1 和 n_2 以及实际采用的片数 n 综合列于表9-4中。

表9-4 各级电压线路悬垂串应有的绝缘子片数

线路额定电压/kV	35	66	110	220	330	500
n_1	2	4	7	13	19	28
n_2	3	5	7	12	17	22
实际采用值 n	3	5	7	13	19	28

说明：① 表中数值仅适用于海拔1 000 m 及以下的非污秽区。

② 绝缘子均为 XP-70(或 X-4.5)型。其中 330 kV 和 500 kV 线路实际上采用的很可能是别的型号绝缘子(例如 XP-160 型)，可按泄漏距离和工频湿闪电压进行折算。

如果已掌握该绝缘子串在正极性操作冲击波下的50%放电电压$U_{50\%(s)}$与片数的关系,那么也可以用下面的方法来求出此时应有的片数n_2和n_2':

该绝缘子串应具有下式所示的50%操作冲击放电电压

$$U_{50\%(s)} \geqslant K_s U_s \qquad (9-11)$$

式中,U_s——对范围 I($U_m \leqslant 252$ kV),它等于$K_0 U_\varphi$,对范围 II($U_m > 252$ kV),它应为合空线、单相重合闸、三相重合闸这三种操作过电压中的最大者;

K_s——绝缘子串操作过电压配合系数,对范围 I 取 1.17,对范围 II 取 1.25。

(3) 按雷电过电压要求

按上面所得的n_1和n_2中较大的片数,校验线路的耐雷水平和雷击跳闸率是否符合有关规程的规定。

实际上,雷电过电压方面的要求在绝缘子片数选择中的作用一般是不大的,因为线路的耐雷性能并非完全取决于绝缘子的片数,而是取决于各种防雷措施的综合效果,影响因素很多。即使验算的结果表明不能满足线路耐雷性能方面的要求,一般也不再增加绝缘子片数,而是采用诸如降低杆塔接地电阻等其他措施来解决。

9.4.2 空气间距的选择

输电线路的绝缘水平不仅取决于绝缘子的片数,同时也取决于线路上各种空气间隙的极间距离——空气间距,而且后者对线路建设费用的影响远远超过前者。

输电线路上的空气间隙包括:

① 导线对地面

在选择其空气间距时主要考虑地面车辆和行人等的安全通过、地面电场强度及静电感应等问题。

② 导线之间

应考虑相间过电压的作用、相邻导线在大风中因不同步摆动或舞动而相互靠近等问题。当然,导线与塔身之间的距离也决定着导线之间的空气间距。

③ 导、地线之间

按雷击于档距中央避雷线上时不至于引起导、地线间气隙击穿这一条件来选定。

④ 导线与杆塔之间

这将是下面要探讨的重点内容。

为了使绝缘子串和空气间隙的绝缘能力都得到充分的发挥,显然应使气隙的击穿电压与绝缘子串的闪络电压大致相等。但在具体实施时,会遇到风力使绝缘子串发生偏斜等不利因素。

就塔头空气间隙上可能出现的电压幅值来看,一般是雷电过电压最高、操作过电压次之、工频工作电压最低;但从电压作用时间来看,情况正好相反。由于工作电压长期作用在导线上,所以在计算它的风偏角θ_0(如图9-4所示)时,应取该线路所在地区的最大设计风速$v_{\max}$(取20年一遇的最大风速,在一般地区为25~35 m/s);操作过电压持续时间较短,通常在计算其风偏角 θ_s 时,取计算风速等于 $0.5v_{\max}$;雷电过电压持续时间最短,而且强风与雷击点同在一处出现的概率极小,因此通常取其计算风速等于 $10\sim15$ m/s,可见它的风偏角 $\theta_1<\theta_s<\theta_0$,如图 9-4 所示。

三种情况下的净空气间距的确定方法如下:

(1) 工作电压所要求的净间距 s_0

s_0 的工频击穿电压幅值为

$$U_{50\sim} = K_1 U_\varphi \qquad (9-12)$$

式中,K_1——综合考虑工频电压升高、气象条件、必要的安全裕度等因素的空气间隙工频配合系数,对 66 kV 及以下的线路取 $K_1=1.2$,对 $110\sim220$ kV 线路取 $K_1=1.35$,对范围 Ⅱ 取 $K_1=1.4$。

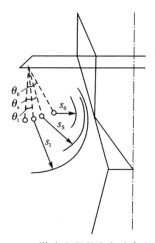

图 9-4 塔头上风偏角与空气间距

(2) 操作过电压所要求的净间距 s_s

要求 s_s 的正极性操作冲击波下的 50%击穿电压为

$$U_{50\%(s)} = K_2 U_s = K_2 K_0 U_\varphi \qquad (9-13)$$

式中,U_s——计算用最大操作过电压,与式(9-11)同;

K_2——空气间隙操作配合系数,对范围 Ⅰ 取 1.03,对范围 Ⅱ 取 1.1。

在缺乏空气间隙 50%操作冲击击穿电压的实验数据时,亦可采取先估算出等值的工频击穿电压 $U_{e(50\sim)}$,然后求取应有的空气间距 s_s 的办法。

由于长气隙在不利的操作冲击波形下的击穿电压显著低于其工频击穿电压,其折算系数 $\beta_s<1$,如再计入分散性较大等不利因素,可取 $\beta_s=0.82$,即

$$U_{e(50\sim)} = \frac{U_{50\%(s)}}{\beta_s} \qquad (9-14)$$

(3) 雷电过电压所要求的净间距 s_1

通常取 s_1 的 50%雷电冲击击穿电压 $U_{50\%(l)}$ 等于绝缘子串的 50%雷电冲击闪络电压 U_{CFO} 的 85%,即

$$U_{50\%(l)} = 0.85 U_{CFO} \qquad (9-15)$$

其目的是减少绝缘子串的沿面闪络,减少釉面受损的可能性。

求得以上的净间距后,即可确定绝缘子串处于垂直状态时对杆塔应有的水平距离为

$$\left.\begin{array}{l} L_0 = s_0 + l\sin\theta_0 \\ L_s = s_s + l\sin\theta_s \\ L_1 = s_1 + l\sin\theta_1 \end{array}\right\} \qquad (9-16)$$

式中,l——绝缘子串长度,m。

最后,选三者中最大的一个,就得出了导线与杆塔之间的水平距离 L,即

$$L = \max[L_0, L_s, L_1] \tag{9-17}$$

表 9-5 中列出了各级电压线路所需的净间距值。当海拔高度超过 1 000 m 时,应按有关规定进行校正;对于发电厂变电所,各个 s 值应再增加 10% 的裕度,以策安全。

表 9-5 各级电压线路所需的净间距值

额定电压/kV	35	66	110	220	330	500
X-4.5型绝缘子片数	3	5	7	13	19	28
s_0/cm	10	20	25	55	90	130
s_s/cm	25	50	70	145	195	270
s_1/cm	45	65	100	190	260	370

第 10 章 电力设备的在线监测与故障诊断

电力设备是组成电力系统的基本元件,是保证供电可靠性的基础。无论是大型关键设备(如发电机、变压器),还是小型设备(如电力电容器、绝缘子等),一旦发生失效,必将引起局部甚至全部地区的停电。因此,对电力设备进行在线监测和故障诊断是实现设备预知性维修的前提,是保证设备安全可靠运行的关键,也是对传统的离线预防性试验的重大补充和拓展。

10.1 概 述

10.1.1 电力设备的绝缘故障及其危害

大量资料表明,导致设备失效的主要原因是其绝缘性能的劣化。例如对我国 1994—1996 年 110 kV 及以上等级电力变压器事故的统计分析表明,由于绝缘劣化引起事故的台次占总事故台次的 68% 和总事故容量的 74%,而 2002 年的统计分别为 75% 和 64%。2001 年,全国 110 kV 及以上等级互感器中,绝缘故障占总事故台次的 52%。湖北省对 1987 年前发生故障的 22 台电压互感器、45 台电流互感器和 45 只套管的统计分析表明,绝缘故障占总事故台次的比例分别为 86%,69% 和 64%。1988 年,东北地区对电力电容器损坏情况的统计表明,因绝缘劣化造成的失效约占总失效的 36%。

国外的统计结果也类似。例如,北美电力系统曾因绝缘故障引起至少三个电力局的 230 kV 电流互感器爆炸。对美国某 4.8 kV 配电系统 1980—1989 年失效电容器的统计分析表明,其中 92% 是因绝缘劣化引起失效。日本日新公司对故障变压器统计的结果中,绝缘故障占 45%。2003 年 8 月 14 日发生的北美电力系统大停电,波及美国 8 个州和加拿大 1 个省,估计美国的总损失为 40 亿~100 亿美元,而加拿大当月的国内总产值下降了 0.7%。为研究停电原因和改进措施,成立了美国-加拿大电力系统停电特别工作组。工作组的最终分析报告指出:造成停电的最主要原因是俄亥俄州的地区电力局计算机失效和几条关键的 345 kV 输电线对生长过速的树木放电而引起的对地短路事故。

由以上论述可见,电气设备的多数故障是绝缘性故障。不仅是电应力作用引起绝缘劣化导致绝缘故障,而且机械力或热的作用,或者和电场的共同作用,最终也会发展为绝缘性故障。例如,变压器短路故障产生的巨大电磁力会引起绕组变形,使绝缘受损伤而导致发生匝间击穿,变压器内局部过热可导致油温上升,使绝缘过热而发生裂解,最后发展为放电性绝缘故障。

电力设备,特别是大型设备故障会造成巨大的经济损失。有些非大型设备虽自身价值并不昂贵,但故障后果严重。例如以往互感器、电容器、避雷器常因绝缘故障发生爆炸和起火,不仅会波及邻近设备,且由于故障的突发性,会因爆炸而造成人员伤亡。鉴于绝缘故障在故障中所占的比重及其后果的严重性,电力运行部门历来十分重视电气设备的绝缘监督。各省、市电力公司均设有绝缘监督的专职工程师,并规定每年春天对设备进行一次全面的绝缘性能检查。

10.1.2 在线监测与状态维修的必要性及意义

对电气设备进行绝缘监督的主要手段以往一直采用定期进行绝缘预防性试验,即根据电力部所颁发的《电力设备预防性试验规程》,对不同设备按规定的试验项目和相应的试验周期,定期在停电状态下进行绝缘性能的检查性试验。以电力变压器为例,油中溶解气体色谱分析可视变压器的电压、容量每 3(6 或 12)个月进行一次,绕组的绝缘电阻和吸收比测试 1~3 年进行一次,绕组连同套管的泄漏电流测试也是 1~3 年进行一次。

预防性试验一般在每年雷雨季节前的春检时进行。将预试结果和上述规程上的标准进行比较,若有超标,则应安排对设备进行停电检修,即进行预防性维修。此外,还要根据电力设备运行规程,按规定的期限和项目对设备进行定期检修,以变压器为例,主变压器在投入运行后的第 5 年和以后每隔 5~10 年大修 1 次,在此时间范围内按试验结果确定大修时间。即使预试不超际,到了期限也要进行大修(吊芯检修)。预防性维修是一种计划性维修方式。

从上述的预试到维修可统称为预防性维修体系,在我国已沿用 40 多年。这无疑在防止设备事故的发生、保证供电安全可靠性方面起着很好的作用。但长期的工作经验也表明,这样的维修体系有一定的局限性。

从经济角度看,定期试验和大修均需停电,不仅会造成很大的直接和间接经济损失,而且增加了工作安排的难度。定期大修和更换部件也需投资,而这种投资是否必要尚不好确定。因为设备的实际状态可能完全不必作任何维修,而仍能继续长时期运行。若维修水平不高,反而可能使设备越修越坏,从而产生新的经济损失。

从技术角度分析,离线的定期预防性试验有两个方面的局限性。首先,它们的试验条件不同于设备运行条件,多数项目是在低电压下进行检查。例如,介质损耗角正切 $\tan\delta$ 是在 10 kV 电压下测试的,而设备的运行电压,特别是超高压设备,远比 10 kV 要高。并且运行时还有诸如热应力等其他因素的影响,无法在离线试验时再现,这样就很可能发现不了绝缘缺陷和潜在的故障。其次,虽然绝缘的劣化和缺陷的发展具有统计性,绝缘劣化发展速度有快有慢,但总有一定的潜伏和发展时间。在此期间会发出反映绝缘状态变化的各种信息。而预试是定期进行的,经常不能及时准确地发现故障。

20世纪70年代以来,随着世界上装机容量的迅速增长,对供电可靠性的要求越来越高。考虑到原有预防性维修体系的局限性,为降低停电和维修费用,提出了预知性维修或状态维修这一新概念。其具体内容是对运行中的电气设备绝缘状况进行连续的在线监测(或称状态监测),随时获得能反映绝缘状况变化的信息,在进行分析处理后,对设备的绝缘状况作出诊断,并根据诊断的结论安排必要的维修,做到有的放矢地进行维修。状态维修包括三个步骤,即在线监测→分析诊断→预知性维修。

状态维修有以下优点:
①可更有效地使用设备,提高设备的利用率;
②降低备件的库存量以及更换部件与维修所需费用;
③有目标地进行维修,可提高维修水平,使设备运行更安全、可靠;
④可系统地对设备制造部门反馈设备的质量信息,用以提高产品的可靠性。

状态维修的组成及相互关系可用图10-1所示的框图来表示。可见在线监测系统是状态维修的基础和根据。当然,为设备建立一套在线监测系统也需要投资,故对某电气设备是否有必要建立在线监测系统,应进行经济核算,根据其经济效益来确定。

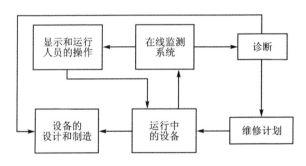

图10-1 状态维修体系框图

建立一套在线监测系统需要的投资和设备本身的价值有关。英国人P.J.达夫勒认为,对一般工业部门而言,电机的监测系统约是设备费的5%。美国麻省理工学院认为,对于单台价值100万美元的大型变压器,建立一套完整的监测和诊断系统需8万美元,并且该系统的经济效益将超过200万美元。在我国,以一套三相500 kV,360 MV·A变压器为例,其价值在2 000万元左右,为其建立一套监测系统,投资不会超过设备价值的5%。何况一套在线监测系统,除传感器等部分单元外,可巡回监测多台电气设备,投资的实际比例还将降低。

在线监测和状态维修带来的经济效益是十分显著的。例如,据美国某发电厂统计,运用状态维修体系后,每年可节约125万美元。英国中央发电局统计表明,利用气相色谱分析对充油电力设备进行诊断,使变压器的年维修费用从1 000万英镑减少为200万英镑。日本资料介绍,监测和诊断技术的应用,使每年维修费用减少25%~50%,故障停机时间则可减少75%。

10.1.3 在线监测技术的发展概况及基本技术要求

在线监测这一设想由来已久。早在1951年,美国西屋公司的约翰逊针对运行中发电机因槽放电的加剧导致电机失效,提出并研究了在运行条件下监测槽放电的装置,这可能是最早提出的在线监测思想。限于当时的技术条件,无法抑制来自线路的干扰,只能在离线条件下进行检测,但是在线监测的基本思想则沿用至今。

20世纪60年代,美国最先开发监测和诊断技术,并成立了庞大的故障研究机构,每年召开1~2次学术交流会议。例如20世纪60年代初,美国即已使用可燃性气体总量检测装置来测定变压器储油柜油面上的自由气体,以判断变压器的绝缘状态。但在潜伏性故障阶段,分解气体大部分溶于油中,故这种装置对潜伏性故障无能为力。

针对这一局限性,日本等国研究使用气相色谱仪,在分析自由气体的同时,分析油中溶解气体,这有利于发现早期故障。其缺点是要取油样,需在实验室进行分析,试验时间长,故不能在线连续监测。20世纪70年代中期,能使油中气体分离的高分子塑料渗透膜的发明和应用,解决了在线连续监测问题。加拿大于1975年研制成功了油中气体分析的在线监测装置,随之由Syprotec公司开发为正式产品,称为变压器早期故障监测器。

气相色谱分析技术日趋成熟,长期的实践证明,这是一种行之有效的监测和诊断技术,目前已广泛应用于各种充油电气设备的监测。其局限性是气体的生成有一个发展过程,故对突发性故障不灵敏,这就要借助于局部放电的监测。

局部放电的在线监测难度较大,数十年来,它的发展一直受到限制。传感器技术、信号处理技术、电子和光电技术、计算机技术的发展,提高了局部放电在线监测的灵敏度和抗干扰水平。例如,近20年来,由于压电元件灵敏度的提高和低噪声集成放大器的应用,大大提高了超声传感器的信噪比和监测灵敏度,使其得以广泛应用于局部放电的在线监测。

到了20世纪80年代,局部放电的监测技术已有较大发展。加拿大安大略水电局研制了用于发电机的局部放电分析仪,并已成功地用于加拿大等国的水轮发电机上。这种装置1981—1991年共装备了500多台。加拿大魁北克水电局研究所研制了一套多参数的监测系统,除可对735 kV变压器的局部放电进行监测外,还可分析油中的溶解气体组分及线路过电压,并具有初步的自动诊断功能。

日本的在线监测技术起步并发展于20世纪70年代,1975年起,由基础研究进入开发研究阶段,并推广应用。20世纪70年代末以来,日本先后研制了油中H_2、三组分气体(H_2,CO,CH_4)和六组分气体(H_2,CO,CH_4,C_2H_2,C_2H_4,C_2H_6)的油中气体监测装置。日本东京电力公司于20世纪80年代研制了变压器局部放电自动监测仪,用光纤传输信号,采用声、电联合监视抑制干扰,并可对放电源进行故障点定位。

20世纪70年代以来,苏联的在线监测技术发展也很快,特别是电容性设备绝缘监测和局部放电的在线监测。

自 20 世纪 80 年代以来,我国的在线监测技术也得到了迅速发展。各单位相继研制了不同类型的监测装置,特别是各省电力部门,如安徽、吉林、河北、内蒙古、广东和湖南等省都研制了电容性设备的监测装置,主要监测电力设备的介质损耗、电容值、三相不平衡电流。中国电力科学研究院、武汉高压研究所和东北电力试验研究院等单位除研究电容性设备的监测外,还研制了各种类型的局部放电监测系统。中国电力科学研究院和西安交通大学还结合油中气体分析开展了用于绝缘诊断的专家系统的研究工作。

从以上国内外发展情况来看,目前多数监测系统的功能还比较单一。例如仅对一种设备或多种设备的同类参数进行监测,一般仅限于超标报警,而且基本上要由试验人员来完成分析诊断。今后在线监测技术的发展趋势应是:

① 多功能多参数的综合监测和诊断,即同时监测能反映某电气设备绝缘状态的多个特征参数;

② 对电站或变电站的整个电气设备实行集中监测和诊断,形成一套完整的分布式在线监测系统;

③ 不断提高监测系统的可靠性和灵敏度;

④ 在不断积累监测数据和诊断经验的基础上,发展人工智能技术,建立人工神经网络和专家系统,实现绝缘诊断的自动化。

图 10-2 所示为一个变电站的电力设备监测系统示意图。这是一个包括监测电力变压器、气体绝缘金属全封闭开关设备(GIS)的三级计算机网络系统,采用了先进的光纤传输技术。

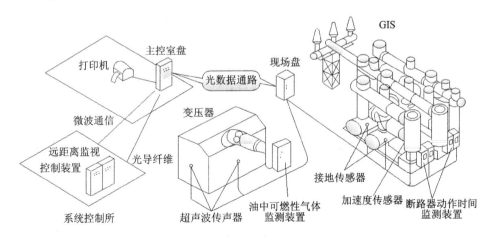

图 10-2 变电站监测系统示意图

在线监测系统的技术要求可归纳为:

① 系统的投入和使用不应改变和影响一次电气设备的正常运行;

② 能自动地连续进行监测、数据处理和存储；
③ 具有自检和报警功能；
④ 具有较好的抗干扰能力和合理的监测灵敏度；
⑤ 监测结果应有较好的可靠性和重复性，以及合理的准确度；
⑥ 具有在线标定其监测灵敏度的功能；
⑦ 具有对电气设备故障的诊断功能，包括故障定位、故障性质、故障程度的判断和绝缘寿命的预测等。

10.2 在线监测系统的组成和分类

10.2.1 系统的组成

不论监测系统是何种类型，它均应包括 6 个基本单元，其组成框图如图 10-3 所示。

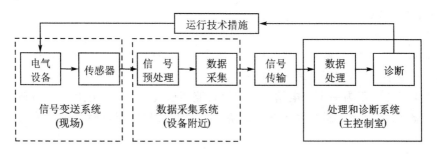

图 10-3 在线监测系统组成框图

1. 信号的变送

信号的变送一般由相应的传感器来完成，它从电气设备上监测出那些反映设备状态的物理量，例如电流、电压、温度、压力、气体成分等，并将其转换为合适的电信号传送到后续单元。它对监测信号起着观测和读数的作用。

传感器是将反映设备状态的各种物理量，诸如电、机械力和化学等各种能量形式的信息监测出来，是状态监测和故障诊断的第一步，也是很重要的一步，它直接影响着监测技术的发展。由于电信号容易进行各种处理，故无论这些物理量是电量还是非电量，一般都是通过各类传感器转换为电信号后再进一步进行处理。

对传感器的基本要求包括以下三方面：

① 能监测出反映设备状态特征量的信号，有良好的静态特性和动态特性。静态特性是指传感器的灵敏度、分辨率、线性度、准确度、稳定度和迟滞特性。传感器应有足够的灵敏度；分辨率即传感器能分辨出的最小监测量，这是与灵敏度相关的一个参数；线性度可以以非线性度表示，它是传感器输出量和输入量间的实际关系与它们的

拟合直线(可用最小二乘法确定)之间的最大偏差与满量程输出值之比;准确度和稳定度是一般仪器设备的基本要求;迟滞指正向特性和反向特性不一致的程度。动态特性是指传感器的频率响应特性。

② 对被测设备无影响或影响很微弱,吸收待测系统的能量极小,能和后续单元很好地匹配。

③ 可靠性好,寿命长。

传感器若按变换过程中是否需要外加辅助能量的支持来分类,可分为无源传感器和有源传感器。根据传感器技术的发展阶段则可分为:结构型传感器,这种传感器目前使用最多;物性型传感器,这是当前发展最快、新品最多的传感器,特别是由半导体敏感元件制成的传感器;智能型传感器,它是将传感元件与后续信号处理电路组合成一个很小的模块,它代表着传感器的发展方向。

在线监测中常用的传感器有:温度传感器、红外线传感器、振动传感器、电流传感器、电压传感器、气敏传感器、湿敏传感器等。

2. 信号的预处理

其功能是对传感器变送来的信号进行适当的预处理,将信号幅度调整到合适的电平;对混叠的干扰采用滤波器、极性鉴别器等硬件电路进行抑制,以提高系统的信噪比。

通过传感器进入监测系统和信号混叠在一起的干扰信号是外部干扰的主要来源,应在预处理时采取措施予以抑制。特别在监测微弱的瞬态脉冲信号时,这种抑制尤为重要。

使用各种带通滤波器可有效地消除和抑制连续的周期性干扰。滤波器带宽和中心频率的选择视干扰信号的频带而定。窄带滤波器抗干扰性能好,能有效抑制通频带外的大部分干扰信号,但也容易造成有用信号本身某些频率成分的过分丧失。宽带滤波器可获得的信号的频率成分比较丰富,但不利于抑制干扰。

3. 数据采集

数据采集系统的功能是采集来自传感器的各种电信号,并将其送往数据处理和诊断系统,以对监测到的数据进行进一步的分析处理。数据的分析处理一般是由计算机配合相应的软件进行。而送入计算机的信号应是数字信号,故应将传感器输出的信号预先进行模数转换。模数转换器对输入模拟信号的电平大小是有一定要求的,例如 0~5 V。这就要求对采集到的信号的幅值作必要的调整,例如选择合适的放大器等。此外,为提高监测系统的监测灵敏度,还需采取一些抗干扰措施,以提高信号的信噪比。凡此种种,均需在数据处理前对信号进行预处理。

对于固定在变电站作连续监测的系统,数据处理的计算机往往在远离电气设备的主控制室中,例如相距数十米到数百米;信号经过长距离传送会产生衰减和畸变,同时在传输过程中还可能有干扰信号进入而降低信噪比,特别是对微弱信号,干扰影响更大。故一般均对信号采取就地处理的方式,即对传感器送出的信号立即进行预处理。

数据采集系统一般由以下三部分组成：

① 多路转换单元。用以对多台设备和某设备的多路信号（均来自传感器）进行选择或作巡回监测。一般可选用继电器或程控模拟开关对信号进行选通。

② 预处理单元。其功能主要是对输入信号的电平作必要的调整和采取抑制干扰的措施，以提高信噪比。该单元又可分为两个部分：一部分是放大倍数可以调整的程控放大器；另一部分是抗干扰措施，例如组合滤波器、差动平衡系统等。

③ 数据采集单元。数据采集单元一般就是一个数据采集卡，它包括采样保持装置和模数转换器 ADC。前者由采样保持电路（放大倍数为1）、电子开关、保持电容器等元器件组成，它的功能是在模数转换周期内存储信号的各输入量，并把数值大小不变的信号送给模数转换器。它缩短了模数转换的采样时间，从而可提高系统的运行速度。模数转换器是数据采集系统的核心，它要满足转换速度和准确度两方面的要求。转换速度也即采样率，低速采样如 200 kHz，高速采样如 10 MHz 等，视数据采集的要求选用。例如要采集信号的波形，就需要较高的采样率，而若只需要采集信号的峰值，那么可选择较低的采样率。监测装置的分辨率和 ADC 的分辨率有关，后者又和 ADC 的位数有关，例如 ADC 为 8 位，输入电平为 0～5 V，这就是说将 5V 电平分成 256 个单位，每个单位即代表约 20 mV，即分辨率为 20 mV。ADC 的位数越多则分辨率更高。

数据采集系统可以用单片机或工控机对采集系统进行控制，并且利用专门的处理软件对采集的数据进行分析处理和存储。对固定式的在线监测系统，则一般由设在主控制室的计算机（上位机）对监测结果作最后的分析和诊断，所以还需要解决数据采集系统和上位机间的数据通信问题。

4. 信号的传输

将采集到的信号传送到后续单元。对固定式监测系统，因数据处理单元远离现场，故需配置专门的信号传输单元。对便携式监测装置，只需对信号进行适当的变换和隔离。

在线监测系统的信号不仅包括从传感器来的待测信号，而且还有来自计算机的控制信号（一般是数字信号）。这些信号需在各个系统间、单元间、甚至部件间进行传送，要保证信号在传送过程中不受其他信号（包括外界干扰信号）干扰，以避免信号的畸变或误动作。

对于监测系统内部的相互干扰，一般宜采取以下措施来抑制：

① 各个通道间尽可能拉开一定的距离，特别要避免通过电磁耦合相连。例如多路信号传送时本可共用一个集成芯片（内含多个模拟开关或多个运算放大器），为避免不同通道间干扰，最好分别选用几个芯片。

② 保证一点接地。多点接地时容易在地线回路上有环流，而引起共模干扰。各个部件、单元均自成回路，不要共用地线。特别是数字电路和模拟电路的地线更需分

开,以防止相互间的共模干扰。同时地线尽可能粗一些,地回路也尽量短些,以降低地回路阻抗。

③ 隔离。信号通过一定的隔离措施再传送到另一单元,以避免各单元间的相互干扰。常用的隔离方式有变压器隔离、光电耦合器隔离和电-光纤-电隔离三种。

变压器隔离是一台1:1的变压器,一次级绕组间及绕组对铁芯均有一定的绝缘水平,绕组间还有接地的金属屏蔽,用以隔断相互间的干扰以及危险电位的传递。信号通过磁路的耦合来传送。

光电耦合器隔离是一种光电隔离方式,电路上相互绝缘,隔离电位可从数百伏至数千伏。信号通过电光转换,以光信号传送到下一单元,再经光电转换,恢复为电信号,它特别适用于短距离信号的传送。

电-光纤-电隔离同样是用光电隔离方式来隔离两个系统之间的干扰,但光信号的传输用光纤(或光缆)来完成,特别适用于远距离的信号传输,抗干扰能力最强。由于光纤的耐压很高,1 m 光纤交流闪络电压大于 100 kV,故可用于隔离很高的电位。该传输方式的缺点是结构复杂,成本较高。

5. 数据处理

对所采集的数据进行处理和分析,例如对获取的数字信息作时域和频域分析,利用软件滤波、平均处理等技术,对信号作进一步的处理,以提高信噪比,获取反映设备状态的特征值,为诊断提供有效的数据和信息。数据处理有两方面的作用:

① 去伪存真。通过处理将干扰信号抑制,提高信噪比,以防止对故障做出误报或漏报。其关键是要完善抗干扰措施,视具体情况,某些抗干扰措施需安排在数据处理时实施。

② 由表及里。除了提高信噪比以外,还需将采集到的数据所能反映的信息更好地显示出来,这就不能简单地罗列出采集到的原始数据,而要做一些由表及里的分析处理,使之成为在线诊断设备故障的可靠判据。

由此可见,数据处理也是在线监测和诊断系统中一个十分重要的内容。抗干扰技术实际上也是一种数据处理技术,而数据处理技术本身也常具有抗干扰的效果,二者是不太可能严格划分的。

在线监测中常用的数据处理技术有时域分析、频域分析、相关分析、统计分析等。

6. 诊 断

诊断是根据监测系统提供的信息,包括监测到的数据和数据处理的结果,对设备所处的状态进行分析,以确定:该设备可否继续运行;是正常运行,还是要加强监测;是安排计划检修,还是立即停机检修等。诊断一般应包括以下内容:

① 判断设备有无故障。

② 判断故障的性质、类型和原因,例如是绝缘故障还是过热故障或机械故障。若是绝缘故障,则判断是绝缘老化、受潮还是放电性故障;若是放电性故障,则判断是哪种类型的放电。

③ 判断故障的状况和预测设备的剩余寿命,即对故障的严重程度及发展趋势做出诊断。

④ 判断故障的部位,即故障定位。

⑤ 做出全面的诊断结论和相应的防止事故对策。

在线监测系统中常用的诊断方法有阈值诊断、模糊诊断、时域波形诊断、频率特性诊断、指纹诊断、基于人工神经网络的诊断等。

10.2.2 系统的分类

监测系统按其使用场所分为便携式和固定式:

① 便携式。整个系统构成较简单,便于携带,可以在不同地点进行监测,常用数字仪表或示波器显示监测结果,也可配备便携式或笔记本式计算机进行数据处理、显示、存储和诊断。由于属于通用性装置,故其针对性较差,抗干扰水平和灵敏度不会很高,且一般不可能连续监测,而且只能用于在线检测。

② 固定式。针对某处或某种设备,配置有针对性的专用监测系统,固定安装在某处设备上。其抗干扰能力和监测灵敏度比通用性系统要高,可对设备实现连续监测,功能强,成本高,适合于重要场所、重大设备的监测。

监测系统按监测功能可分为单参数监测系统和多参数综合性诊断系统:

① 单参数监测系统。选择某类或某个能反映绝缘状态的物理量进行监测,例如局部放电量、介质损耗角正切值等。其监测功能比较单一,是当前广泛使用的系统。

② 多参数综合性监测系统。可以监测能反映设备状态的各类参数,对设备进行全面的状态监测,进而形成对整个电站或变电站的设备进行全面监视的分布式在线监测系统,这是监测系统的发展方向。

监测系统按诊断方式可分为人工诊断和自动诊断:

① 人工诊断。目前多数监测系统的诊断还是根据运行经验,由试验人员最后做出诊断。

② 自动诊断。由监测系统自动地进行诊断,这也是监测系统发展的趋势。

10.2.3 专家系统在故障诊断中的应用

1. 概　述

虽然故障诊断已积累了许多成熟的经验和各种手段,但目前主要由有经验的人进行诊断,凭借他的理论知识和丰富的诊断经验进行综合判断,最后作出诊断结论。尽管如此,人工判断也有它的局限性,特别是影响故障的因素常常很多,可参考的数据也很多(包括历史上的和同类设备的数据),人工判断虽有综合分析归纳的优点,但由于工作量太大或客观条件的限制,难以对历史数据参考得太远、对同类设备的数据参考得很全面,这就会影响判断的准确性。加上个人主观因素造成的判断失误,这些都会使诊断结论存在一定的随机性和误诊断。

人工智能专家系统是能够在一定程度上模拟人类专家经验及推理过程的计算机程序系统，其优点在于它易于学习、模拟专家的经验性知识，实现监测系统的自动化、智能化。它的适用性强，其知识和规则可随新的经验或新的情况方便地增删、修改或扩展程序。它可综合多个专家的最佳经验使之条理化，而不受时间、地点的限制。其功能可超过单个专家，易于解决诊断过程中的一些复杂问题，降低判断上的随机性，提高判断的准确性和诊断水平，甚至给出定量的判断，例如给出置信度。专家系统具有解释功能，便于人们理解和掌握其推理过程，可更好地为运行人员提供参考和培训。

2. 变压器故障诊断专家系统

图 10-4 所示为一个用于变压器故障诊断的专家系统结构框图。主控制机、推理机是专家系统的核心。知识库是专家经验知识通过分析总结后形成的规则集，它可单独存于一个磁盘文件，运行时由系统调入内存。知识管理系统是为了对知识库进行删除、修改及增添新规则等操作的人机接口程序，常存于内存。数据库是用来存放监测数据（包括设备历史数据）以及推理中间结果的数据文件，类似于知识库，平常也存入一个磁盘文件，系统运行时调入内存。数据库管理系统是进行数据库操作的人机接口程序，常存于内存。解释系统是向用户解释推理过程的接口程序，它包括说明推理过程用到过的规则以及结论的自然语言解释等，常驻于内存。

该系统的基本功能如下：

① 诊断变压器是否存在故障。系统运行后即进入自动诊断状态，定期或由人的命令控制输入监测信息，对设备状态做出评价，确定是否存在故障。该系统以油温和油中气体分析为主，判断是否存在内部故障，输入监测信息包括油温、油位、油中气体含量以及变化情况等。

② 诊断故障发生的部位及原因。当系统怀疑设备存在内部故障时，则根据需要提示用户输入设备的其他试验数据、历史数据等，以进一步证实故障，确定故障原因及部位等。例如，根据油温及油中气体分析等推断设备内部存在过热故障时，则要求输入变压器主回路直流电阻、绝缘电阻、铁芯绝缘电阻、接地线电流等数据，以确定过

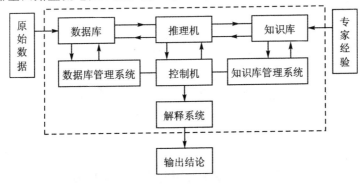

图 10-4 专家系统的结构框图

热原因、部位及程度等。当用户未知或无法取得某项参数时,可以回答不知道,系统可根据其他已知信息推断。当所有数据都未知时,则系统输出几种可能的部位、原因及其经验性概率。

③ 提出故障处理意见。例如是否立即停运检修、加强跟踪监测或正常运行等。

该系统的推理流程图如图10-5所示。在正向推理阶段主要是根据监测到的现象及状态参数等进行综合评价,确定设备是否存在故障,提出所存在故障的初始诊断。

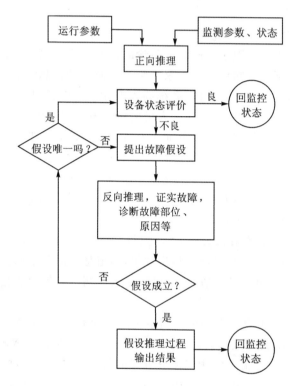

图 10-5　专家系统推理流程图

其后则用反向推理证实故障的初始诊断,确定故障原因、部位等,然后输出结果并解释推理过程。例如变压器内部过热故障的诊断规程如图10-6所示。

10.3　GIS和高压断路器的在线监测与故障诊断

10.3.1　概　述

以 SF_6 作绝缘介质的气体绝缘金属封闭开关设备简称为GIS,也称封闭式组合电器和气体绝缘变电站。它将变电站中除变压器外的电气设备,包括断路器、隔离开

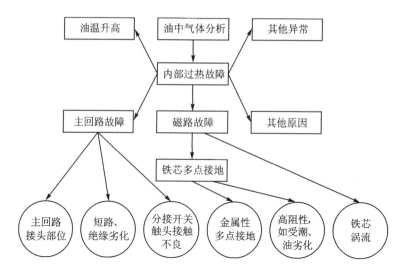

图 10-6 变压器内部热故障诊断流程

关、接地开关、电流互感器、电压互感器、避雷器、母线(三相或单相)、连接管和过渡元件(SF_6-电缆头、SF_6-空气套管、SF_6-油套管)等全部封闭在一个接地的金属外壳内,壳内充以 0.34~0.4 MPa 的 SF_6 气体作为绝缘和灭弧介质。

由全封闭组合电器组成的气体绝缘变电站与常规敞开式户外变电站相比有如下优点:

①占地面积和空间显著降低,且随电压的增加而显著减少。以国内桥形接线变电站为例,110 kV 的 GIS 占地面积和体积分别为常规变电站的 7.6% 和 6.1%,而 220 kV 的 GIS 的这两个数字仅分别为 3.7% 和 1.8%。

②带电体和固体绝缘件全部封闭于金属壳内,不受外界环境条件(例如污染)的影响,运行安全可靠。

③SF_6 断路器开断性能好,检修周期长。

④安装方便,GIS 一般都在工厂装配后以整体形式或分成若干部分运往现场,故可大大缩短现场安装工作量和工程建设周期。

由于上述优点,自 20 世纪 60 年代开始,世界上已有上万个间隔投入使用,电压从 60 kV 发展到 765 kV。目前国外 GIS 建设和常规变电站之比约为 1:6。对进入城市负荷中心的变电站(包括企业内部的变电站),由于地价和协调环境等要求,GIS 已有取代常规变电站的趋势。

如上所述,GIS 的优点之一是可靠性高。根据国际大电网会议资料,它的故障率为 (0.01~0.02)/(站·年),一般约为常规设备故障的 1/10,GIS 停电检修周期一般定为 10~20 年,也有工厂提出不需要检修。尽管如此,与常规电气设备相比,GIS 在运行可靠性方面仍存在一些不利因素:

① 设备完全封闭在金属外壳中,不能依靠人的感官发现故障的早期征候。

② GIS体积小,各设备的安排十分紧凑,一个设备的故障容易波及邻近设备,使故障扩大。

③ 金属外壳的全封闭设备较难进行故障定位,给处理故障造成困难,并增加处理故障的时间,因而会增加直接和间接损失。若现场环境条件较差,无明确目标的拆卸、检修反而使周围的水分、灰尘等侵入设备内部,降低设备可靠性。

考虑到这些不利因素,运行部门和制造厂商普遍认为宜采用在线监测技术及时发现内部故障。

GIS在线监测的主要内容包括绝缘特性、断路器的动作特性、接地故障、导体发热、气体参数等。就重要性而论,前三项是主要的。图10-7给出了监测项目、故障机理和监测用传感器等。SF_6断路器是GIS中的主要设备,它的监测内容和SF_6落地罐式断路器以及常规高压断路器是相同的,故本节所讨论的高压断路器的监测与诊断技术也适用于一般高压断路器。

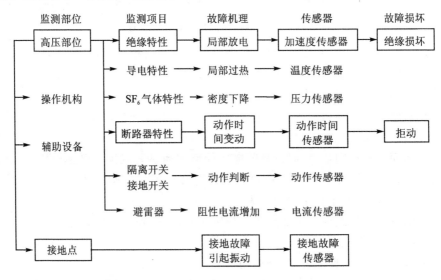

图 10-7 GIS 的监测项目(带方框的是重要项目)

10.3.2 高压断路器的监测内容

高压断路器的监测项目是建立在对历年事故的统计和分析基础上的。国际大电网会议13.06工作组对包括22个国家102个电力部门所作的第一次国际调查结果表明,在1974—1977年间,1964年后投运的63 kV及以上电压的各种断路器共77 892台,其大型故障中机械性故障占70.3%。工作组对1978年后安装的72.5 kV以上单压式SF_6高压断路器的事故统计表明,操作机构及辅助回路元件的事故占75%,灭弧室及绝缘部分只占20%。国内的统计也有类似情况。例如中国电力科学研究院统计的1990年全国6 kV以上高压断路器的故障中,拒分、拒合和误动作三类机械性故障共占 46%。可见,机械故障的监测和诊断在高压断路器的在线监测中占有很重要的地位。

高压断路器的主要监测内容如下。

1. 断路器和操作机构机械特性的监测

监测的特征量有以下几个:

①监测合分闸线圈的电流。根据电流波形可以掌握断路器机械操作系统的情况。

②断路器行程的监测。监测断路器的行程(时间特性)可得到每次合、分操作时的运动速度和时间等参数,从参数的变动预测故障。

③断路器振动信号的监测。通过机械振动波形也可监测机械运动状态和有关时间参数等。

2. 合分闸线圈回路通路监测

将合分闸线圈电路用高值电阻与电源连接,可以根据电路中的电流判断线圈回路是否有断路。

3. 操作机构的储压系统

包括压力监测和电动机启动时间间隔及转动时间监测。

4. 灭弧室和灭弧触头电磨损监测

可以通过分断电流累计值或加权分段累计间接估计电磨损程度。

5. 绝缘监测

主要是局部放电的监测。局部放电常作为主要绝缘故障(对地击穿)的前兆现象,通常发生在以下几种情况:

① 浇铸绝缘件内部存在空洞或杂质;

② 金属或绝缘表面有尖端或突起;

③ 由于安装不慎或开关分合产生颗粒状或丝状的金属微粒,它可附在绝缘表面或落在外壳底部,在外壳底部的金属微粒在电场作用下不断移动或作不规则的跳跃,当金属微粒腾空时会带有电荷,下落时则会产生局部放电;

④ 金属屏蔽罩固定处接触不良;

⑤ 触头接触严重不良会在触头间产生局部放电。

局部放电监测的主要困难是信号十分微弱,要求监测系统能测出几皮库的放电量,而断路器安装现场的电磁干扰又十分强大,放电源的定位和放电类型的识别也相当困难。目前实际应用的监测方法主要是电测法和机械振动法两种,监测原理和方法与 GIS 相同。影响 SF_6 断路器绝缘性能的 SF_6 气体含水量的监测目前仍是一个难题。

6. 断路器主触头及导电部分监测

① 壳体温升的监测:可间接了解主触头及导体的发热情况。

② 壳体振动和监测:当主触头发热严重时,壳体机械振动的幅值和频率特性都

有所变化。

以上两种方法只能用于有接地外壳的断路器。近年来还发展了一种暂时性状态监测技术,即断路器暂时退出运行处于离线状态,但不需将断路器解体,运用体外检测技术来诊断其内部状态。这是因为 SF_6 断路器维修现场环境的要求(尘埃、湿度等)很高,现场难于满足要求,为此希望在不打开盖情况下先在断路器体外进行检测,发现故障后再确定检修方案。

暂时性状态监测技术有以下三项:

① 断路器在分合过程中壳体或外壳机械振动的检测;

② 断路器动态回路电阻的检测,可以检测断路器的静态回路电阻、灭弧触头的有效接触行程,从而检测灭弧触头的烧损或磨损,进一步预测触头寿命;

③ 液压机构低速驱动时的驱动力的检测,可以检测断路器动作时的阻力以及触头表面烧损情况。

10.3.3 GIS 绝缘故障的监测与诊断

GIS 的内部故障以绝缘故障的比例为多,且后果严重。绝缘故障产生的原因可能有以下几种:

① 固体绝缘材料如环氧树脂的浇铸件内部缺陷损伤;

② 由于制造工艺不良、滑动部分磨损、触头烧损和安装不慎等因素在 GIS 内部残留的金属屑末(或称导电微粒)引起的放电;

③ 高压导体表面的突出物(由于偶然因素遗留在导体表面造成的高场强点)引发的电晕放电;

④ 由于触头接触不良,金属屏蔽罩固定处接触不良造成浮电位而引发重复的火花放电。

上述现象一般均会产生局部放电,分解 SF_6 气体,产生电场畸变,使绝缘材料损伤日趋严重。金属微粒在交流电压作用下会直立(对较长的微粒)、旋转、舞动(不断跳起落下及移动),在落下时会出现局部放电;撞击到 GIS 外壳上则会使外壳振动,还会造成导电通道。金属微粒产生的各种效应,一般强于绝缘材料缺损产生的效应,最严重时会导致击穿。可见 GIS 内的局部放电是绝缘故障普遍的早期征候,是监测绝缘故障的主要项目。

局部放电会在 GIS 外壳上产生流动电磁波,在接地线上流过高频电流,使外壳对地显现高频电压,在周围空间产生电磁波。局部放电会使通道气体压力骤增,在气体中产生超声波;传到金属外壳上会反射透射,并在金属外壳上出现各种声波,包括纵波、横波、表面波等。这种金属外壳上的声波也可称为外壳的机械振动。局部放电会产生光和使 SF_6 气体分解,伴随局部放电出现的这些物理和化学变化是监测的依据。目前普遍采用电气法(包括特高频法)和振动法来监测局部放电。对于监测到的局部放电信号通常采用阈值诊断、时域波形诊断、频率特性诊断、指纹诊断和故障定位等方法进行 GIS 的绝缘故障诊断。

10.3.4 SF₆ 气体泄漏的检测

如前所述，SF₆ 气体特性的检测也是 GIS 的监测项目之一，其重要内容是气体泄漏的检测。SF₆ 虽是无毒、惰性、不可燃的气体，但它的泄漏会引起环境的污染。例如，SF₆ 造成地球温室效应的能力比 CO_2 大 23 900 倍，是所有已知气体中最强的。另外，经过一段时间运行后泄漏出来的气体还可能带有微量的有毒气体。

国际大电网会议(CIGRE)和国际电工协会(IEC)都规定 SF₆ 气体泄漏的上限是每年 1%，国际大电网会议还建议今后设计标准是每年小于 0.1%，而对于每年泄漏大于 0.5% 的设备要进行检查。

根据压力减小来检查泄漏的灵敏度较低，而用肥皂水检漏虽然成本低，但速度慢，不宜带电检测，且灵敏度也不够高。最适宜的方法是体外和非接触检测。美国 LIS 公司生产的 TG 型 SF₆ 气体泄漏检测仪是一种专用仪器，其外形和红外热像仪相似，但需另附一个电源箱。仪器内部装有一台能产生 10.5 nm 红外线的 CO_2 激光器和一台照相机。工作时用红外线照射待测目标，配有滤光器的照相机只能接收反射回来的背向散射的红外线，从而产生电视图像。从设备中泄漏出来的 SF₆ 在目标附近所形成的气体云会吸收红外线从而在图像上形成暗区，根据暗区的情况来测定泄漏的程度。该设备能检测到的泄漏可小到 0.18 cm³/min，也即 0.9 kg/年，而 GIS 的实际泄漏量在 10～100 kg/年。试验结果还显示，1 kg/年的泄漏量可在 1～7 m 的距离内检测到。

10.4 变压器油中溶解气体的监测与诊断

10.4.1 油中气体的产生

多数电气设备，例如变压器、电抗器、互感器、电容器和套管等，选用油纸或油和纸板组成的绝缘结构。当设备内部发生热故障、放电性故障或者油、纸老化时，会产生多种气体。这些气体会溶解于油中，不同类型的气体及其浓度可以反映不同类型的故障。所以对油中溶解气体的监测和分析是充油电气设备绝缘诊断的重要内容。

绝缘劣化会产生哪些气体呢? 这取决于材料的化学结构。变压器油主要由碳氢化合物组成，包括烷烃、环烷烃、芳香烃、烯烃等。根据模拟试验的结果，发生故障时分解出的气体如下：

① 300～800℃时，热分解产生的气体主要是低分子烷烃(如甲烷、乙烷)和低分子烯烃(如乙烯和丙烯)，也含有氢气；

② 当绝缘油暴露于电弧中时，分解气体大部分是氢气和乙炔，并有一定量的甲烷和乙烯；

③ 发生局部放电时,绝缘油分解的气体主要是氢气、少量甲烷和乙炔,发生火花放电时,则有较多的乙炔。

绝缘纸、绝缘纸板的主要成分是纤维素,它是由许多葡萄糖基借助于1,4配键连接起来的大分子,其化学通式为 $C_6H_{10}O_5$,结构式如图10-8所示。图中凡未注明是什么元素的节点均为C。由图可知,纤维素分子呈链状,是主链中含有六节环的线型高分子化合物。每个键节中含有三个羟基,每根长链间由羟基生成的氢键(氢键是由于与电负性很大的元素如F,O相结合的氢原子与另一个分子中电负性很大的原子间的引力而形成的)相联系。由于长链互相之间的氢键的引力和摩擦力使纤维素有很大的强度和弹性,具有良好的机械性能。

n 代表长链内串接的重复单元(由图10-8可知,每个重复单元由三个键节构成)的个数,称为聚合度。一般新纸 $n=1\ 300$ 左右,极度老化以致寿命终止的绝缘纸 n 约为150~200。所以通过分析纸的聚合度可对设备进行寿命预测。聚合度反映了纸的机械强度,从机械强度的下降来判断纸的老化程度以推断设备的剩余寿命,例如日本电力发展公司将 $n=500$ 作为判断电力变压器寿命的临界值。

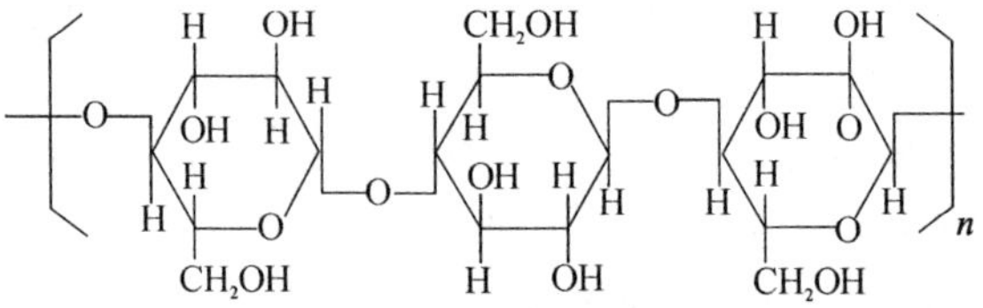

图 10-8 纤维素分子结构

模拟试验结果表明,绝缘纸在120~150 ℃长期加热时,产生CO和CO_2,且以CO_2为主。绝缘纸在200~800 ℃下热分解时,除产生CO和CO_2外,还含有氢烃类气体(CH_4 及 C_2H_4 等),且CO与CO_2的浓度比值越高,说明热点温度越高。

GB/T 7252—2001规定了不同故障类型产生的气体组分,如表10-1所列。

表 10-1 不同故障类型产生的气体组分

故障类型	主要气体成分	次要气体成分
油过热	CH_4,C_2H_4	H_2,C_2H_6
油和纸过热	CH_4,C_2H_4,CO,CO_2	H_2,C_2H_6
油纸绝缘中局部放电	H_2,CH_4,C_2H_4,CO	C_2H_6,CO_2
油中火花放电	C_2H_2,H_2	
油中电弧	H_2,C_2H_2	CH_4,C_2H_4,C_2H_6
油和纸中电弧	H_2,C_2H_2,CO,CO_2	CH_4,C_2H_4,C_2H_6

说明:进水受潮或油中气泡可能使氢气含量升高

10.4.2 油中溶解气体的在线监测

气相色谱分析具有选择性好、分离性能高、分离时间快(几分钟到几十分钟)、灵敏度高和适用范围广等优点。但常规的色谱分析是一套庞大、精密而复杂的检测装置。整个分析时间较长,需熟练的试验人员,对环境条件的要求较高,整套设备体积较大,只适于在试验室内进行检测。

油样从现场采集后运送到试验室进行分析,这样不仅耗时,而且采样、运输、保存过程中还会引起气体组分的变化,更不能做到实时在线监测。为了实现在线监测油中气体组分,需要简化色谱分析装置,重点是解决取油样和脱气两个环节,使之适于在线监测和现场检测。

日立公司用熔结PFA膜分离油中气体,并先后研制出三组分(H_2,CO,CH_4)和六组分(H_2,CO,CH_4,C_2H_2,C_2H_4,C_2H_6)的油中气体的监测系统,该系统的原理如图10-9所示。该系统以空气作载气,用节流阀保持气流的速度不变。从PFA膜透入的气体积聚在气室和测量管1内,监测时,通过操作阀1,气体随载气(空气)通过阀2进入分离柱,按 H_2,CO,CH_4 的顺序分离,并为气体传感器所检测。

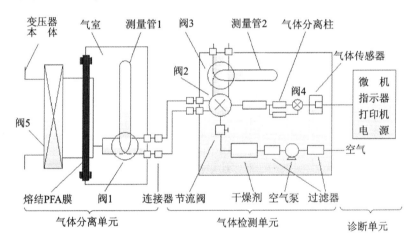

图10-9 油中气体在线监测系统原理图

三组分监测系统用的传感器是催化型可燃性气体传感器(相当于接触燃烧式气体传感器),但它测量 C_2H_2,C_2H_4,C_2H_6 时因灵敏度太低而无法使用,故在6组分监测系统中选用了对氢碳类气体有较高灵敏度的气体传感器。气体检测单元和诊断单元也可和气体分离单元分开,单独做成便携式仪器。

10.4.3 油中气体分析与故障诊断

如前所述,不同性质的故障所产生的油中溶解气体的组分是不同的,据此可以判断故障的类型。例如过热故障产生的特征气体主要是 CH_4,C_2H_4;而放电性故障主

要是 C_2H_2,H_2。为此,可以用体积分数之比 CH_4/H_2 来区分是放电故障还是热故障。当温度升高或纸也过热时,CH_4 还要增加。而温度的高低则可以用体积分数之比 C_2H_4/C_2H_6 来区分,原因是随着故障点温度的升高,C_2H_4 占总烃的比例将增加。

此外,也可用体积分数之比 CO/CH_4 来区分温度高低,因为纸过热虽也分解 CO,但也分解 CH_4,故温度越高,CO/CH_4 越低。电弧和火花放电故障时有 C_2H_2 产生,其次是 C_2H_4。而局部放电一般无 C_2H_2 或含量较少,为此,可用 C_2H_2/C_2H_4 来区分放电故障的类型。

综上所述,国际电工委员会和我国国家标准推荐用 C_2H_2/C_2H_4,CH_4/H_2,C_2H_4/C_2H_6 三个比值来判断故障的性质。表 10-2 和表 10-3 分别为 GB/T 7252—2001 推荐的改良三比值法的编码规则和故障类型判断方法。

表 10-2 改进的三比值法编码规则

比值范围	比值编码的范围		
	C_2H_2/C_2H_4	CH_4/H_2	C_2H_4/C_2H_6
<0.1	0	1	0
0.1~1	1	0	0
1~3	1	2	1
≥3	2	2	2

表 10-3 故障类型判断方法

编码组合			故障类型判断	故障实例(参考)
C_2H_2/C_2H_4	CH_4/H_2	C_2H_4/C_2H_6		
0	0	1	低温过热(低于 150 ℃)	绝缘导线过热,注意 CO,CO_2 含量和 CO/CO_2 的值
0	2	0	低温过热(150~300 ℃)	分接开关接触不良;引线夹件螺丝松动或接头焊接不良;涡流引起过热;铁芯漏磁、局部短路和层间绝缘不良,铁芯多点接地等
0	2	1	中温过热(300~700 ℃)	
0	0,1,2	2	高温过热(高于 700 ℃)	
1	1	0	局部放电	高湿度、高含气量引起油中低能量密度的局部放电
1	0,1	0,1,2	低能放电	引线对电位未固定的部件之间连续火花放电;分接抽头引线和油隙闪络;不同电位之间的油中火花放电或悬浮电位之间的火花放电
1	2	0,1,2	过热兼低能放电	
2	0,1	0,1,2	电弧放电	线圈匝间、层间短路;相间闪络;分接头引线间油隙闪络;引线对箱壳放电,线圈熔断;分接开关飞弧;因环路电流引起电弧;引线对其他接地体放电等
2	2	0,1,2	过热兼电弧放电	

此外，人们还试图对故障的过热点温度、故障功率、油中气体饱和水平、达到饱和所需时间、故障源的面积及部位的估计作出诊断，从气体分析值中获取更多的信息。

油中气体分析不受各种电磁干扰的影响，数据较为可靠，有关技术相对比较成熟，从定性到定量分析都积累了相当的经验，这些都是其他监测和诊断技术所不具备的。

国内外在发展运用计算机进行监测和诊断的基础上，也建立了故障诊断的专家系统。图 10-10 是基于三比值法的计算机自动诊断变压器故障的流程图，它用于前述的 6 组分油中气体监测系统，对变压器故障作故障诊断。

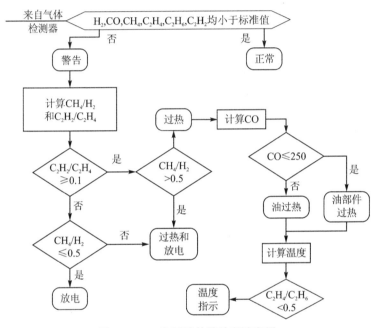

图 10-10　变压器故障诊断流程图

10.5　变压器局部放电的在线监测

10.5.1　局部放电对绝缘劣化的影响

在绝缘结构局部场强较集中的部位，当出现一些局部缺陷，例如气泡时，就会导致局部放电。例如，高压绕组中部导线和垫块的缝隙中，或导线和撑条的缝隙中，靠近绝缘导线的表面上容易产生局部放电。因为在这些缝隙中，或由于工艺不善而滞留着气泡，或由于压力下降导致油在电场中分解，以及温度变化等原因，都可能在油中形成气泡，气泡尺寸极为微小，但聚集在缝隙中，贴近绝缘纸表面，将形成局部放电发展的条件。因为导线虽处高场强区，但一般无尖锐的边缘和棱角，且不是裸露，而是用纸包缠的，从而降低了其表面场强，使高场强仅位于绝缘的表面，故局部放电常发生于导线的绝缘表面。再者,油的介电常数低于油纸,故油中场强要高于纸中的2倍,而其耐电强度仅为纸板的1/4~1/3,故当存在气泡时,油中更容易发生局部放电,甚至发展为整个油道的击穿。又如,绕组端部靠近电容环处的油道(电容环表面场强是油通道中部场强的2~2.5倍),也具有较高场强,易发生局部放电。其他如引线和纸板间、纵绝缘间油道中也可能发生局部放电。

局部放电会使绝缘逐步受到侵蚀和损伤,例如油道的击穿常使作为屏障的纸板出现局部碳化。模型研究表明,当局部放电的放电量小于1 000 pC,作用时间为几分钟时,不会在纸、纸板等固体绝缘上留下可见的损伤痕迹;而在放电量达到2 500~10 000 pC或更大时,几分钟的作用便会给固体绝缘造成明显损伤。这种损伤是由于前述的绕组导线绝缘表面的局部放电沿垫块向围屏(指高、低压绕组间和高压绕组外,用纸板围成的屏障)发展的结果。在垫块和围屏上,留有树枝状放电通道的碳化痕迹。围屏放电的发展不仅能引起匝间绝缘大面积击穿烧伤,而且还可能引起相间短路。20世纪80年代,我国220 kV变压器中较频繁地发生围屏放电事故,例如1984—1986年间,在22台次220 kV变压器绝缘故障中,围屏放电占9台次。

对于局部放电和围屏放电,可用油中气体分析和局部放电来监测和诊断。对于慢速发展的围屏放电故障,气体分析仍然有效。试验研究表明,在低于1 500 pC放电作用下,产气的主要组分是CH_4和H_2。当放电量为5 000 pC时,开始出现C_2H_2,此时放电仅使油分解,并不损伤纸板。当放电量大于20 000 pC时,纸板开始受损,除产生大量烃类气体和H_2外,还产生CO和CO_2。对于快速发展的围屏放电故障,由于产气速度大于气体溶解速度,在短时间内将产生大量自由气体,很快就会促使轻瓦斯继电器保护动作。对于这种突发性故障,监测局部放电则更为有效。

10.5.2 局部放电信号的监测

局部放电信号的监测仍是以伴随放电产生的电、声、光、温度和气体等各种理化现象为依据,通过能代表局部放电的这些物理量来测定。测量方法大体分为电测法和非电测法。

电测法利用局部放电所产生的脉冲信号,即测量因放电时电荷变化所引起的脉冲电流,称脉冲电流法。脉冲电流法是离线条件下测量电气设备局部放电的基本方法,也是目前在线监测局部放电的主要手段。

脉冲电流法的优点是灵敏度高。如果监测系统频率小于1 000 kHz(一般为500 kHz以下),并且按照国家标准进行放电量的标定后,可以得到变压器的放电量指标。其缺点是由于现场存在严重的电磁干扰,将大大降低监测灵敏度和信噪比。

非电测法有油中气体分析、红外监测、光测法和声测法等方法。其中应用最广泛的是声测法,它利用变压器发生局部放电时发出的声波来进行测量。其优点是基本不受现场电磁干扰的影响,信噪比高,可以确定放电源的位置;缺点是灵敏度低,不能确定放电量。声测法常和脉冲电流法配合使用,是局部放电的重要监测手段。

10.5.3 局部放电在线监测系统

自 20 世纪 90 年代以来,国内的电力研究机构和高等院校在变压器局部放电在线监测领域开展了大量的基础研究工作,研究开发了一些实用的在线监测系统。

图 10-11 所示为一套典型的局部放电监测系统原理框图。

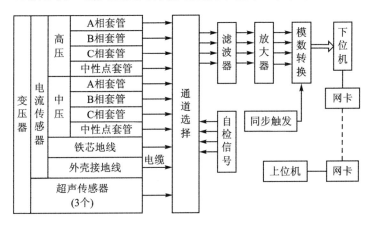

图 10-11 局部放电监测系统原理框图

图 10-11 中,每台变压器上最多可装 10 个脉冲电流传感器和 3 个固定式超声传感器。电流传感器分别串接在:220 kV 侧高压出线套管末屏和中性点套管末屏,110 kV 侧高压出线套管末屏和中性点套管末屏,变压器外壳和铁心接地线(如只有一根接地线的话)上。另有 3 个移动式超声传感器,当发现故障时,供精确定位时用。户外测量箱由独立的数字温控仪调节温度,使箱内温度一年四季均能维持在 10~40 ℃之间。信号采集箱电源由上位机控制通断,在定时采样到达之前 15 min 打开电源,采样结束后关闭电源,从而延长信号采集箱的使用寿命。

该监测系统的主要功能有:①监测放电脉冲电流信号和变压器的超声信号;②监测电信号波形,采用 FFT 分析放电特征或干扰特性;③针对干扰特点,采用硬件或数字处理技术抑制干扰;④对监测到的信息进行统计分析,提取统计特征,如三维谱图(φ-q-n 谱图),二维谱图(q-φ,n-φ,q-n 谱图);⑤利用人工神经网络技术进行故障识别;⑥放电信号的阈值报警;⑦对变压器的严重放电点进行定位。

参考文献

[1] 张仁豫.高电压试验技术[M].北京:清华大学出版社,2003.

[2] 张伟钹,何金良,高玉明.过电压防护及绝缘配合[M].北京:清华大学出版社,2002.

[3] 刘振亚.特高压电网[M].北京:中国经济出版社,2005.

[4] 严璋,朱德恒.高电压绝缘技术[M].北京:中国电力出版社,2002.

[5] 周泽存,沈其工,方瑜,等.高电压技术[M].北京:中国电力出版社,2004.

[6] 梁曦东,陈昌渔,周远翔.高电压工程[M].北京:清华大学出版社,2003.

[7] 张一尘.高电压技术[M].北京:中国电力出版社,2005.

[8] 赵智大.高电压技术[M].北京:中国电力出版社,1999.

[9] 邱毓昌,施围,张文元.高电压工程[M].西安:西安交通大学出版社,1995.

[10] 文远芳.高电压技术[M].武汉:华中科技大学出版社,2001.

[11] 国家技术监督局.GB/T 16434—1996:高压架空线路和发电厂、变电所环境污区分级及外绝缘选择标准[S].北京:中国标准出版社,1996.

[12] 国家质量技术监督局.GB/T 16927.1~16927.2—1997:高电压试验技术[S].北京:中国标准出版社,1998.

[13] 电力工业部.DL/T 620—1997:交流电气装置的过电压保护和绝缘配合[S].北京:中国电力出版社,1997.

[14] 电力工业部.DL/T 596—1996:电力设备预防性试验规程[S].北京:中国电力出版社,1997.

[15] 电力工业部.DL/T 621—1997:交流电气装置的接地[S].北京:中国电力出版社,1998.

[16] 解广润.电力系统过电压[M].北京:水利电力出版社,1985.

[17] 屠志健,张一尘.电气绝缘与高电压[M].北京:中国电力出版社,2005.

[18] 赵家礼,张庆达.变压器诊断与修理[M].北京:机械工业出版社,1998.

[19] 胡启凡,曹利安.变压器试验技术[M].北京:机械工业出版社,2000.

[20] 中野义映.高电压技术[M].张乔根,译.北京:科学出版社,2004.

[21] 胡国根,王战铎.高电压技术[M].重庆:重庆大学出版社,1996.

[22] 王昌长,李福祺,高胜友.电力设备在线检测与故障诊断[M].北京:清华大学出版社,2006.

[23] 吴广宁.电气设备状态检测的理论与实践[M].北京:清华大学出版社,2005.

[24] 金维芳.电介质物理学[M].北京:机械工业出版社,1997.

[25] 邱毓昌.GIS装置及其绝缘技术.北京:中国水利水电出版社,1994.

[26] R 科埃略.电介质材料及其介电性能[M].北京:科学出版社,2000.

[27] 张仁豫.绝缘污秽放电[M].北京:中国水利水电出版社,1994.

[28] Gallagher T J,Pearmain A J.高电压测试与设计[M].顾乐观,陈先禄,译.重庆:重庆大学出版社,1989.

[29] 赵彤.有载分接开关机械状态的在线监测与故障诊断技术研究[D].济南:山东大学,2008.

[30] 赵彤.提高介质损耗因数监测准确度的算法[J].清华大学学报(自然科学版),2005,45(7):881-884.

[31] Warne D F. Newnes Electrical Engineer's Handbook[M]. 2nd ed. Oxford, UK:Newnes Press,2005.

[32] Khalil D. High Voltage Engineering in Power Systems[M]. Boca Raton,Florida:CRC Press,1992.

[33] Ryan H M. High Voltage Engineering and Testing[M]. 3rd ed. London,UK:The Institute of Engineering and Technology,2013.